Ecografía de perros y gatos

Professor Dr. Rudolf Fritsch
Ehem. Leiter der Chirurg.
Veterinärklinik Gießen
Pappelstraße 42
D-85579 Neubiberg

Dr. Martin Gerwing
Akad. Rat an der
Chirurgischen Veterinärklinik und -poliklinik
Frankfurter Straße 108
D-35392 Gießen

Traducido del alemán por
Natalia Díez Bru
Dra. en Veterinaria
Profesora Ayudante del Departamento de Patología Animal II
Facultad de Veterinaria, Madrid

Ecografía de perros y gatos

Rudolf Fritsch
Martin Gerwing

Editorial ACRIBIA, S.A.
ZARAGOZA (España)

Título original: Sonographie bei Hund und Katze
Autores: Rudolf Fritsch y Martin Gerwing
Editorial: Ferdinand Enke Verlag, Stuttgart

I.S.B.N.: 84-200-0815-X

IMPRESO EN ESPAÑA PRINTED IN SPAIN

Depósito legal: Z-1.731-96 Editorial ACRIBIA, S.A. - Royo, 23. 50006 Zaragoza

Imprime: Tipo Línea, S.A. Isla de Mallorca, s/n. 50014 Zaragoza. 1996

Prólogo

La ecografía es un método de diagnóstico por imagen mediante ultrasonidos que se utiliza desde la última década en medicina veterinaria. Constituye la alternativa o el complemento ideal del radiodiagnóstico, ya que permite valorar los tejidos blandos y su estructura interna. Para conseguir una buena calidad de imagen y una correcta interpretación de la misma se requieren amplios conocimientos físicos y técnicos.

Este libro pretende ser una guía tanto para los estudiantes de veterinaria, como para aquellos que trabajan en clínica de pequeños animales. Hemos querido facilitar la comprensión de los fundamentos físicos y técnicos de este procedimiento diagnóstico. Asimismo, describimos los equipos necesarios para llevarlo a cabo y la forma de realizar una exploración ecográfica práctica en perros y gatos. El conocimiento de la imagen normal de los diferentes órganos resulta imprescindible para poder detectar estados patológicos de los mismos. Por ese motivo hemos incluido las imágenes ecográficas normales de los órganos, junto con la descripción de la técnica de exploración y los hallazgos patológicos. Los esquemas que acompañan a las imágenes pretenden facilitar la interpretación a los no iniciados. Las fotografías constituyen un complemento imprescindible del texto y se han seleccionado de acuerdo con la importancia clínica de los diferentes hallazgos. Sin embargo, hay que tener en cuenta, que las imágenes representan únicamente un momento puntual de la exploración. La ecografía, al contrario que la radiología, es un proceso dinámico, y su interpretación se basa en la suma o síntesis subjetiva de las imágenes observadas en diferentes cortes y proyecciones.

Se ha concedido especial importancia a la técnica de exploración y a los hallazgos que se pueden observar en los diferentes órganos. Con el fin de ofrecer un texto manejable y que permita una visión global sobre el tema, se ha reducido al mínimo el contenido teórico de los fundamentos técnicos y físicos necesarios para la comprensión de la metódica. Los interesados en profundizar en este campo encontrarán referencias bibliográficas en los capítulos correspondientes.

Este libro abarca únicamente la exploración ecográfica del abdomen. Se ha excluido la ecografía oftalmológica y cardiológica (ecocardiografía), ya que, para obtener resultados óptimos, son imprescindibles unos conocimientos especiales y unos equipos que suelen estar reservados a centros de investigación.

Tampoco ha sido incluida la ecografía ortopédica (exploración ecográfica de tendones, sinovias y articulaciones). Aunque se han descrito algunas técnicas de este tipo de exploración en la especie canina, están todavía en fase de desarrollo, y su descripción sobrepasaría los límites de este trabajo.

Queremos expresar nuestro agradecimiento a los colaboradores de la Clínica Quirúrgica de la Facultad de Veterinaria de Giessen y, en especial, a la Dra. P.S. Knauff y al Dr. M.H. Kramer por su inestimable colaboración. La Sra. Passlack contribuyó encargándose de la reproducción fotográfica de las imágenes ecográficas.

También agradecemos al Instituto de Anatomía Patológica Veterinaria su ayuda por la realización de los estudios histológicos de los procesos patológicos observados en las ecografías correspondientes.

R. Fritsch, M. Gerwing

Índice

Parte general
Fritsch/Gerwing

Fundamentos físicos y técnicos de la ecografía

Parte especial
Gerwing

Técnica de exploración especial y representación de órganos

Parte general

Fundamentos físicos y técnicos de la ecografía

Fritsch/Gerwing

Ondas de ultrasonidos

Se denominan *ultrasonidos* a aquellas ondas de presión de frecuencia superior a la audible por el oído humano, es decir, por encima de 20.000 Hz. La propagación de este tipo de ondas está ligada a la existencia de moléculas y, por lo tanto, de materia. En los tejidos blandos y en los líquidos se propagan en forma de onda longitudinal. Se producen vibraciones de grupos moleculares que conducen a un aumento y disminución de la presión, denominada presión acústica (Pascal).

Las frecuencias utilizadas en el diagnóstico ecográfico oscilan generalmente entre 1 y 10 MHz y, en ocasiones, hasta 15 MHz. Estas ondas de ultrasonidos de alta frecuencia son emitidas en forma de impulsos repetidos (Tabla 1). A su paso a través de los tejidos y, según las conocidas leyes ópticas, este haz de ultrasonidos puede ser reflejado, refractado, difractado, dispersado y absorbido (conversión de energía cinética en calor).

La *absorción* produce una pérdida de intensidad en los tejidos blandos de aproximadamente 1 dB por cm de profundidad y por MHz. Esta pérdida de intensidad es la responsable de que los ultrasonidos de frecuencias altas tengan menor poder de penetración. En huesos la absorción aumenta al cuadrado.

Los fenómenos de *reflexión* y *dispersión* son imprescindibles en ecografía diagnóstica.

Tabla 1 Conceptos físico-técnicos.

Concepto	Definición	Valor medio
Frecuencia	periodos/segundo	1-10 (-15) MHz
Duración de un impulso	duración de un impulso de ultrasonidos	0,3-0,02 μs (aprox. 2-3 periodos)
Frecuencia de transmisión del impulso	impulsos de ultrasonidos/ segundo	1.000-3.000/s
Relación impulso/ periodo	relación entre la duración y el tiempo de repetición de cada impulso	por ejemplo 0,2 μs/0,001 s = 0,002
Intensidad de los ultrasonidos	rendimiento en un área perpendicular a la dirección de los ultrasonidos	Se mide en mW/cm^2 (<100 mW/cm^2)

Sin embargo, la difracción y la refracción pueden influir de forma negativa (ver artefactos pág. 27).

Los ecos que vuelven al emisor de impulsos de ultrasonidos son recogidos por un receptor y analizados según el principio tiempo-recorrido. En este principio se basan el radar (ondas electromagnéticas) y las sondas acústicas que utilizan ultrasonidos (Fig. 1). Los ultrasonidos reflejados y parte de los dispersados se denominan *ecos*.

Propiedades acústicas de los tejidos

Para hacer vibrar las moléculas de los tejidos, los ultrasonidos deben vencer una resistencia específica denominada *impedancia*. Su valor se obtiene multiplicando la densidad del tejido por la velocidad de propagación de los ultrasonidos. El límite entre dos tejidos de diferente impedancia se denomina *interfase acústica*.

Debido a la escasa diferencia entre las propiedades acústicas de los tejidos blandos, solamente se refleja una pequeña parte de los ultrasonidos, mientras que el resto es transmitido, de manera que también pueden ser registrados los ecos procedentes de zonas más profundas.

Los ecos reproducen la imagen ecográfica dependiendo del lugar donde han sido reflejados (principio de la sonda acústica), así como de su intensidad. De esta forma se obtiene una imagen que muestra las interfases y las estructuras en tonos diferentes.

La *intensidad de los ecos* viene determinada por la diferencia de impedancia entre los tejidos, por el ángulo de incidencia de los ultrasonidos y por la rugosidad de las interfases. Cuanto mayor sea la diferencia de impedancia, mayor será la cantidad de ultrasonidos reflejados (Tabla 2). Las frecuencias altas y, por tanto, de menor longitud de onda, conducen a una mayor dispersión de ultrasonidos. Por otra parte, los ultrasonidos que inciden de forma oblicua sobre las interfases son dispersados y los únicos ecos que son registra-

Tabla 2 Valores acústicos de los ultrasonidos modificados según Heckemann y Otto.

Sustancia	Velocidad de propagación (m/s)	Reflexión r(%)	Transmisión d(%)
Aire	330	99,88	0,12
Agua	1.480-1.500	0,00	100,00
Hueso	2.700-4.100	46,00	54,00
Grasa	1.470-1.480	0,12	99,88
Músculo	1.545-1.630	0,48	99,52
Cerebro	1.520-1.530	0,11	99,89
Hígado	1.550-1.570	0,30	99,70

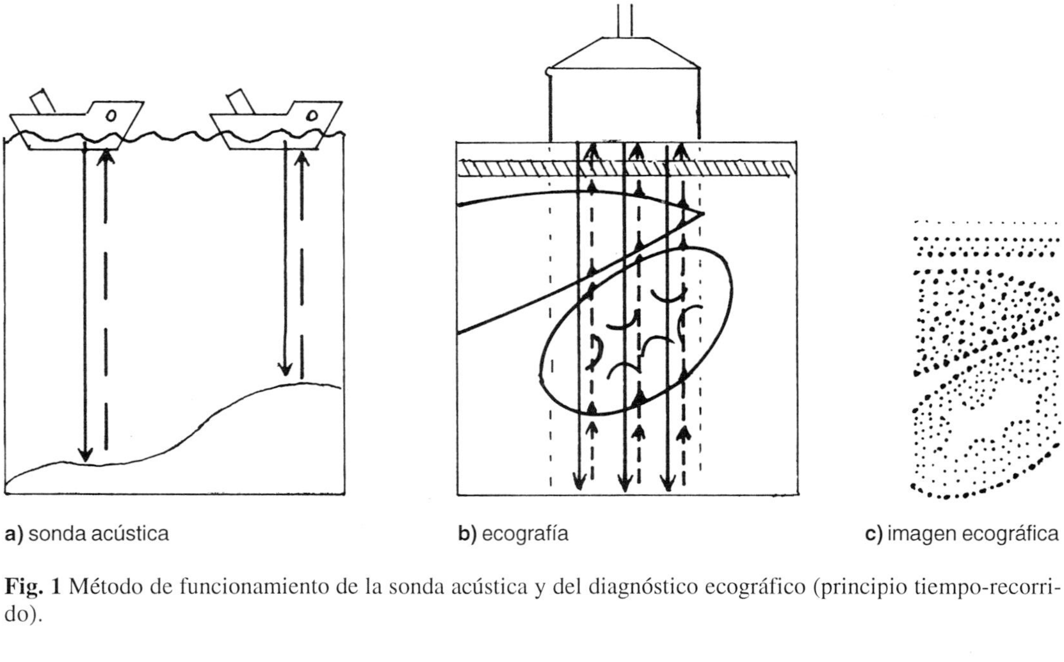

a) sonda acústica **b)** ecografía **c)** imagen ecográfica

Fig. 1 Método de funcionamiento de la sonda acústica y del diagnóstico ecográfico (principio tiempo-recorrido).

dos son aquellos que llegan al receptor. Lo mismo ocurre a nivel de las interfases rugosas o irregulares. Los ecos recibidos por dispersión de ultrasonidos son más débiles (Fig. 2).

En los tejidos blandos la *velocidad de propagación* de los ultrasonidos oscila entre márgenes estrechos de 1.470 m/s (grasa) y 1.630 m/s (músculo) (Tabla 2). Sin embargo, los huesos, el aire y el agua presentan características peculiares. Los *huesos* reflejan casi el 50% de los ultrasonidos, el resto es absorbido. El *aire* (o gas) produce una reflexión total. En ambos casos, la interfase es representada mediante una banda clara, muy reflectante, tras la cual no hay imagen visible, produciéndose una *sombra acústica*. De igual forma se comportan los cálculos, los metales (cuerpos extraños) y el sulfato de bario. Por el contrario, el *agua* (o los líquidos) facilitan la transmisión de ultrasonidos

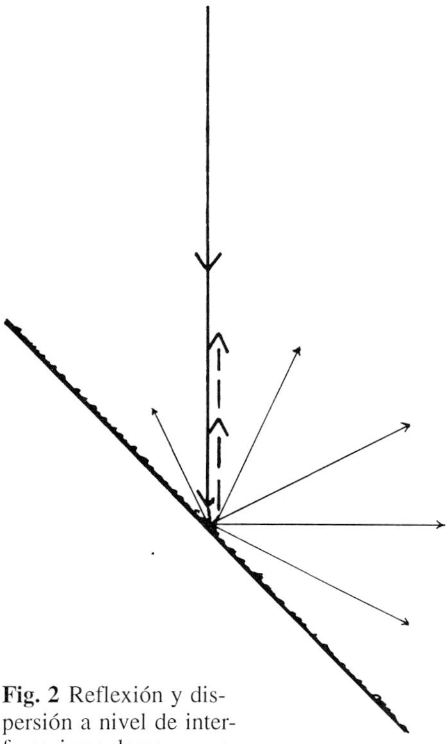

Fig. 2 Reflexión y dispersión a nivel de interfases irregulares
<--<-- = radiación recibida como eco.

hasta un 100%. Las estructuras situadas por detrás de espacios llenos de líquido (ascitis, vejiga de la orina) son especialmente visibles debido a que, a este nivel, los ultrasonidos presentan una mayor intensidad (*refuerzo posterior*).

Producción y recepción de ultrasonidos

Para la producción de ultrasonidos se utilizan láminas de cristales de sales de Seignette (tartrato potásico) o de aleaciones de metales pesados (titanio). Estos funcionan como emisores y como receptores de ultrasonidos. Las láminas presentan una red cristalina asimétrica que se deforma al ser sometida a una corriente eléctrica alterna (*efecto piezoeléctrico recíproco*). Esta deformación conduce a la emisión de ondas de presión que se propagan hacia zonas vecinas. Para la recepción de ultrasonidos se utiliza el efecto piezoeléctrico directo. Los ultrasonidos reflejados producen también deformaciones mecánicas de los cristales que contiene el transductor (sonda, scanner), lo que produce un cambio medible de la carga eléctrica. Por tanto, los cristales piezoeléctricos del transductor pueden actuar como emisores y como receptores electromecánicos de ultrasonidos (Fig. 3).

Campo de ultrasonidos

En el área que abarcan los ultrasonidos podemos distinguir un *campo cercano* (campo de interferencia o zona Fresnel), que se encuentra entre el emisor y la zona focal, y un *campo lejano* (zona Fraunhofer). El campo cercano depende del diámetro de los cristales y de la frecuencia de los ultrasonidos. Este campo no es adecuado para el diagnóstico ecográfico debido a la heterogeneidad de las amplitudes y a las interferencias que se producen a este nivel. Por el contrario, en

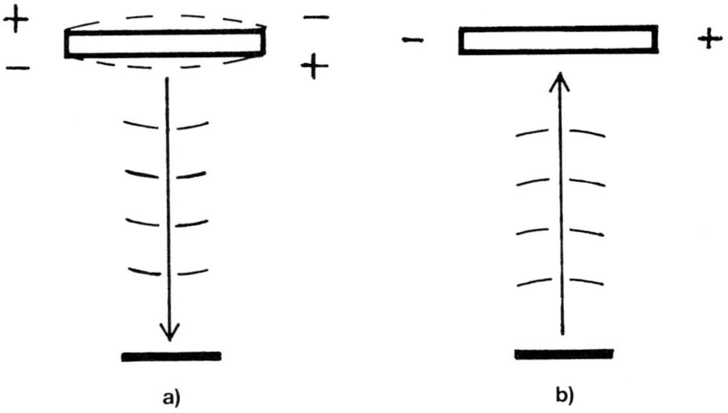

Fig. 3 Efecto piezoeléctrico cristal.
a) como emisor
b) como receptor

el campo lejano existen condiciones definidas de presión de las ondas de ultrasonidos, aunque también aparecen haces acústicos divergentes (Fig. 4).

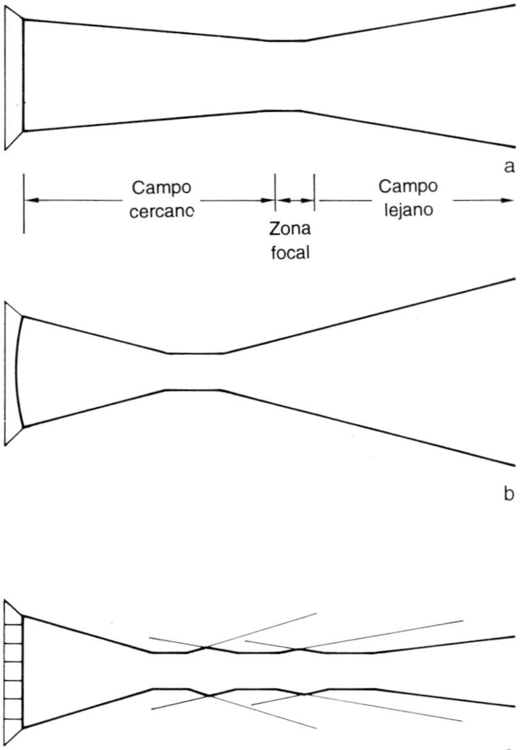

Fig. 4 Focalización del campo de ultrasonidos
a) Campo de ultrasonidos de un cristal plano
b) Focalización en el campo cercano
c) Focalización «dinámica» (activación secuencial de varios grupos de cristales)

Resolución

La resolución viene determinada por la distancia media que separa dos puntos o interfases que aparecen diferenciadas en la imagen. Se distinguen una *resolución axial* y otra *lateral*. La resolución axial se refiere a la resolución en la dirección del haz de ultrasonidos y depende de la duración del impulso. Como éste debe comportar al menos 2-3 periodos, se encuentra condicionado por la frecuencia. La resolución axial para sondas de 3,5 MHz viene a ser de 1 mm.

La resolución lateral diferencia interfases situadas perpendicularmente al haz de ultrasonidos y es, en general, de 2 a 4 veces peor que la resolución axial. Solamente es posible diferenciar dos puntos en la imagen cuando la distancia transversal se corresponde con la anchura del campo de ultrasonidos. Cuanto más pequeño sea el diámetro de los cristales, más alta la frecuencia, y más estrecho el haz de ultrasonidos, mejor será la resolución lateral. En los transductores sectoriales se habla de *resolución azimutal*, porque en este caso, la resolución lateral varía según la profundidad. La focalización (o enfoque) del transductor permite estrechar el campo de ultrasonidos, y así mejorar la resolución lateral, sobre todo a nivel de la zona focal.

Ganancia

El grado de reflexión disminuye a medida que aumenta la profundidad, debido a la absorción y a la dispersión de los ultrasonidos. Esta *atenuación* de los ultrasonidos, que es de 1 dB/cm/MHz a nivel de los tejidos blandos y de hasta 3 dB/cm/MHz en los músculos, puede ser compensada electrónicamente a nivel de los receptores de impulsos, gracias a la llamada *ganancia en profundidad* (DGC = depth gain compensation o TGC = time gain compensation). Así, tejidos de iguales características van a presentar el mismo grado de reflexión, independientemente de la profundidad a la que estén situados.

Intensidad de los ultrasonidos

La *intensidad de los ultrasonidos* se refiere al rendimiento (W/cm^2), y se mide en un plano del campo de ultrasonidos situado perpendicularmente al eje del haz ultrasónico. En el diagnóstico ecográfico el rendimiento oscila entre 10-50 mW/cm^2. Con estas pequeñas intensidades no existe *riesgo de lesiones tisulares* por acciones térmicas, mecánicas, químicas o teratógenas. Según conclusiones de una comisión de la OMS, una exploración diagnóstica por ultrasonidos con intensidades medias menores a 100 mW/cm^2 en espacio y tiempo (SPTA = Space Peak Time Average), no constituye ningún riesgo.

Técnica

Diagnóstico ecográfico

El diagnóstico ecográfico se basa en el principio tiempo-recorrido antes descrito. Emisor y receptor se encuentran en una misma pieza del equipo, el *transductor (sonda, scanner, cabezal)*. Este se acopla en un punto del cuerpo a partir del cual va a emitir y recibir ultrasonidos.

Sistema Doppler

Según el principio Doppler, los ultrasonidos cambian de frecuencia al tropezar en su camino con interfases en movimiento que se alejan o acercan a ellos. La «frecuencia Doppler» (diferencia entre la frecuencia emitida y recibida) oscila, a las pequeñas velocidades del flujo de los vasos sanguíneos, entre 1-10 kHz. Este cambio es medido electrónicamente por el ecógrafo y puede ser representado en forma de señal acústica, gráfica o digital. El sistema Doppler se utiliza fundamentalmente en ecografía vascular.

Modo A

En el modo A («*amplitude*»), los ecos reflejados son representados en un oscilógrafo en forma de «picos» de diferentes alturas en función del tiempo. La altura de los «picos» viene determinada por la magnitud de la diferencia de impedancia y, la distancia entre ellos, por la distancia que separa las interfases (Fig. 5).

Modo M

En el modo M («*motion*» o movimiento), también llamado modo-T o modo-TM (time-motion) se utiliza, como en el modo A, un solo haz de ultrasonidos. Los ecos producidos son representados en el monitor de forma continua a lo largo del tiempo, avanzando la imagen hacia la derecha. Los movimientos de las interfases, por ejemplo, de las paredes cardíacas, son presentados en forma de curvas, cuyos intervalos permiten medir la velocidad y la dimensión de los movimientos. Se utiliza fundamentalmente en ecocardiografía.

Modo B

En el modo B («*brightness*» o brillo), los ultrasonidos reflejados son representados en el monitor como puntos de diferente brillo. El brillo y la distancia entre los diferentes puntos depende de la diferencia de impedancia y de la distancia entre las interfases respectivamente (escala de grises). La imagen

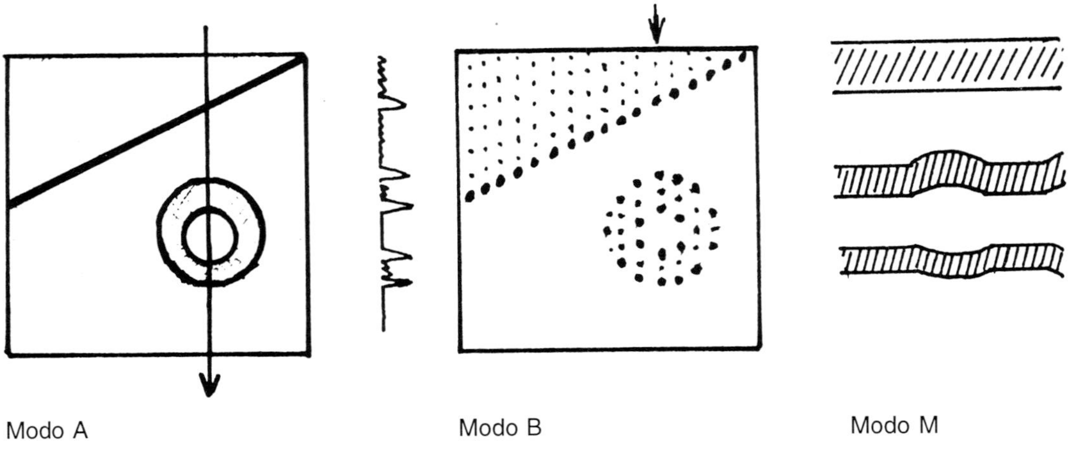

Fig. 5 Tipos de formato de imagen en ecografía.

bidimensional está formada por el conjunto de múltiples haces de ultrasonidos en un plano. Una buena calidad de imagen depende, no sólo de la capacidad de resolución, sino también de una *escala de grises* amplia y bien diferenciada.

El modo B es el procedimiento actualmente más utilizado en el diagnóstico ecográfico.

Equipos estáticos (Compound-Scan)

Los equipos estáticos (modo B lento) están provistos de un transductor unido a un brazo articulado, que se desliza manualmente sobre la superficie del cuerpo. La imagen se construye línea por línea a partir de cortes individuales de los tejidos, obteniendo en unos segundos en la pantalla del monitor una representación estática en diferentes tonos de gris.

Aunque estos equipos tienen la ventaja de abarcar cortes de regiones corporales completas como la tomografía axial computerizada, presentan la desventaja de no poder registrar movimientos de estructuras, necesitar de un cierto tiempo de exploración y de formación de la imagen, además de el peligro de aparición de artefactos cuando el paciente o las estructuras estudiadas se mueven durante la lenta formación de la imagen.

Equipos en tiempo real (Real-Time-Scan)

En los equipos en tiempo real (modo B rápido) la imagen se forma en fracciones de segundo mediante un proceso dirigido mecánica o electrónicamente (frecuencia de imágenes > 15/s).

Se trata de un sistema dinámico de fácil manejo, que necesita un tiempo de exploración corto y que permite observar directamente los movimientos de las diferentes estructuras. Debido a ello es el sistema actualmente más utilizado, tanto en medicina humana, como veterinaria. Sin embargo, la anchura y la profundidad que abarcan los ultrasonidos es limitada, por lo que solamente permite visualizar planos parciales del organismo.

Según el modo de obtención de la imagen, así como de su formato final, se distinguen transductores paralelos, convexos y sectoriales (Figs. 6 y 7). Según el tipo de procesado del campo de ultrasonidos se diferencian los transductores mecánicos y electrónicos.

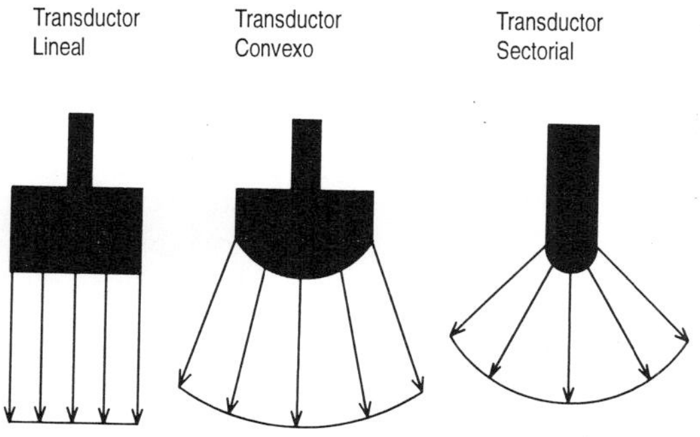

Fig. 6 Tipos de transductores.

Transductores lineales

El transductor lineal emite haces paralelos de ultrasonidos. A partir de los ecos se forma una imagen, cuya anchura se corresponde con la superficie del transductor y que presenta límites lineales y paralelos (Figs. 6 y 7).

Los transductores lineales electrónicos se pueden diferenciar en «*Linear-Arrays*» y «*Phased Arrays*». Se trata de sondas que contienen múltiples elementos emisores (40-256 cristales) ordenados linealmente y que son estimulados por grupos. En el «Phased Array» se activa por fases un número menor de cristales.

La ventaja de este tipo de transductores consiste en que ofrecen una imagen amplia con buena resolución lateral y del campo cercano, facilitando la orientación.

La desventaja es que el gran tamaño de la superficie del transductor dificulta su acoplamiento sobre el paciente.

Transductores convexos

En este caso se trata de un transductor lineal, pero con la superficie convexa, por lo

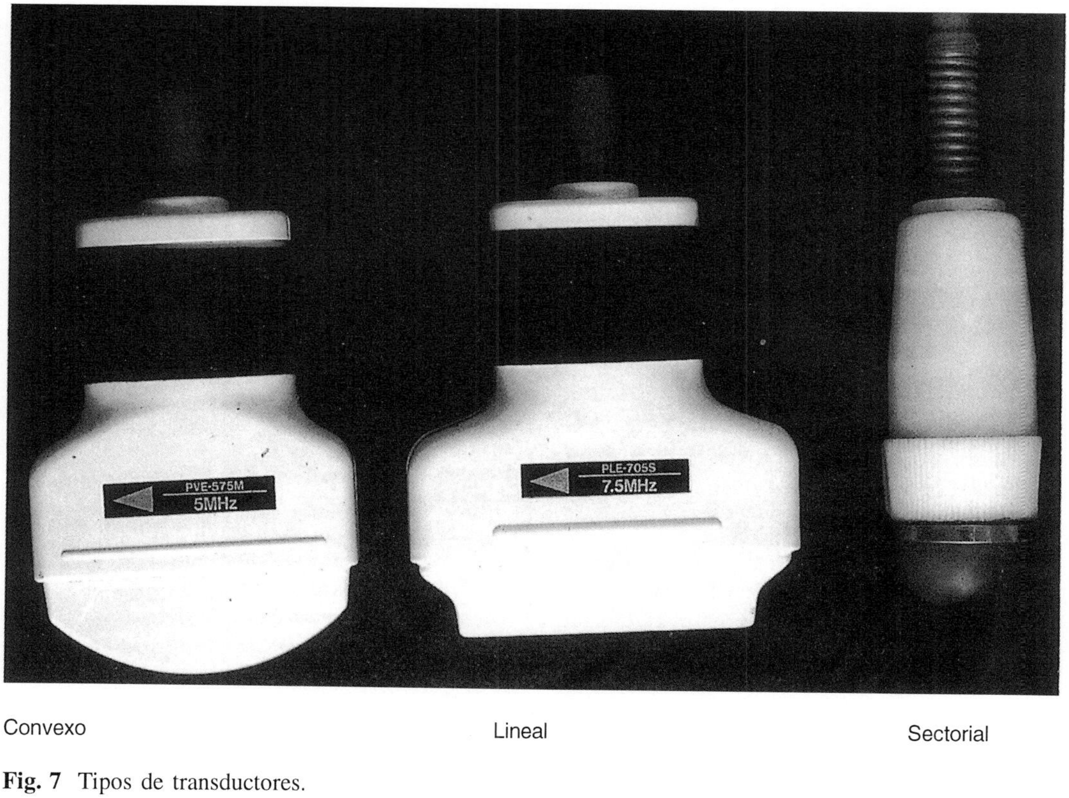

Fig. 7 Tipos de transductores.

que emite ultrasonidos de forma divergente (Figs. 6 y 7). Tiene la ventaja frente al lineal de presentar una menor superficie de acoplamiento, manteniendo una imagen amplia de las zonas profundas (cavidades corporales).

Resulta el transductor ideal para las exploraciones abdominales en pequeños animales.

Transductores sectoriales

Este tipo de transductor emite haces divergentes de ultrasonidos a partir de un cabezal relativamente pequeño (Figs. 6 y 7). El método de barrido de los ultrasonidos puede ser mecánico o electrónico.

En el *transductor sectorial mecánico* el barrido se produce mediante un solo cristal piezoeléctrico oscilante, o grupos de cristales ordenados en forma de rueda. En el *transductor sectorial electrónico* el barrido se produce según el principio del «Phased Array». Las imágenes resultantes son cortes de los tejidos en forma de abanico.

La ventaja de los transductores sectoriales radica en su pequeño tamaño y manejabilidad, por lo que requieren una mínima superficie de acoplamiento. Esto permite explorar a través de pequeñas ventanas acústicas (por ej., los espacios intercostales). Sin embargo, presentan la desventaja de ofrecer una imagen muy pequeña del campo cercano, mala resolución a nivel de zonas profundas y en los bordes, y dificultad en la orientación.

Debido a sus ventajas prácticas de aplicación, los transductores sectoriales son, en general, preferidos a los lineales. Los transductores electrónicos son más caros, pero mejores que los mecánicos, con una resolución más fina, libres de vibraciones y desgaste, y de fácil mantenimiento.

Equipos de ecografía

Existe en el mercado una gran variedad de equipos de diferentes marcas. En principio se pueden utilizar los equipos fabricados para medicina humana, pero sin olvidar que hay que prestar una atención especial a la elección de los transductores, ya que en pequeños animales no se requiere tanta capacidad de penetración como en el hombre. Los transductores destinados a pediatría son los más indicados en clínica de pequeños animales. Existen empresas que ofrecen equipos especiales para medicina veterinaria.

La diferencia entre los distintos ecógrafos radica, no sólo en la idoneidad de los transductores, sino también en las características técnicas del procesado de las imágenes. Estos dos aspectos condicionan en conjunto la calidad de la imagen, y la facilidad y comodidad de la utilización de los equipos.

También hay que considerar las *condiciones técnicas de mantenimiento*. En principio, los aparatos cualitativamente más valiosos ofrecen mayores posibilidades. Hay que contar con un servicio técnico postventa y una garantía de reparaciones rápidas y eficientes.

Transductores

La elección del transductor adecuado depende de la especie animal y del tipo de exploración a efectuar.

Frecuencia

En veterinaria se utilizan sondas con frecuencias entre 2,5 y 7,5 MHz y, en *ecografía oftalmológica*, de 10 MHz. En el *perro* y en el *gato*, según el tamaño del animal y la indicación diagnóstica, son recomendables los transductores de 5 y 7,5 MHz. Las sondas de alta frecuencia tienen una menor capacidad de penetración, y se utilizan para explorar áreas situadas a escasa profundidad o superficiales, mientras que las de baja frecuencia permiten explorar el abdomen de animales más grandes. Así, en los perros de razas grandes, la exploración abdominal puede llegar a requerir la utilización de un transductor de 3,5 MHz.

El transductor de 5 MHz puede considerarse como el tipo *estándar* o de primera elección en ecografía de pequeños animales.

Almohadilla («Pad»)

La exploración de estructuras muy superficiales (por ej., tendones y ligamentos) puede requerir la utilización de una pieza interpuesta entre el transductor y la superficie cutánea, para así situar la estructura a estudiar en la zona focal, alejándola de la superficie del transductor. Para estas almohadillas de alejamiento o «pads» se utilizan materiales que transmiten los ultrasonidos, como el agua (recipientes de plástico llenos de agua destilada), o bloques de gel semisólido artificial. Existen sondas especiales que presentan la almohadilla incorporada (por ej., sonda de 7,5 MHz para exploración de tumores superficiales, testículos, tiroides, carótidas, ojos) (Fig. 8).

Focalización

Si se utilizan equipos de medicina humana es preciso considerar, que transductores de una misma frecuencia pueden presentar una focalización distinta, según el poder de penetración requerido (por ej., adultos y niños). Algunos ecógrafos presentan transductores especiales para explorar distancias pequeñas y que permiten variar la focalización. Por otra parte, al adquirir un equipo de segunda mano, se debe tener en cuenta, que la sustitución de un transductor no adecuado, puede costar de 8.000 a 10.000 marcos alemanes.

Los equipos más adecuados para el diagnóstico ecográfico en pequeños animales son los destinados a pediatría.

Monitor

Todos los ecógrafos tienen un monitor incorporado. Para poder reconocer detalles de la imagen, éste no debe ser demasiado pequeño. Es importante que el equipo disponga de conexiones a un monitor más amplio o a un televisor.

Controles de regulación de los ultrasonidos, procesado de los ecos y presentación de la imagen

Elección del transductor

Posibilidad de elegir en cada momento el transductor que se va a emplear en una determinada exploración.

Elección del tipo de formato de imagen (modo B y/o modo M)

Modificación de la zona focal

Algunos transductores tienen la posibilidad de modificar la zona focal, permitiendo dar mayor contraste a una zona situada a una determinada profundidad.

Intensidad de emisión (output)

Regula la intensidad de los ultrasonidos emitidos y se expresa en dB. Cuanto mayor sea la intensidad de salida, mayor será la intensidad de los ecos de retorno. Por este motivo, la intensidad de emisión debe ser la

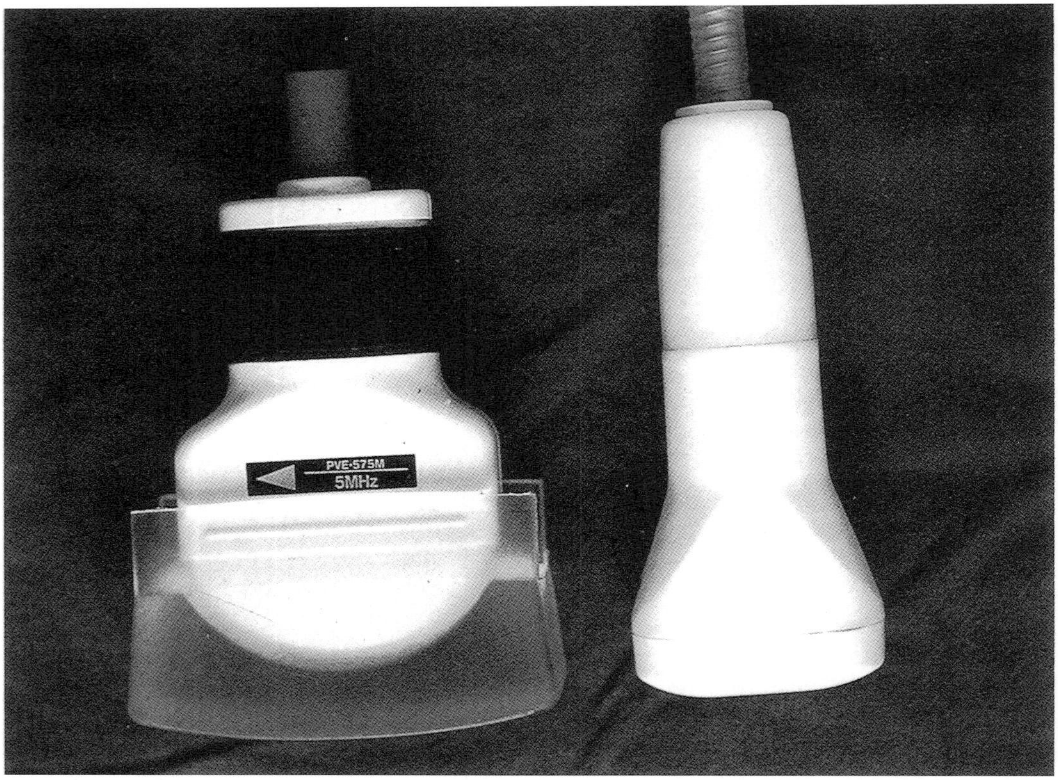

a) b)

Fig. 8 Transductores con almohadilla de alejamiento («pad»).
a) adaptable, **b**) incorporada

mínima posible que permita un buen reconocimiento de los detalles de la imagen.

Ganancia general

Controla la intensidad de los ecos recibidos y es regulable en pasos. Cuanto mayor sea la ganancia, más brillante será la imagen. Una ganancia demasiado alta produce una pérdida de contraste de la imagen.

Compensación de la ganancia en profundidad (**D**epth-**G**ain-**C**ompensation)

Permite regular de forma independiente la ganancia o intensidad de los ecos que proceden de diferentes profundidades. La relación entre ganancia y profundidad se expresa en la llamada curva STC (**S**wept-**T**ime-**C**ompensation). Si existen estructuras próximas al transductor que reflejan gran cantidad de ultrasonidos, los ecos producidos a nivel de estructuras situadas a mayor profundidad serán más débiles. Mediante el DGC podemos incrementar selectivamente los ecos producidos en las zonas distales para que sean correctamente representados en la imagen. Por el contrario, las estructuras quísticas producen un refuerzo posterior de los ultrasonidos, por lo que va a ser necesario disminuir la intensidad o ganancia de los ecos producidos a ese nivel. La curva de ganancia es representada en la pantalla del monitor.

Rango dinámico

Es el rango de intensidades de los ecos que aparece en la imagen. Si el rango dinámico es alto, se registran desde los ecos más débiles, hasta los más fuertes. Si es bajo sólo aparecen los ecos de intensidad media.

Pre- y post-procesado

Se puede modificar la imagen ecográfica reforzando los contornos gradualmente, hasta que no sean visibles más que las líneas de demarcación. El pre-procesado actúa antes de que se forme la imagen, y el post-procesado una vez formada. Tienen escaso valor diagnóstico.

Preset

Al conectar el ecógrafo aparecen automáticamente los valores de rango dinámico y ganancia previamente seleccionados. De este modo sólo son necesarias pequeñas modificaciones durante la exploración ecográfica en cada paciente.

Congelación de la imagen (Freeze)

Es posible congelar la imagen electrónicamente quedando ésta fija en el monitor.

Aproximación y aumento de la imagen (Zoom)

Un aumento del tamaño de la imagen puede facilitar el reconocimiento de algunos detalles. Su disminución ofrece, en cambio, una visión más global.

Modo B doble (Desdoblamiento de la imagen, modo B dual, «splitting»)

La imagen en el monitor queda dividida en dos, de forma que junto a la imagen actual, en tiempo real, aparece la imagen fija almacenada.

Existe un mecanismo que permite cambiar la imagen en tiempo real a imagen fija y viceversa. En algunos equipos también es posible obtener, junto a la imagen en modo B, la imagen en modo M o, en ecocardiografía, la representación del electrocardiograma.

Cursores de medición (Calipers)

Mediante el uso de «joysticks» o «trackballs» se pueden delimitar electrónicamente contornos o definir puntos de referencia para valorar distancias o medir perímetros o áreas de objetos e imágenes.

Ajuste de los ángulos de la imagen

Regula el ángulo que presenta el sector de la imagen. Cuanto mayor el ángulo, más amplio es el sector de la imagen, pero peor es la resolución, principalmente en los bordes.

Teclado

Mediante un teclado es posible escribir los datos deseados en la imagen o en sus márgenes. Por regla general, la fecha y la hora quedan grabados automáticamente en el momento de conexión del aparato. Otros datos adicionales útiles son el número de referencia, la raza y el nombre del paciente, entre otros.

Documentación

En la historia clínica del animal deben quedar reflejados por escrito los hallazgos ecográficos. Además, es recomendable archivar las imágenes más significativas. Esto permite estudiar los resultados con detenimiento, y comparar las imágenes con las obtenidas en estudios de seguimiento, así como formar un archivo completo con fines científicos.

Todos los ecógrafos modernos tienen la posibilidad de congelar la imagen (freezing). Esta imagen estática se puede reproducir mediante distintos procedimientos. Las imágenes en movimiento o la exploración completa se pueden grabar en cinta de video o ser registradas digitalmente.

Cámara Polaroid

La fotografía directa de la pantalla del monitor mediante una cámara Polaroid es un procedimiento anticuado y caro, aunque permite la obtención inmediata de la imagen.

Cámara de fotos

Mediante este método se pueden obtener fotos baratas y de alta calidad, aunque se alarga el tiempo de revelado. Además, suele ser necesario ampliar de nuevo las imágenes o estudiarlas con lentes de aumento, por lo que es un procedimiento poco utilizado.

Cámara multiformato

Las imágenes se obtienen en película radiográfica, se revelan mediante reveladora automática y se estudian en un negatoscopio. Estas imágenes son de gran calidad. La desventaja es el elevado precio de este tipo de cámara.

Videoimpresora térmica

Mediante este método se obtienen imágenes de calidad media a alta en papel termográfico, de tamaño original, y al precio más bajo por imagen individual.

Vídeo

En equipos con conexión de salida adecuada se puede registrar la exploración ecográfica completa en video.

Almacenamiento de imágenes, Hard-Copy

Los ecógrafos modernos disponen de sistemas electrónicos de almacenamiento de datos en ordenador o disco duro. La representación de las imágenes archivadas se realiza mediante un registro correspondiente. Hasta el momento, este método es de uso restringido debido a que la necesidad de almacenamiento de una imagen ecográfica requiere 1 MByte, comprimido 0,25-1,0 MByte.

Como *procedimientos estándar de documentación* se deben considerar actualmente la videoimpresora y el vídeo.

Generalidades sobre la técnica de exploración

Interpretación de los hallazgos

Las imágenes ecográficas representan cortes tomográficos de órganos y tejidos. Permiten valorar su situación, tamaño, forma, extensión, delimitación y arquitectura interna.

Para juzgar la *situación*, se puede comparar con órganos vecinos de fácil identificación y con la superficie, por ejemplo la pared abdominal. El *tamaño* también se puede valorar por comparación con órganos vecinos, pero fundamentalmente mediante la medición exacta de los ejes longitudinal y transversal, a veces incluso del perímetro y del área de la superficie.

Los *límites* o el *contorno* de órganos o de estructuras tisulares (por ej., tendones) se visualizan de forma distinta, según las diferencias de impedancia y el ángulo de incidencia del haz de ultrasonidos. Por este motivo, la valoración correcta de las alteraciones de la superficie de un órgano se debe realizar en relación con otros criterios, y variando el ángulo de incidencia de los ultrasonidos.

La gran ventaja de la ecografía es que permite valorar la *arquitectura interna* de órganos, tumores y otros tipos de tejido, como tendones y músculos. Para ello se estudia la distribución y la intensidad de los ecos procedentes del interior de estas estructuras.

Terminología descriptiva

Para describir las imágenes observadas se utilizan los siguientes términos (Fig. 9):

Anecogénico, anecoico, ecolúcido

Área negra homogénea por ausencia de ecos. Representa líquidos homogéneos, por ejemplo orina normal, ascitis, bilis (por detrás aparece refuerzo posterior).

Hipoecogénico, hipoecoico

Área gris oscura producida por escasos ecos de débil intensidad. Representa tejidos blandos que producen una reflexión media, por ejemplo ganglios linfáticos, abscesos, sangre (puede aparecer en ocasiones refuerzo posterior). Los órganos parenquimatosos producen una reflexión algo superior, y la imagen será de un gris más claro.

Hiperecogénico, hiperecoico

Imagen blanca por gran reflexión de ecos. Representa zonas o interfases como hueso, tejido conjuntivo denso, gas (por detrás aparece sombra acústica).

Homogéneo

Áreas uniformemente sombreadas debido a una distribución uniforme de los ecos en tejidos homogéneos, como el bazo o la próstata normales.

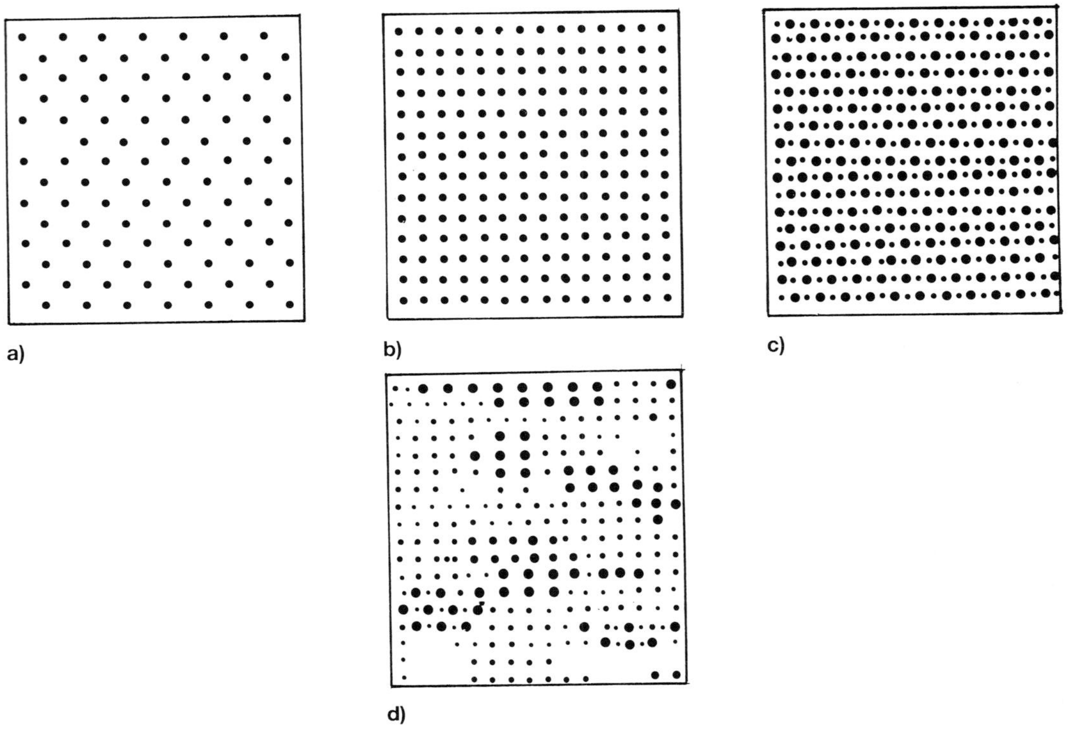

Fig. 9 Valoración del patrón ecográfico, **a)** homogéneo hipoecogénico **b)** reflexión media (hipoecogénico) **c)** hiperecogénico **d)** heterogéneo

Heterogéneo

Distribución irregular de los ecos en tejidos heterogéneos y en líquidos con elementos corpusculares en suspensión o de distinta densidad, por ejemplo coágulos, pus, prostatitis crónica.

Ecogenicidad mixta

Los tejidos muy irregulares (por ej., tumores malignos) presentan áreas que conducen tanto a escasa, como a gran reflexión de ecos.

Lesión focal

Alteraciones circunscritas, claramente diferenciables del tejido que las rodea, por ejemplo quistes.

Bandas reflectantes

Bandas hiperecogénicas con sombra acústica en la zona distal. Representan la superficie de estructuras muy reflectantes como el gas o el hueso.

También se puede valorar el grado de *absorción* de los ultrasonidos en un tejido (Fig. 10). Los tejidos homogéneos con alto contenido líquido producen una mínima reflexión de ultrasonidos y, por tanto, escasa absorción. En cambio, estructuras con gran contenido en tejido conjuntivo (por ej., cicatrices, cirrosis, tendones), conducen a una gran absorción de ultrasonidos. La determinación del grado de absorción sólo se puede realizar mediante la valoración de la ganancia utilizada, sobre todo del DGC (ganancia en profundidad).

Orientación en el monitor

La mayoría de los transductores tienen una marca orientativa que permite establecer la

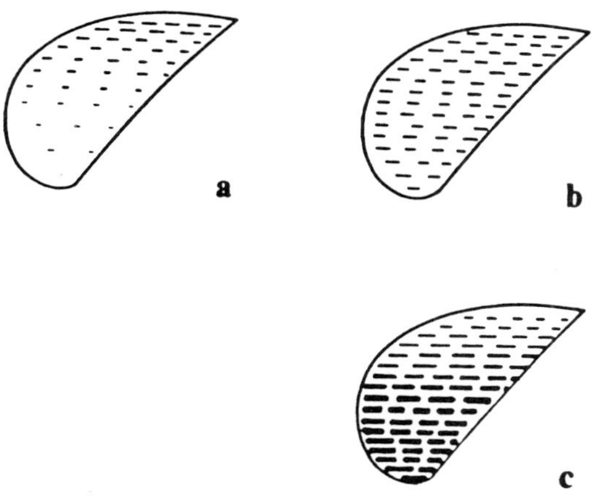

Fig. 10 Valoración de la absorción (en Lutz/Meudt, Ultraschallfibel).
a) aumentada
b) media
c) baja

dirección de la imagen. El transductor se debe colocar de forma que, en un corte longitudinal, el lado izquierdo de la imagen se corresponda con la parte craneal del cuerpo y, el lado derecho, con la parte caudal. Si no es así, se debe girar el transductor 180°. En algunos ecógrafos existe la posibilidad de invertir los lados de la imagen.

En un corte transversal (con el animal en decúbito supino), el lado izquierdo del monitor debe representar la parte derecha del cuerpo, y el lado izquierdo la parte derecha del animal. Así, durante un estudio ecográfico no se cometen errores en cuanto a la orientación. Por este motivo, antes de iniciar una ecografía, se debe confirmar si la marca orientativa está señalando en dirección craneal (izquierda) o caudal (derecha) (Fig. 11).

Posición del transductor

En la imagen aparece un símbolo corporal que define la posición del transductor en cada corte realizado. En la Figura 12 se muestran dos ejemplos.

Comparación del diagnóstico ecográfico y radiológico (Tabla 3)

En muchos casos la ecografía y la radiología son técnicas complementarias. En radiología se obtienen imágenes sumativas de los tejidos atravesados perpendicularmente por los rayos X y, en ecografía, imágenes de un corte de los tejidos situados en la dirección del haz de ultrasonidos. En la imagen radiológica, los órganos como el riñón o el bazo aparecen como sombras más o menos homogéneas. Su estructura interna sólo se puede determinar mediante complejos métodos de contraste. Por el contrario, la ecografía diferencia densidades, mostrando la estructura interna de estos órganos. Para la valoración del tejido óseo, la radiología es evidentemente superior a la ecografía. Sin embargo, la ecografía es capaz de determinar el contorno superficial de los huesos.

La ecografía es, además, un procedimiento no invasivo y sin efectos biológicos adversos ni para el paciente, ni para el operador. Por tanto, no son necesarias medidas de protección como en radiología. La exploración ecográfica puede ser repetida tantas veces como se estime necesario y sin limitación en el tiempo.

La ecografía se debe realizar en relación y como complemento de otros procedimientos diagnósticos como la exploración física o la radiología, y los resultados tienen el fin de confirmar o de completar los hallazgos observados. Con frecuencia, los hallazgos ecográficos permiten prescindir de un estudio radiológico.

Ventajas de la ecografía

Junto a las ventajas ya mencionadas respecto a la radiología está, además, la relativa sencillez de realización de un estudio ecográfico. Los órganos son representados en la imagen independientemente de su función. Las estructuras quísticas y las que presentan una gran densidad son reconocidas rápida y fácilmente. Las alteraciones encontradas pueden ser me-

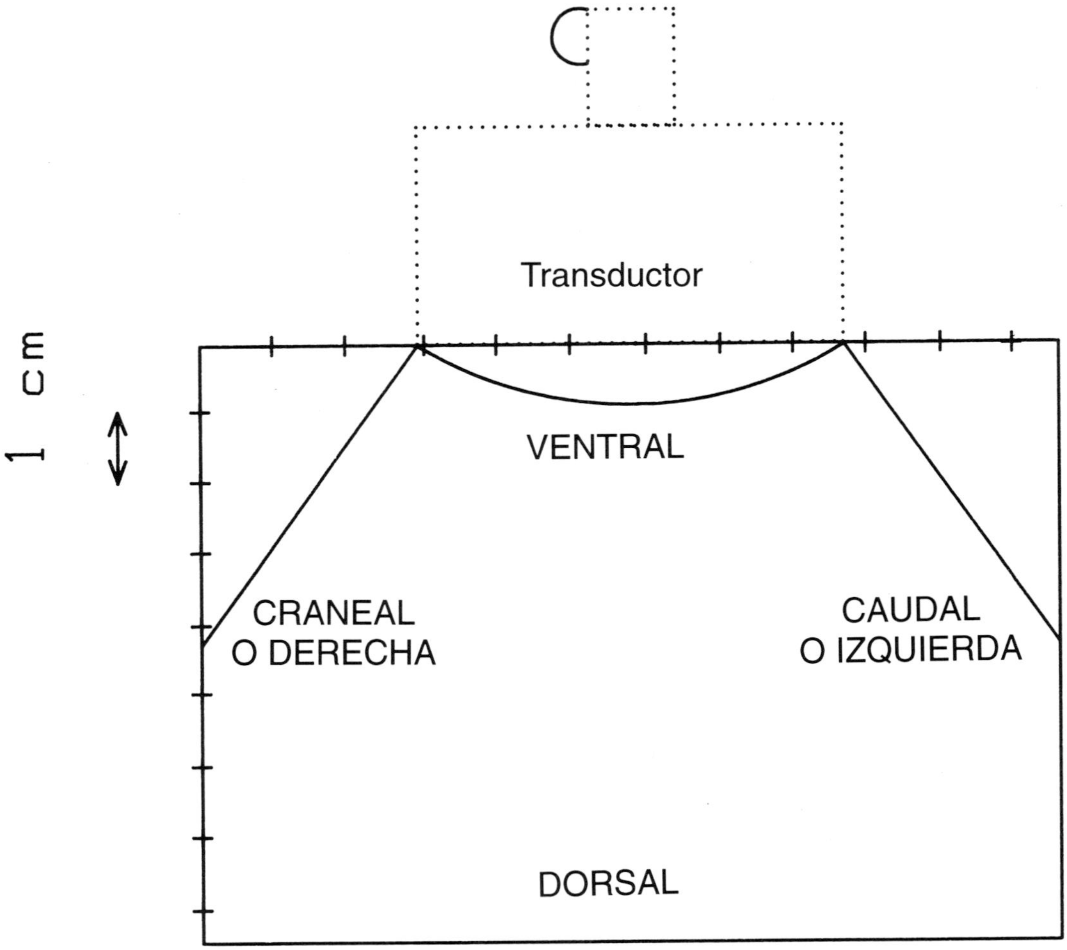

Fig. 11 Orientación en el monitor en relación con la posición del transductor.

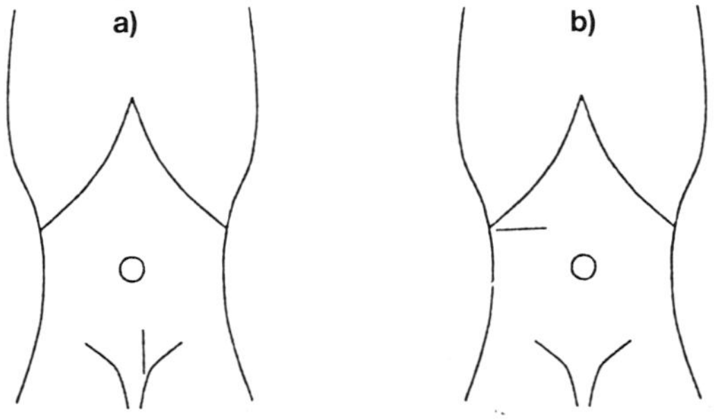

Fig. 12 Esquema para definir la posición del transductor.
a) transductor en localización prepélvica paramedial izquierda, en corte longitudinal
b) transductor en localización caudal al arco costal derecho, en corte transversal

didas con exactitud. Organos con un patrón de reflexión homogéneo (por ej., hígado, bazo) y estructuras que contienen líquido (vejiga de la orina) pueden ser utilizados como ventanas acústicas. De la misma forma actúa el líquido libre en abdomen (ascitis, hidroperitoneo artificial). El líquido permite delimitar el contorno de los órganos, mientras que en radiología va a producir una pérdida de contraste.

Desventajas de la ecografía

Mientras que la radiología permite obtener de forma rápida una imagen global, en

Tabla 3 Ventajas y desventajas de la ecografía en relación con la radiología.

Radiología	Ecografía
Ventajas	
Imagen sumativa	sin efectos secundarios nocivos, posibilidad de realizar ecografías seriadas
estudio rápido	permite valorar la estructura interna
no requiere tiempo de acción del gel de contacto	determinación exacta del contorno de los órganos
permite valorar gas y hueso	la presencia de líquido libre (ascitis) facilita el estudio
Desventajas	
efectos secundarios de las radiaciones	necesidad de realizar múltiples cortes
no permite valorar la estructura interna	estudio lento
contorno de los órganos parcialmente no valorable	requiere tiempo de acción del gel de contacto
pérdida de contraste en presencia de líquido libre (edema, ascitis)	

ecografía es necesario realizar múltiples cortes en diferentes direcciones para obtener una idea de la relación entre los órganos. La imagen ecográfica global se forma en la mente del operador.

Otra desventaja es el hecho de que el hueso, el gas y el sulfato de bario no transmiten los ultrasonidos, por lo que las estructuras situadas en zonas más profundas no van a ser visibles. En ocasiones, las asas intestinales con contenido gaseoso pueden ser evitadas cambiando la posición del paciente o del transductor. Si se mantiene el transductor en posición fija sobre un asa intestinal en un corte transversal, los reflejos producidos por el gas aparecen como resplandores parpadeantes debido al peristaltismo intestinal. La obesidad puede disminuir la calidad de la imagen. En ocasiones no es posible acoplar correctamente el transductor sobre la superficie del animal, debido a la presencia de pezones, tumores o áreas con una densidad muy alta de pelo.

No son visibles ecográficamente el pulmón normal, el hueso (excepto su superficie) y las áreas situadas distal a estas estructuras.

Generalidades sobre la realización de una ecografía

Características del local

Siempre que sea posible, las ecografías se deben realizar en un espacio destinado exclusivamente a este fin, para así disminuir influencias externas que puedan afectar negativamente al animal. La temperatura no debe ser elevada, porque el jadeo dificulta el estudio ecográfico. La *iluminación* debe ser mínima para poder observar los detalles de la imagen en la pantalla. La luz no debe incidir sobre el monitor, ni sobre los ojos del operador. Las ecografías se realizan generalmente con los animales en decúbito supino y, para mantener al animal cómodo en esta posición, se recomienda utilizar *colchonetas* sobre una *mesa de exploración* de altura regulable. Por norma general es suficiente una persona para mantener al paciente en la posición deseada, que puede ser el propietario, puesto que no son necesarias medidas de protección frente a radiaciones. Debe haber un *lavabo* en el cuarto de exploración, ya que el rasurado y el gel utilizado requieren un frecuente lavado de manos. Se recomienda tener un *negatoscopio* a la vista que permita, en caso necesario, comparar los hallazgos con una imagen radiológica, o para estudiar las imágenes ecográficas obtenidas mediante una cámara multiformato. Todo el material necesario para preparar al animal o para la realización de la ecografía debe estar a mano y ser guardado en un armario del local de exploración (por ej., peladora, gel de contacto, toallas de limpieza, jabón, material de documentación).

Preparación del paciente

Para la mayoría de los estudios ecográficos no es necesaria una preparación específica. La única recomendación básica es que el animal esté en ayunas (para evitar superposición de alimentos o de gas) y con la vejiga llena. Las superposiciones producidas por la presencia de heces se pueden evitar administrando un enema unas horas antes de la exploración. La vejiga y la próstata se deben valorar ecográficamente antes de utilizar laxantes rectales, porque muchos animales emiten heces y orina de forma conjunta. Si la vejiga no está suficientemente llena, se puede distender dando de beber al animal o forzando la diuresis (por ej., 1-2 mg furosemida/kg de peso), siempre que no existan contraindicaciones clínicas.

Posición

La mayoría de las ecografías abdominales se realizan con el animal en decúbito supino o ligeramente rotados lateralmente. En pocos casos se utiliza el decúbito lateral completo (Fig. 13). El tórax se estudia en decúbito lateral o esternal. Las posiciones empleadas vienen descritas en la parte especial.

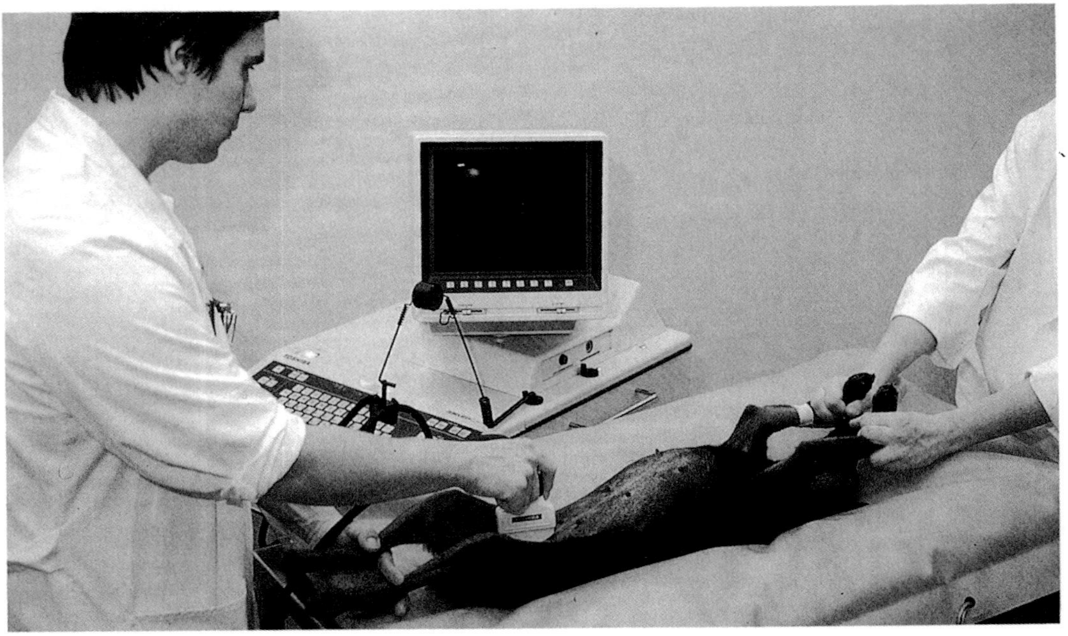

Fig. 13 Exploración ecográfica de un perro en decúbito supino.

Sujeción, sedación

Las medidas de sujeción vienen parcialmente determinadas por la cantidad de personal disponible. Con un sólo ayudante experimentado se pueden estudiar más del 90% de los perros o gatos sin sedación. En algunos casos es necesario utilizar un bozal o atar el hocico a los perros. Si un paciente va a ser sometido a continuación a una intervención quirúrgica, se puede aprovechar la anestesia para realizar una ecografía detallada, ya que la posición correcta y la respiración pausada en estos animales, facilita el estudio. Los perros muy nerviosos deben ser sedados.

Los gatos deben ser sedados cuando la persona que los está sujetando no resulte fiable, y cuando los transductores tienen una superficie de acoplamiento blanda. Las sondas pueden ser perforadas e inutilizadas por un simple arañazo (¡daños > 5.000 DM!).

Rasurado

Para obtener una calidad de imagen óptima y para evitar discusiones innecesarias con los propietarios, se deben rasurar aquellas zonas sobre las que se va a acoplar el transductor. No es necesario afeitar al animal. El pelo influye sobre la calidad de la imagen según su grosor, longitud y espesor. Especialmente desfavorables son los perros de pelo corto y duro (por ej., beagle, rottweiler, boxer), y no tanto los animales de pelo sedoso (por ej., yorkshire, maltés, caniche, todos los teckel). En estos últimos, según la topografía y la longitud del pelo, y después de un tiempo prolongado de acción del gel de contacto, se puede evitar rasurar. Esto se puede hacer principalmente en la región inguinal, pero resulta más difícil caudal al arco costal y a nivel del tórax, donde hay un mayor espesor de pelo.

En perros de pelo largo se puede, en ocasiones, apartar el pelo y conseguir así una pequeña ventana de acceso. Esto solamente se debe realizar en animales que requieren un estudio ecográfico de una zona muy concreta.

Es prácticamente imposible realizar una ecografía en gatos sin rasurarlos, debido al gran espesor de pelo que presentan.

La anchura de la zona a depilar depende de los órganos que se van a estudiar y del tipo de transductor utilizado. En ecografía abdominal se rasura generalmente toda la superficie ventral del abdomen, incluyendo la zona caudolateral al arco costal. Sin embargo, con una sonda sectorial, a veces es suficiente una pequeña ventana acústica para visualizar órganos *individuales*. Este sistema no permite valorar todo el abdomen a través de una «mirilla». Los transductores lineales y convexos necesitan mayores superficies de acoplamiento.

Acoplamiento

Por acoplamiento se entiende el contacto entre el transductor y el paciente. Se debe evitar la presencia de aire entre las dos superficies de contacto, así como las irregularidades de la superficie del animal. Para ello se utilizan geles de contacto que, a diferencia del agua, se evaporan lentamente y permiten deslizar el transductor de forma indolora sobre la piel. Después de la exploración y, al contrario que el aceite, el gel puede ser eliminado fácilmente (incluso por el propietario). Si los animales, especialmente los gatos, se lamen restos de gel que queden sobre la piel, se puede producir ocasionalmente diarrea.

Según las características de la piel, el gel puede tardar de 3 a 15 minutos en garantizar una acción óptima. Solamente pasado ese tiempo se obtiene una buena calidad de imagen.

En animales con piel seca y escamosa el acoplamiento del transductor puede llegar a plantear problemas.

El alcohol, debido a su rápida evaporación, tiene un tiempo de acción muy corto, por lo que sólo ofrece una imagen aceptable durante pocos minutos, incluso después de repetir su aplicación. Además, produce irritación de la piel después del rasurado.

Dinámica de la exploración

La ecografía abdominal debe comenzar en *abdomen caudal* por diversos motivos.

La vejiga de la orina distendida es un órgano de fácil localización y a nivel del cual se ajustan muy bien los controles del ecógrafo. Los animales se tranquilizan antes si se comienza por una exploración no dolorosa. Al contrario que en el área caudal, en abdomen craneal se requiere frecuentemente presionar con el transductor para valorar los riñones o el hígado, lo que puede resultar molesto o incluso doloroso para algunos animales. Por este motivo, estos órganos deben ser estudiados al final de la exploración. La menor densidad de pelo y la presencia de una piel más fina en la zona caudal e inguinal, hace que el tiempo de acción que necesita el gel sea menor, obteniéndose una buena imagen en menos tiempo. El ajuste de los controles del ecógrafo se ve dificultado a nivel del hígado, ya que el acceso a este órgano en el perro y en el gato se realiza en un ángulo oblicuo y, además, el hígado presenta constantes cambios de impedancia o densidad (por ej., esteatosis, hígado congestivo en insuficiencias cardiacas).

Si la *vejiga de la orina* está bien distendida, resulta un excelente punto de orientación para comenzar la exploración ecográfica. El transductor se sitúa craneal al pubis, a nivel de la línea media (o paramedial en perros machos), en un corte longitudinal. La presión realizada con el transductor debe ser mínima, para evitar que se aplane la vejiga y no pueda ser valorada. Cuando aparece una imagen clara de la vejiga después de varios barridos con el transductor, se pueden reajustar los controles del equipo. Como todos los órganos, la vejiga debe ser estudiada en *cortes longitudinales y transversales*.

A continuación se dirige el transductor caudalmente hasta el pubis, pasando por el cuello de la vejiga. La *próstata* , así como la primera porción de la uretra, se sitúan caudal al cuello vesical. La próstata debe ser identificada y estudiada primero en un corte *longitudinal*, y después de girar el transductor, en un corte *transversal*. El pene se desplaza lateralmente con ayuda del transductor. En algunos casos es necesario inclinar la sonda para poder visualizar la porción de la próstata situada dentro de la pelvis. Puede ser útil desplazar digitalmente la glándula en dirección craneal por vía rectal, y moverla para facilitar su identificación.

En la perra se estudia el cuerpo del *útero* en un corte longitudinal. Se localiza dorsal al cuello de la vejiga. En transversal se sigue hasta la bifurcación y a continuación los cuernos uterinos hasta el área caudal a los riñones.

Seguidamente se desliza el transductor en dirección craneal para estudiar el *bazo*. Según la situación y el tamaño del mismo, puede llegar a localizarse incluso en el área de la vejiga, justo por debajo de la pared abdominal. Si no es visible a nivel de abdomen medio, se debe buscar en abdomen craneal izquierdo, en la zona del arco costal. En algunos animales el bazo puede estar situado exclusivamente dentro del arco costal.

En esta región se encuentra también el *riñón izquierdo*, que debe ser estudiado en cortes longitudinales y transversales.

El transductor es conducido entonces hacia abdomen derecho para localizar el *riñón derecho*. Éste se localiza en la mayoría de los perros dentro del arco costal, por lo que es necesario realizar una mayor presión con el transductor una vez colocado en la zona subcostal e inclinado en dirección caudal. Con frecuencia los animales se defienden de esta maniobra. En ocasiones es necesario acoplar el transductor muy lateral para evitar asas de intestino delgado.

El último órgano parenquimatoso que se estudia es el *hígado* y la vesícula biliar. Para ello se realizan barridos longitudinales y transversales, siendo generalmente necesario inclinar el transductor para poder acceder al mismo.

A continuación se pueden realizar exploraciones ecográficas especiales, como son las de páncreas, sistema gastrointestinal, adrenales o diafragma.

Para el estudio ecográfico de músculos, tendones, articulaciones y tejidos blandos de otras regiones corporales, se acopla el transductor en el área de interés, una vez rasurada.

Artefactos

Para realizar estudios ecográficos es imprescindible conocer los fundamentos físicos de la ecografía y los artefactos. Los artefactos son aquellas imágenes que aparecen en el monitor que no se corresponden con estructuras anatómicas reales, y que se forman debido a las características de propagación y de reflexión de los ultrasonidos. A continuación se van a describir los más importantes.

Reverberación

La reverberación se caracteriza porque una interfase real muy reflectante es representada repetidamente y a distancias regulares en zonas más profundas (Figs. 14, 133). Estas interfases irreales van perdiendo intensidad de forma continua en relación con la profundidad.

Si aparecen dos interfases muy reflectantes consecutivas, con frecuencia se produce un ir y venir de los ecos entre ambas antes de volver al transductor. Como éste registra los ecos más tarde, representa la superficie reflectante repetidamente en zonas más profundas.

Este fenómeno se observa en muchas ocasiones cuando no existe un acoplamiento perfecto entre el transductor y la piel (Fig. 133).

Artefacto en cola de cometa

Detrás de los huesos pequeños, de cuerpos extraños (sobre todo metálicos) y del aire se pueden observar ecos en forma de cola de cometa, en lugar de la típica sombra acústica (sombra acústica sucia). Se trata de un tipo especial de reverberación (Figs. 27, 111).

Artefacto de anchura de haz (beam-width)

Este artefacto se observa en zonas que reflejan muy pocos ultrasonidos y que están situadas junto a estructuras muy reflectantes. Aparece como una línea hiperecogénica en forma de arco.

Junto al haz principal de ultrasonidos existen también otros secundarios. Los ecos producidos a partir de estos últimos son procesados como si estuviesen originados por el haz central, por lo que aparecen en la imagen proyecciones falsas. Este artefacto se produce cuando los haces secundarios inciden sobre estructuras muy reflectantes (cuerpos extraños metálicos, huesos, aire y cálculos), y resulta especialmente visible a nivel de estructuras que producen escasa reflexión de ultrasonidos. Puede ser observado con frecuencia a nivel de la vejiga de la orina, junto con el fenómeno de pseudosedimentación (Fig. 29).

Ruido acústico

Este término se utiliza para describir la presencia de múltiples puntitos hiperecogénicos repartidos en la imagen de forma focal o difusa. Debido a este fenómeno, estructuras

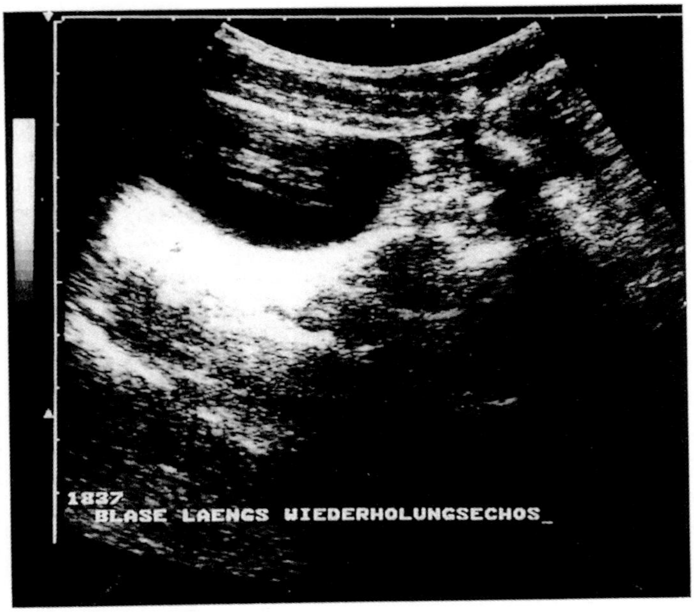

Fig. 14 Reverberación, refuerzo posterior.

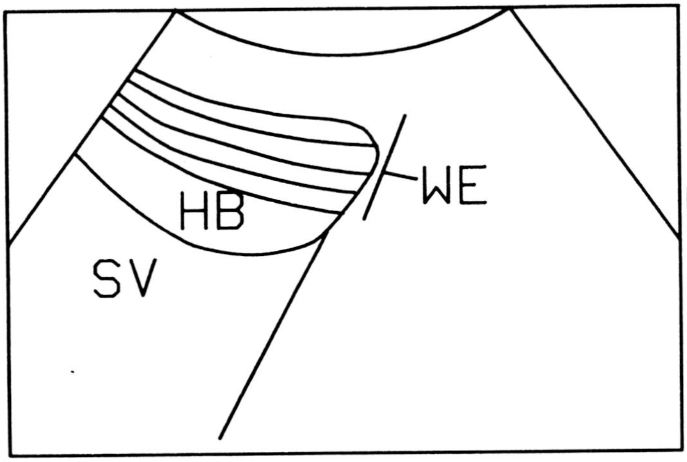

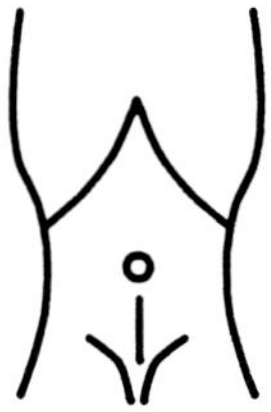

HB = vejiga,
SV = refuerzo posterior,
WE = reverberación (DGC muy alto)

anecogénicas (negras) aparecen hipoecogénicas (grises) en la imagen (por ej., la luz de la vejiga de la orina).

La presencia de ruido acústico de forma difusa en toda la imagen es debida a una ganancia general excesiva. El ruido acústico focal (a nivel de las líneas de focalización) se debe a un exceso de DGC (Figs. 15, 16).

Se debe diferenciar el ruido acústico de elementos corpusculares reales presentes en líquidos (por ej., eritrocitos, leucocitos, descamaciones epiteliales). Estos últimos están distribuidos de forma irregular (por ej., sedimentación) y se puede provocar su movimiento.

Sombra acústica

Cuando los ultrasonidos son reflejados y/o absorbidos en su totalidad a nivel de una

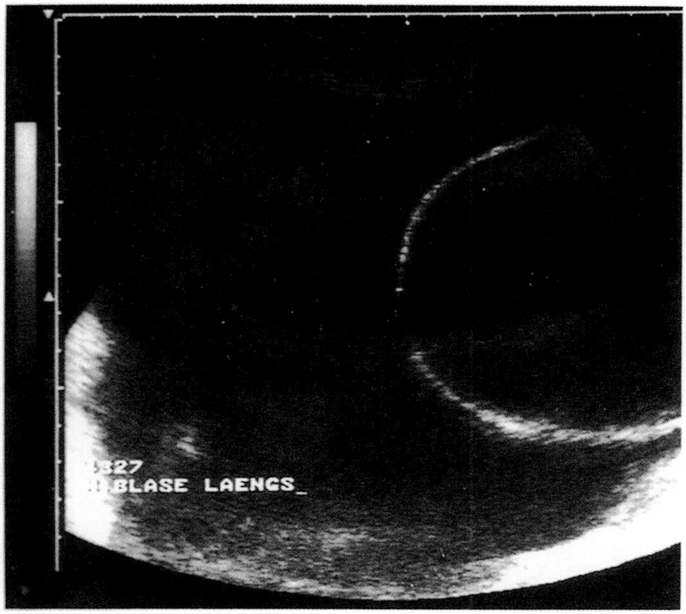

Fig. 15 Ruido acústico, defecto de pared ficticio, artefacto de grosor de capas.

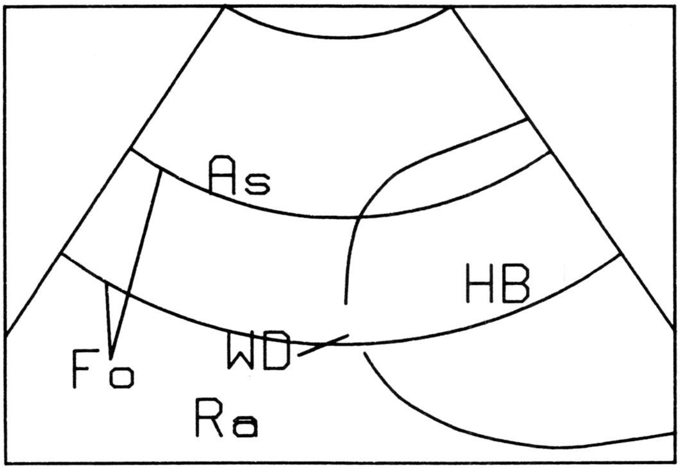

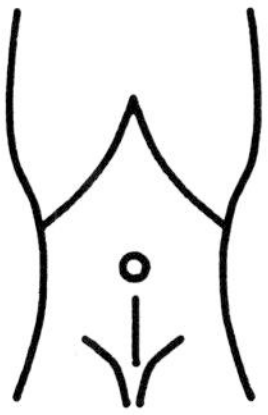

As = ascitis,
Fo = líneas de focalización,
HB = vejiga con artefacto de grosor de capas,
Ra = ruido acústico,
WD = defecto de pared ficticio

interfase muy ecogénica, distal (dorsal) a ésta aparece una sombra (Fig. 17). El tamaño mínimo de un objeto capaz de generar una sombra acústica es de 2-3 milímetros de diámetro. La sombra producida por objetos de tamaño inferior queda superpuesta por fenómenos de difracción y refracción.

La sombra acústica se produce por ejemplo por cálculos, huesos, mineralizaciones, sulfato de bario, heces, metales y, en algunos casos, por tejido conjuntivo denso.

Cambiando el ángulo de incidencia de los ultrasonidos es posible ver el objeto y no la sombra acústica.

Sombra lateral

Distal y lateral a estructuras quísticas (por ej., vejiga de la orina, vesícula biliar) puede aparecer una fina banda anecogénica en la dirección de los ultrasonidos. Esta sombra

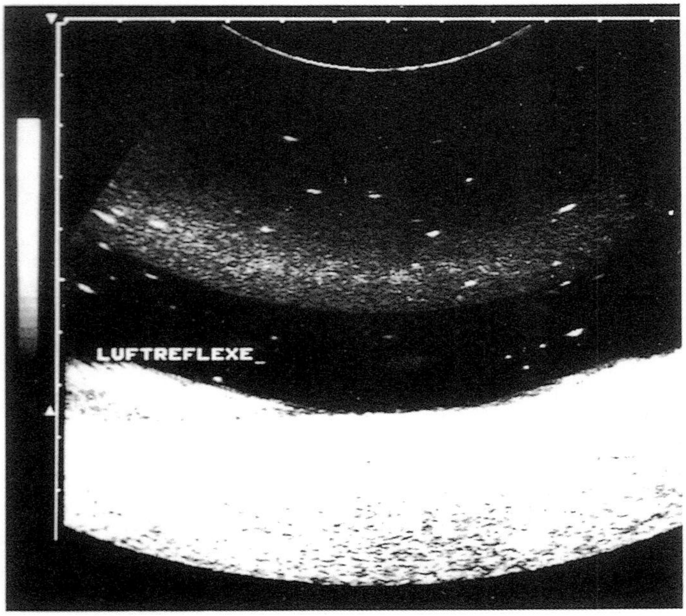

Fig. 16 Ruido acústico, pseudosedimentación.

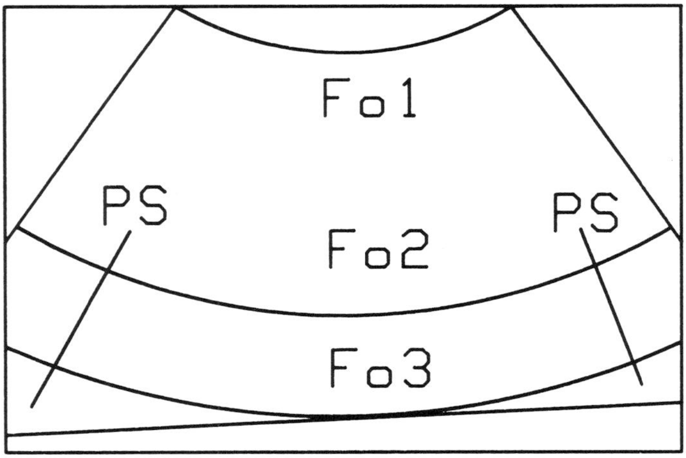

Fo1,2,3, = líneas de focalización, en la zona de Fo2 ganancia excesiva, ecos aislados en agua (burbujas de aire),
PS = pseudosedimentación

lateral (lateral shadowing) está producida por dispersión y refracción de los ultrasonidos. Solamente se observa a nivel de las zonas tisulares externas, sobre las que los ultrasonidos inciden de forma tangencial. Por este motivo este artefacto también se denomina fenómeno tangencial (Figs. 87, 119).

Las interfases externas que generan una sombra lateral pueden no quedar representadas en la imagen por falta de reflexión de los ultrasonidos en dirección al transductor, por lo que aparece un defecto en la pared que no debe ser confundido con un defecto real (Fig. 15).

Refuerzo posterior, distal o dorsal

Cuando los ultrasonidos atraviesan una estructura poco reflectante o que transmite completamente los ultrasonidos, las zonas distales (dorsales) aparecen relativamente

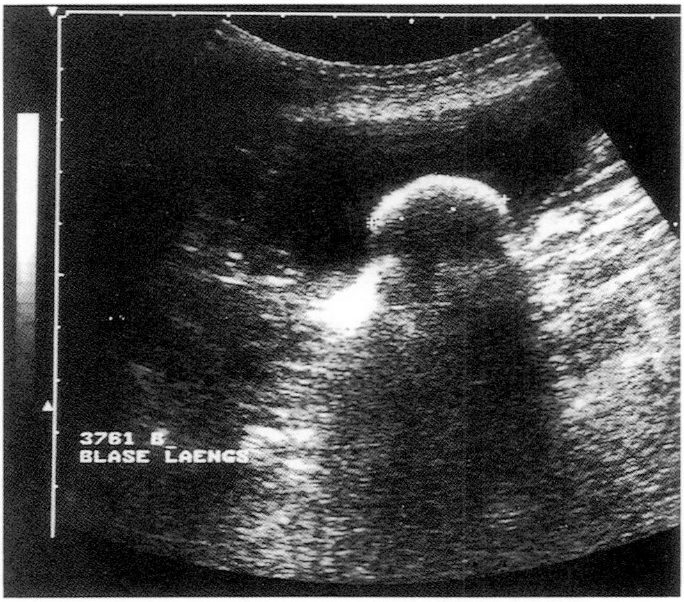

Fig. 17 Sombra acústica distal (dorsal).

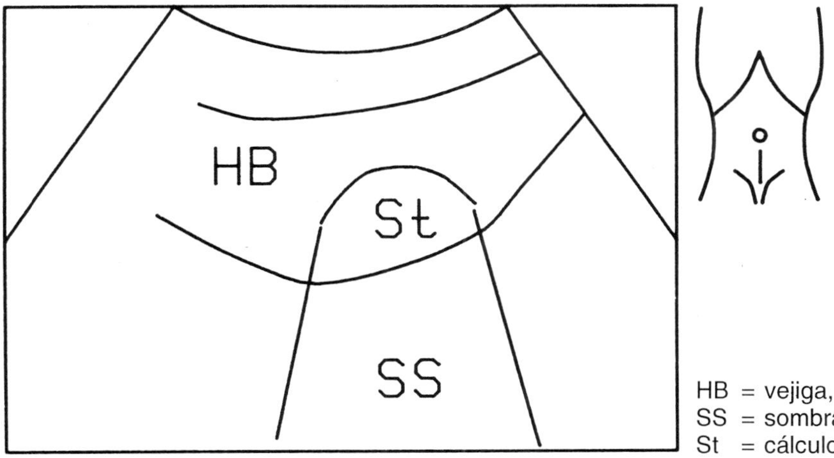

HB = vejiga,
SS = sombra acústica,
St = cálculo

más ecogénicas (Fig. 14). La razón de esto es que la atenuación que se produce a nivel de tejidos vecinos, prácticamente no se produce en estructuras que contienen líquido.

Por este motivo, un tejido de idénticas características (por ej., grasa) aparecerá más ecogénico dorsal a la vejiga de la orina, que en zonas vecinas a igual profundidad. Por tanto, la ecogenicidad de un tejido situado dorsal a una estructura repleta de líquido no se debe comparar con la de otro tejido.

Pseudotumor

Cuando se realizan cortes transversales en abdomen craneal o medio, la superficie del bazo (o del hígado, si existe hepatomegalia) se incurva ventralmente justo debajo de la línea alba. A este nivel se observará una zona redondeada hipoecogénica, que puede ser confundida con una lesión tumoral real (Fig. 18).

Este fenómeno se debe a que la velocidad de transmisión de los ultrasonidos es mayor

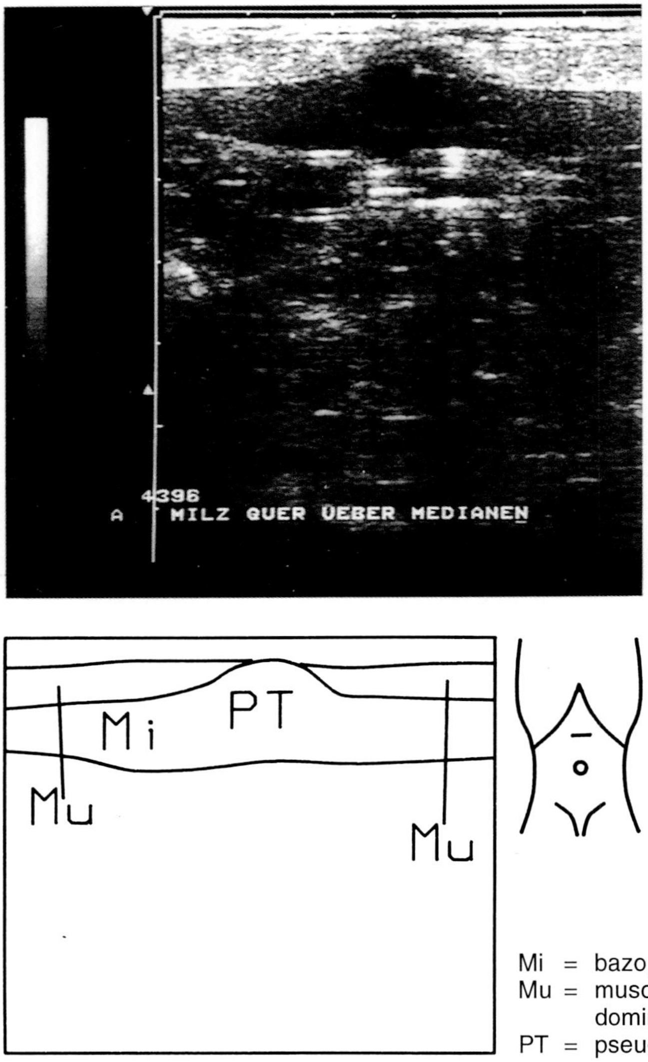

Fig. 18 Pseudotumor (en el bazo).

Mi = bazo,
Mu = musculatura (pared abdominal),
PT = pseudotumor

a nivel de la línea alba que en la musculatura situada lateral a ésta. Como la recepción de ecos se realiza más rápidamente a partir de las zonas medias que a partir de las laterales, los tejidos situados en la zona media son registrados antes y son representados en la imagen más cerca del transductor. Se trata por tanto de una distorsión o deformación.

Al realizar un corte longitudinal (medial o paramedial) sólo se atraviesa un tipo de tejido a la vez, siendo la velocidad de transmisión la misma, por lo que desaparece la imagen de pseudotumor.

Artefacto especular

Cuando se realizan cortes longitudinales y transversales del hígado se observa la presencia de parénquima hepático craneal al diafragma. En ocasiones también se produce el mismo fenómeno a nivel del escroto, observándose dos testículos en la misma imagen (Fig. 19).

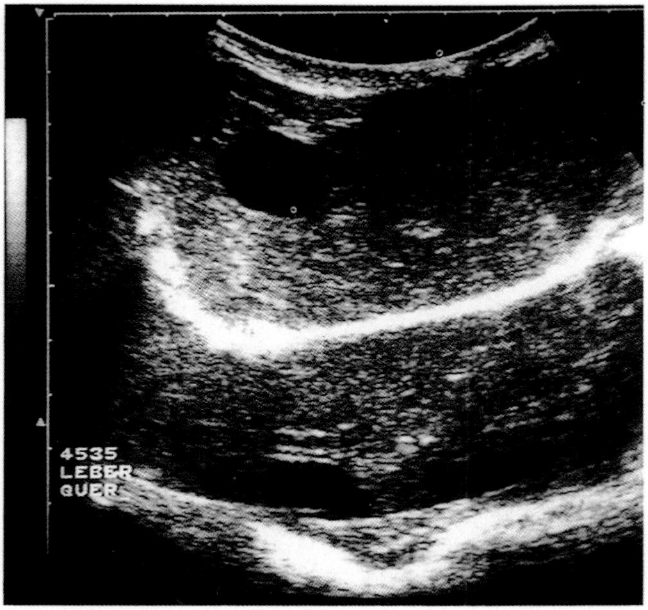

Fig. 19 Artefacto especular, artefacto de grosor de capas.

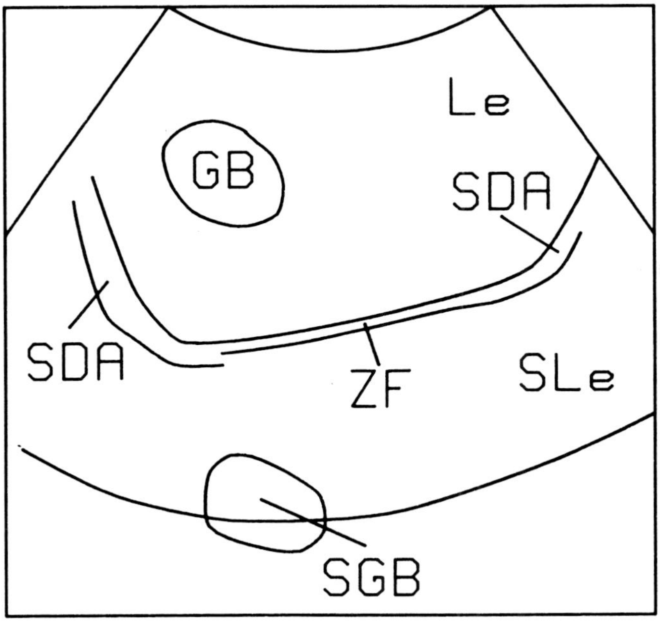

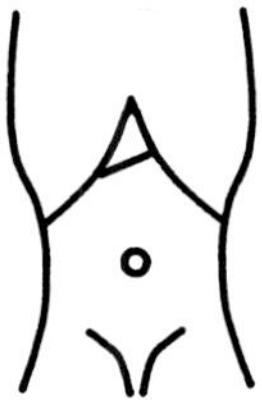

GB = vesícula biliar,
Le = hígado,
SDA = artefacto de grosor de capas,
SGB = imagen especular de la vesícula biliar,
SLe = imagen especular del hígado,
ZF = diafragma

Este artefacto está producido por interfases muy reflectantes (grandes diferencias de impedancia), como son por ejemplo, el diafragma o las bolsas escrotales, que actúan como espejos. A partir de estas interfases se reflejan indirectamente gran cantidad de ultrasonidos hacia el órgano situado proximalmente y, después de nuevas reflexiones, llegan al transductor. Debido al mayor tiempo de recorrido y, por tanto, de recepción, el objeto es representado más lejos del transductor.

Variando el ángulo de incidencia de los ultrasonidos es posible hacerlo desaparecer y así reconocer este artefacto.

Artefacto de grosor de capas (slice-thickness) y pseudosedimentación

Las interfases que separan estructuras de ecogenicidad muy diferente y que están situadas oblicuamente con respecto al haz de ultrasonidos (por ej., las paredes laterales de la vejiga de la orina), aparecen en la imagen como áreas engrosadas y mal definidas. Sin embargo, aquellas situadas perpendicularmente al haz son representadas como líneas finas y bien definidas (Figs. 15, 16, 19).

El origen de este artefacto se debe a que los cristales son estimulados en pequeños grupos que barren un espacio muy limitado. Del conjunto de ecos que son reflejados hacia los cristales solamente es representado el valor medio de su amplitud.

Por este motivo, a nivel de la vejiga de la orina y de la vesícula biliar, las paredes laterales parecen engrosadas y se observa el fenómeno de *pseudosedimentación* (sedimentación artificial). El aspecto de las paredes se modifica al variar el ángulo de incidencia de los ultrasonidos, y la pseudosedimentación se puede identificar cambiando la posición del animal.

Bibliografía (Parte general)

Barr, F. (1988): Diagnostic ultrasound in small animals. In Pract. 1, 17–21

Flückinger, M. (1990): Ultraschalldiagnostik bei Hund und Katze. 1. Funktionsweise, Geräte, Biologische Wirkung. Schweiz. Arch. Tierheilk. 132, 275–282

Flückinger, M. (1991): Ultraschalldiagnostik bei Hund und Katze. 2. Klinische Anwendung – Eine Übersicht. Schweiz. Arch. Tierheilk. 133, 101–111

Krestel, E. (1980): Bildgebende Systeme für die medizinische Diagnostik: Grundlagen, Technik, Bildgüte. Siemens Aktiengesellschaft Verlag, Berlin–München

Lohss, E. (1988): Abdominelle Sonographie beim Kleintier. Teil I: Physikalische Grundlagen, Gerätetechnik. Tierärztl. Prax. 16, 423–426

Lohss, E. (1989): Abdominelle Sonographie beim Kleintier. Teil II: Untersuchungstechnik. Tierärztl. Prax. 17, 313–318

Lutz, H. (1989): Ultraschallfibel Innere Medizin. 2. Aufl. Springer Verlag, Berlin, Heidelberg

Meier, H. (1989): Artefakte in der Ultraschalldiagnostik. Tierärztl. Prax. Suppl. 4, 36–46

Park, R. D., T. G. Nyland, J. C. Lattimer, C. W. Miller, J. L. Lebel (1981): B Mode Gray-Scale Ultrasound: Imaging Artifacts And Interpretation Principles. Vet. Radiol. 22, 204–210

Rantanen, N. W., R. L. Ewing (1981): Principles Of Ultrasound Application In Animals. Vet. Radiol. 22, 196–203

Parte especial

Técnica de exploración especial y representación de órganos

Gerwing

Vejiga de la orina

Para valorar correctamente la vejiga de la orina se deben utilizar transductores de 5 y de 7,5 MHz. Son recomendables las sondas lineales y convexas, debido a que presentan mejor resolución en el campo cercano que las sectoriales. Generalmente se valora la región de la pared de la vejiga más alejada del transductor ya que, a nivel proximal, se producen gran cantidad de artefactos y no hay todavía focalización suficiente. El estudio ecográfico se debe realizar sobre una vejiga bien distendida.

Indicaciones

Todas las patologías del sistema urogenital, fundamentalmente: distopias, cistitis, cálculos, tumores, control del grado de distensión y del contenido (por ej., en el síndrome urológico felino), control de rupturas vesicales, disurias, determinar la posición de una sonda vesical, delimitación de estructuras en abdomen caudal (por ej., leiomiomas, ganglios linfáticos, próstata).

Posición y acoplamiento

El transductor se sitúa longitudinal y transversalmente craneal al pubis (paraprepucial en machos), con el animal en decúbito supino. Debido a la escasa presencia de pelo puede no ser necesario rasurar al paciente.

Imagen normal

Se debe valorar su tamaño, forma y situación, así como la pared y la ecogenicidad de los distintos componentes.

La vejiga normal se observa como una estructura anecogénica craneal a la pelvis. Presenta una forma ovoide o redondeada y un cuello en forma de cono (Fig. 20). Las heces o las estructuras vecinas pueden deformarla. Con equipos de resolución media, la pared se observa como una línea hiperecogénica, mientras que con resoluciones mayores, es posible distinguir una doble capa hiperecogénica separada por una línea hipoecogénica. La capa interna debe ser lisa y continua. Solamente se deben valorar aquellas zonas de la pared sobre las que el haz de ultrasonidos incide en ángulo recto. Cuando inciden de forma oblicua, por ej., a nivel de las paredes laterales, la pared aparecerá engrosada y mal definida (artefacto de grosor de capas). La pared situada cerca del transductor (generalmente la ventral) es difícil de valorar, debido a la escasa resolución a ese nivel (campo cercano), y a la aparición de artefactos (reverberaciones). La luz de la vejiga debe ser anecogénica en condiciones normales, sin la presencia de elementos corpusculares. Puede aparecer pseudosedimentación, pero no sedimento real (ver artefactos).

La vejiga es útil para ajustar los controles del ecógrafo.

Distopia vesical

En animales con hernias perianales se producen con frecuencia alteraciones en la situación de la vejiga de la orina, aunque también se observan en casos de hernias inguinales o abdominales.

La vejiga distendida es reconocida con rapidez debido a su contenido anecogénico y a la estructura de su pared. En las hernias perianales, la doble banda de la pared de la vejiga y la ausencia de septos internos, permite diferenciar la vejiga de seromas que se pueden formar en estos casos. Sin embargo, las vejigas con contenido hemorrágico pueden presentar, en algunos casos, formaciones similares a septos. La introducción de una sonda vesical puede facilitar el diagnóstico diferencial.

Vejiga de retención

Como consecuencia de disurias crónicas, a menudo no reconocidas por el propietario, por ejemplo, en casos de hiperplasias prostáticas o de quistes intraprostáticos, se pueden producir engrosamientos de la pared de la vejiga de la orina (Fig. 21). En algunos casos se observa una única banda engrosada e hipoecogénica, en lugar de las tres capas que forman la pared en condiciones normales. En otros casos se distingue un engrosamiento manifiesto de la capa muscular media. Incluso en vejigas masivamente distendidas (con más de 1 litro de orina), se puede observar una pared de varios milímetros de espesor. A medida que se vacía el contenido, se va produciendo un aumento del grosor de la pared, que llega a ser de 10 milímetros cuando está prácticamente vacía. La capa interna es lisa y el contenido anecogénico.

Cistitis

Las cistitis se pueden diagnosticar ecográficamente en fases iniciales con transductores de alta frecuencia. En estos casos sólo se debe valorar la pared más alejada del transductor. Los primeros signos ecográficos son la presencia de ligeras irregularidades e interrupciones a nivel de la capa interna de la pared vesical, producidas por dispersión de los ultrasonidos (Fig. 22). Según el grado de descamación del epitelio se puede observar, además, la presencia de una pequeña cantidad de sedimento sobre la pared situada en la zona declive. Si se agita el contenido con presiones producidas con la mano o el transductor, se pueden observar remolinos formados por un punteado hiperecogénico en la luz de la vejiga (Fig. 23). A medida que avanza el proceso, se va produciendo un incremento de las irregularidades y del grosor de la pared hasta que, en casos más avanzados, se pierde su estructura trilaminar (Fig. 24). Los elementos corpusculares que aparecían inicialmente en sedimentación, se observan en estos casos también en suspensión como puntos hiperecogénicos bien definidos.

El proceso puede evolucionar hacia una *cistitis hemorrágica*. Los eritrocitos libres aparecen como puntos hiperecogénicos distribuidos difusamente en la luz de la vejiga, y con escasa tendencia a la sedimentación. Si se forman coágulos, se observarán como estructuras hipoecogénicas de contorno irregular o liso, y adheridas o no a la pared de la vejiga (Fig. 25). El tamaño de los coágulos puede ser desde pocos milímetros hasta varios centímetros. Cuando están adheridos a la pared pueden presentar forma de coliflor. Según el grado de organización, la ecogenicidad del coágulo puede ser homogénea o heterogénea. Los más antiguos pueden presentar ecogenicidad mixta. En casos extremos pueden llegar a medir 7-8 cm, y ocupar prácticamente toda la luz vesical, sin que los animales presenten hematuria macroscópica. Estos coágulos presentan una imagen muy similar a una neoplasia. Al realizar revisiones ecográficas a los 2-3 días, generalmente se observa un cambio marcado en su aspecto. Las diferencias observadas pueden incluir un cambio completo de su forma, una diferencia en su tamaño o en su topografía, o incluso pueden haber desaparecido.

La *cistitis necrotizante* se caracteriza por producir alteraciones muy evidentes de la pared de la vejiga (Fig. 26). La estructura trilaminar se pierde en áreas de mayor o menor extensión. Se pueden observar bandas hiperecogénicas que parten desde la pared hacia la luz, o flotando libres en la orina. La pared suele estar engrosada, aunque pueden existir zonas de adelgazamiento. Pueden aparecer también coágulos.

El *enfisema vesical* es un tipo especial de cistitis que fue observado por primera vez asociado a una *Diabetes mellitus* y producido por *Escherichia coli* y por microorganismos potencialmente productores de gas (Gerwing). Lo más llamativo al realizar una ecografía es la búsqueda infructuosa de la vejiga de la orina (Fig. 27). En el área de localización normal de la vejiga solamente se encuentran bandas hiperecogénicas que representan gas, como si se tratara de asas intestinales. Según el grado de edema de pared puede aparecer una banda hipoecogénica irregular de 1-2 mm. Al contrario de lo que sucedería si se tratara de un asa intestinal, el tamaño de esta banda hiperecogénica cambia cuando el animal orina. Aún variando el ángulo de incidencia de los ultrasonidos, no es posible llegar a visualizar la vejiga. Este tipo de cistitis puede ser confirmada mediante una radiografía simple.

Cálculos

Los cálculos son visibles ecográficamente independientemente de su tamaño y de su composición. Los cálculos se localizan, salvo excepciones, en la zona declive de la vejiga (generalmente la pared dorsal). Como consecuencia de suturas de reabsorción lenta, o no reabsorbibles, el cálculo puede quedar fijo a nivel de un área no declive de la pared de la vejiga. Varios cálculos de pequeño tamaño pueden quedar atrapados por coágulos adheridos a la pared y parecer que tienen un tamaño superior al real.

El aspecto ecográfico viene determinado por su número, forma y tamaño. Los cálculos aislados se observan como estructuras hiperecogénicas que producen sombra acústica cuando miden más de 2-3 mm (Fig. 28). Se puede valorar su superficie (lisa o rugosa). También es posible medir los tres diámetros. Cuando existen múltiples cálculos de pequeño tamaño se observa una línea hiperecogénica en la zona declive que produce sombra acústica (Fig. 29). El aspecto de la sombra varía según el grosor de la capa que forman los cálculos. En estos casos resulta difícil medir su tamaño. Si presionamos digitalmente por un lado, y acoplamos el transductor por el lado contrario con el animal en decúbito lateral, obtenemos una superficie inclinada sobre la que se puede observar cómo se deslizan los cálculos. También se pueden apreciar individualmente si realizamos presiones sobre la vejiga con la mano o con el transductor, o cambiando la posición del paciente.

Es importante diferenciar los cálculos de posibles artefactos. Las heces a nivel de colon y recto también son hiperecogénicas y producen sombra acústica. Cuando presionan la pared dorsal de la vejiga pueden ser confundidas con cálculos intravesicales (Fig. 30). Para diferenciarlo es necesario realizar cortes longitudinales y transversales. El intestino se puede seguir más allá de la vejiga de la orina y será alargado en un corte, y redondeado en otro, mientras que el cálculo es redondeado en ambos cortes. Además, y al contrario que en el caso de los cálculos, el cambio de situación del intestino al variar la posición del animal es mínimo.

En el *diagnóstico diferencial* se deben incluir los coágulos que contienen pequeños concrementos. Sin embargo, estos últimos van a variar de aspecto a lo largo de pocos días, hasta desaparecer.

Cuando se introduce suero fisiológico en la vejiga a través de una sonda (por ej., para poder valorarla ecográficamente), se observan en la imagen ecos hiperecogénicos flotando en la orina. Se diferencian del sedimento por su ausencia antes del sondaje, y porque no tienden a acumularse en la zona declive. La ecogenicidad de estas burbujas de aire es superior a la de los elementos corpusculares. Después de un tiempo, las burbujas se observan a nivel de la pared no declive como puntitos hiperecogénicos con sombra acústica.

Sutura vesical

Las suturas vesicales tras una cistotomía pueden ser detectadas y valoradas ecográficamente. Se observan como un engrosamiento focal de la pared en la zona correspondiente a la sutura (generalmente craneo-dorsal), en la que aparecen una serie de pequeños puntos o líneas hiperecogénicas.

Neoplasia

Las neoplasias vesicales pueden producir imágenes ecográficas muy variadas (Fig. 31). Si la vejiga está bien distendida se distinguen fácilmente. A diferencia de los coágulos, las neoplasias apenas modifican su aspecto a lo largo de ecografías seriadas. Según el tipo de tumor pueden ser pedunculadas o presentar una base de implantación ancha. Presentan una ecogenicidad variable, aunque generalmente son ecogénicas. La superficie puede ser irregular o nodular y su unión con la pared de la vejiga continua, o mostrar un cambio brusco. Según el ángulo de incidencia de los ultrasonidos pueden aparecer sombras acústicas débiles. Los tumores pequeños de cuello de vejiga localizados en la zona más cercana a la uretra son más difíciles de diagnosticar debido al escaso o nulo contraste que existe a ese nivel. Aparecen como una estructura alargada hipoecogénica y de forma irregular.

Papiloma

En el diagnóstico diferencial de los tumores pedunculados hay que tener en cuenta los papilomas benignos que se pueden observar en casos de cistitis. Aparecen como formaciones homogéneas ecogénicas, que pueden permanecer prácticamente inalterables a lo largo de semanas. Se pueden observar en relación con hematurias intermitentes. La diferenciación se realiza mediante ecografías seriadas, estudios clínicos y laboratoriales (incluyendo bacteriología), así como el estudio histopatológico.

Ruptura vesical

Sólo en casos excepcionales es posible observar directamente un defecto en la pared de la vejiga en casos de ruptura de este órgano. Generalmente se observa una vejiga escasa o moderadamente distendida a lo largo de controles ecográficos seriados, incluso después de forzar la diuresis (por ej., con fluidoterapia y furosemida). Además, se observan cantidades progresivamente mayores de líquido libre en abdomen. Se puede realizar una ecografía de contraste introduciendo en la vejiga soluciones bien agitadas mediante sondaje. Se puede observar entonces el paso del líquido con puntos hiperecogénicos (burbujas de aire) hacia cavidad abdominal. ¡En este caso tampoco se debe olvidar el cuadro clínico!

Contusión

Es frecuente observar hemorragias en la luz de la vejiga como consecuencia de traumatismos. En estos casos se observan, junto a la presencia de pequeños ecos hiperecogénicos, coágulos hipoecogénicos de forma irregular.

La diferenciación con respecto a una cistitis hemorrágica necrotizante se basa en la anamnesis y otras exploraciones complementarias. La presencia de una pared vesical normal puede ser considerado un indicio de que no se trata de una cistitis.

Bibliografía

Biller, D. S., Kantrowitz, B., Partington, B. P., Miyabayashi, T. (1990): Diagnostic Ultrasound of the Urinary Bladder. J. Am. Anim. Hosp. Assoc. 26, 397–402

Gerwing, M., Kramer, M. (1989): Harnabsatzbeschwerden durch eine intravesikale Schrotkugel bei einer Katze – Sonographische Differenzierungsmöglichkeit zu Blasengrieß und -steinen. Kleintierprax. 34, 243–249

Knauff, P. S. (1987): Sonographische Darstellung von Nieren, Ureteren und Harnblase beim Hund unter besonderer Berücksichtigung der Messung ihrer Lage, Größe und ihres Inhaltes. Diss. Gießen

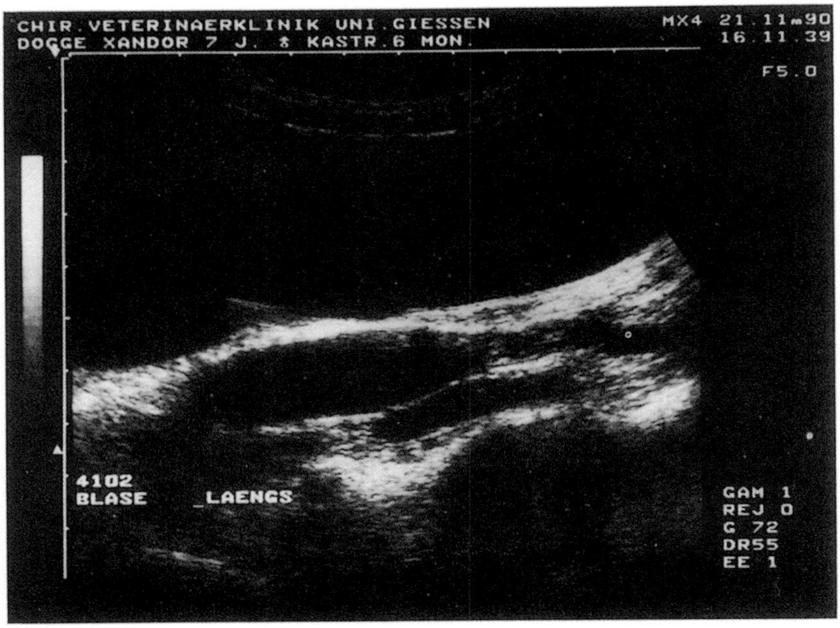

Fig. 20 Vejiga normal.

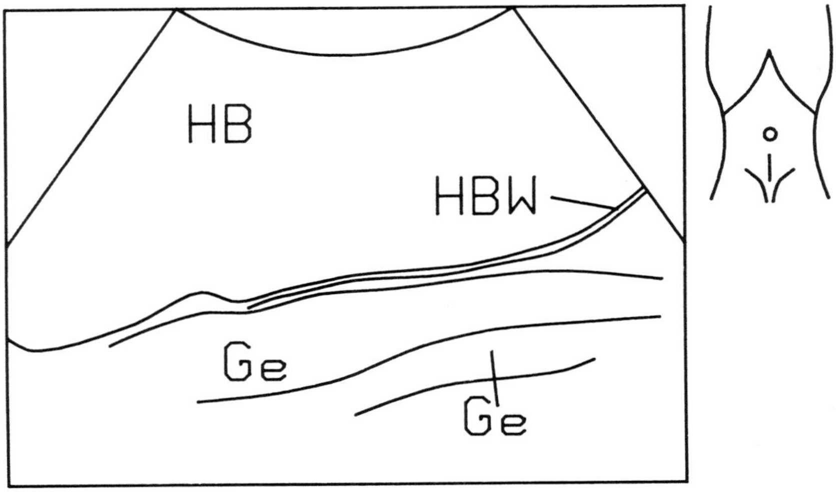

Ge = vaso (vena cava y aorta), HB = vejiga, HBW = pared vesical

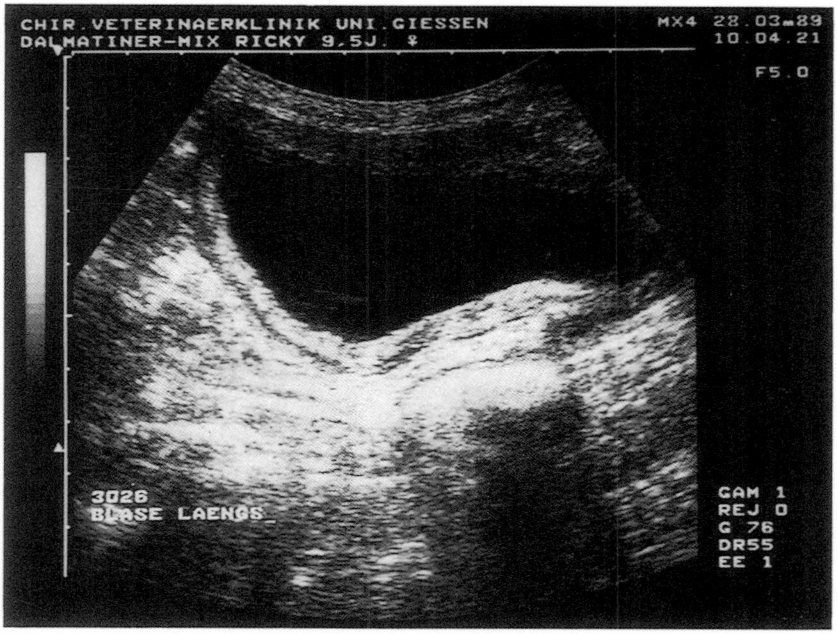

Fig. 21 Vejiga de retención (por leiomioma intrapelviano).

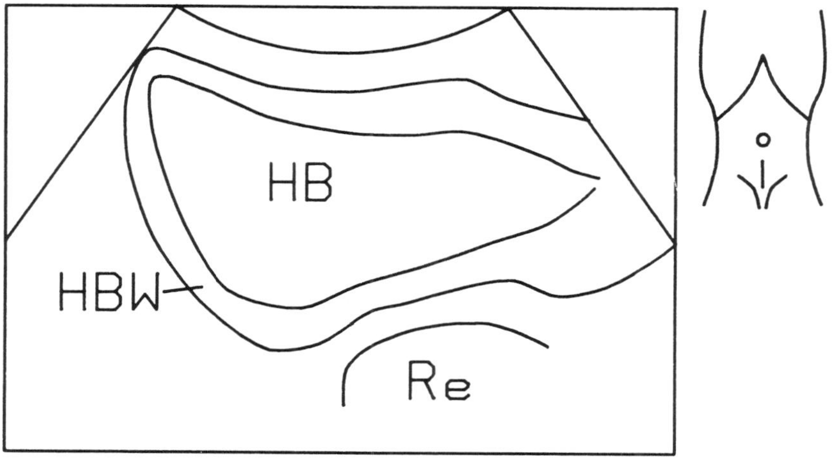

HB = vejiga, HBW = pared vesical, muy engrosada, Re = recto con sombra acústica

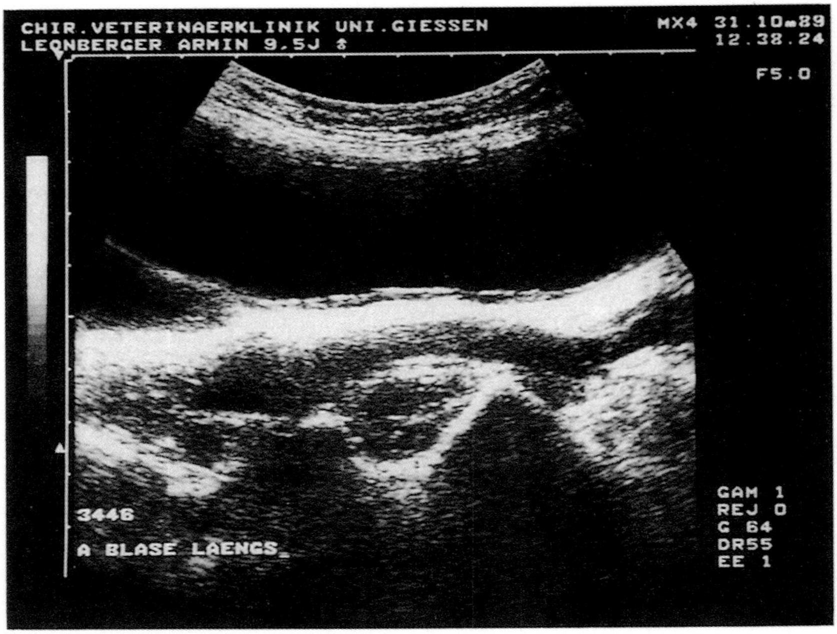

Fig. 22 Cistitis leve.

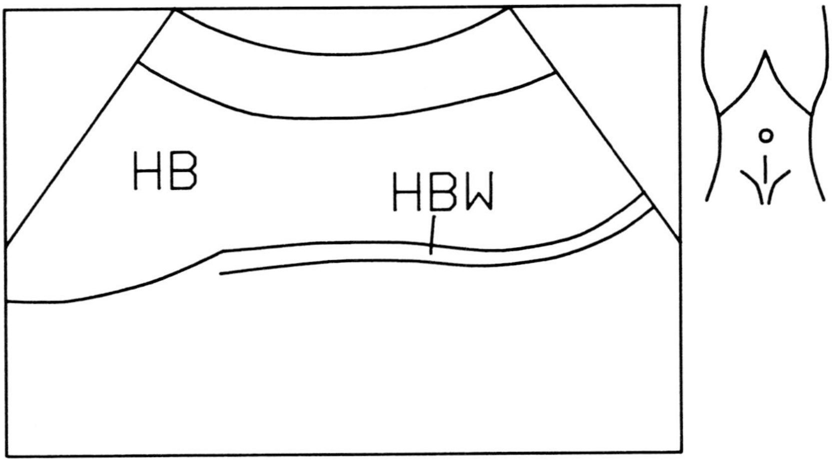

HB = vejiga, HBW = pared vesical moderadamente engrosada e irregular

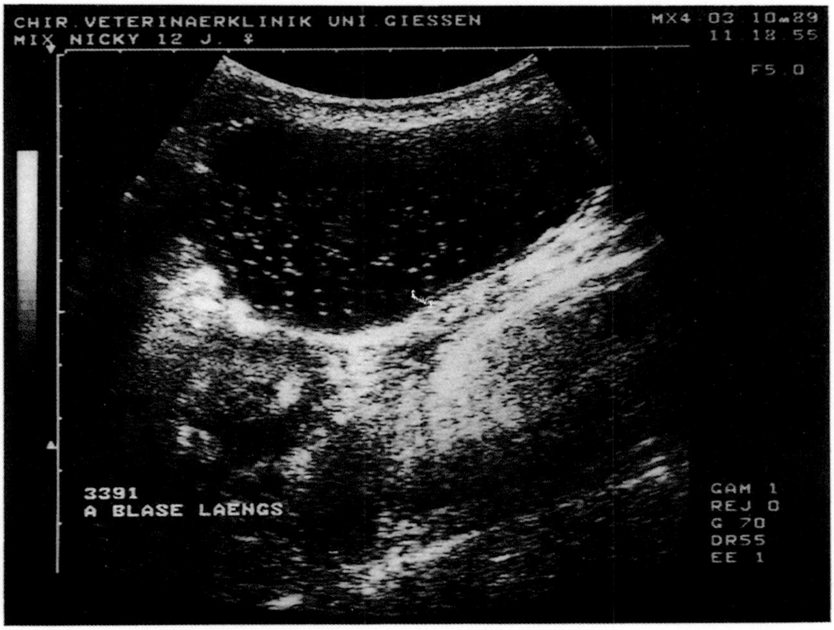

Fig. 23 Cistitis moderada.

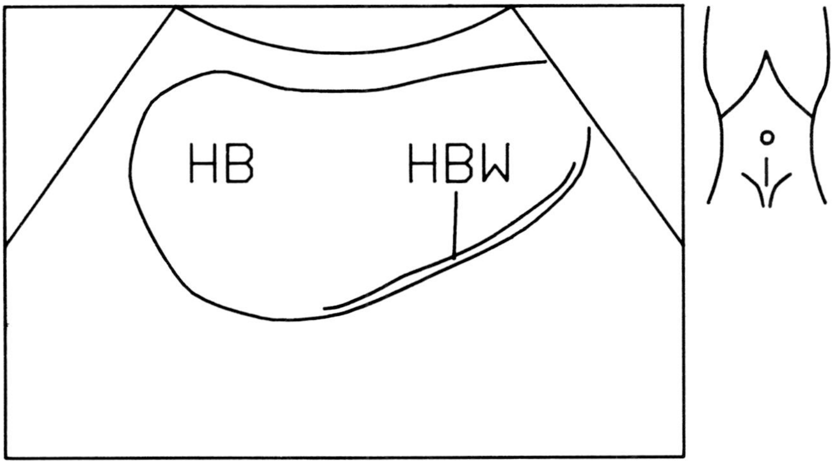

HB = vejiga, múltiples ecos internos, HBW = pared vesical engrosada e irregular

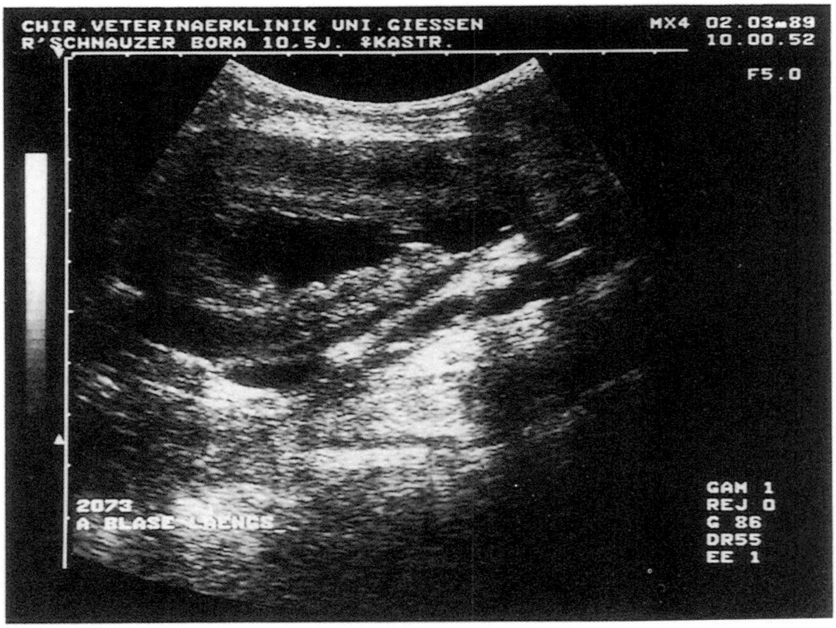

Fig. 24 Cistitis crónica severa.

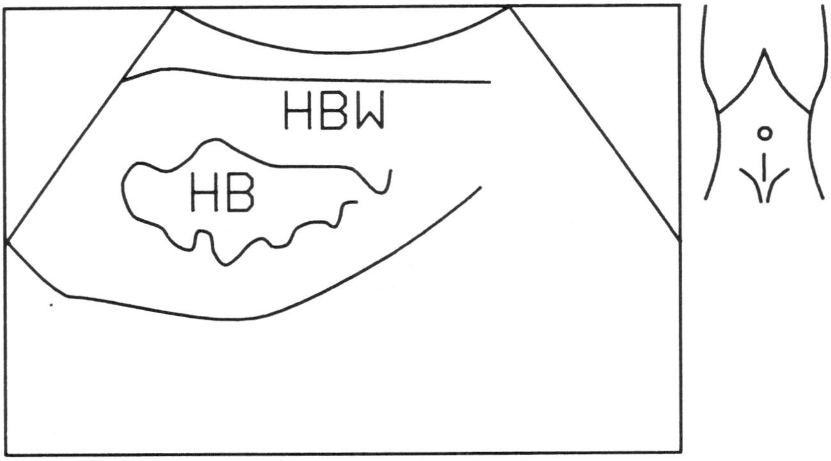

HB = vejiga, escasos ecos internos, HBW = pared vesical muy engrosada (-20 mm)

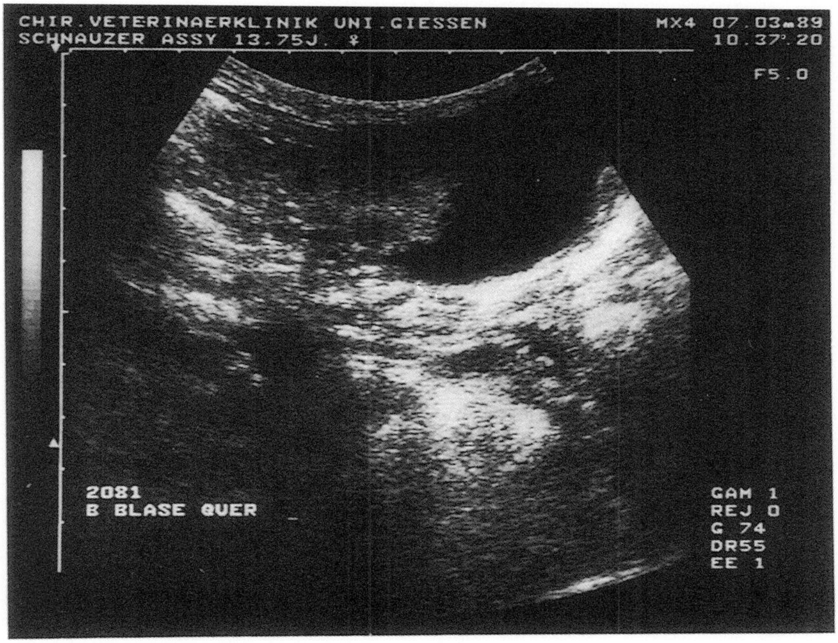

Fig. 25 Cistitis hemorrágica.

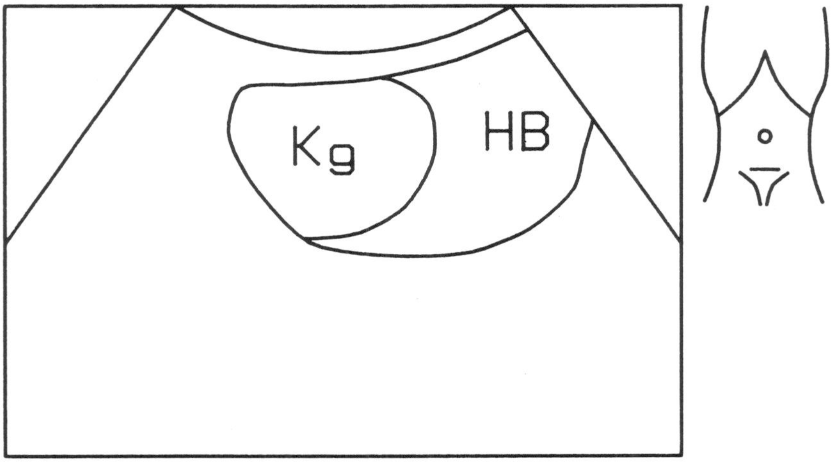

HB = vejiga, pared irregular, Kg = coágulo adherido a la pared

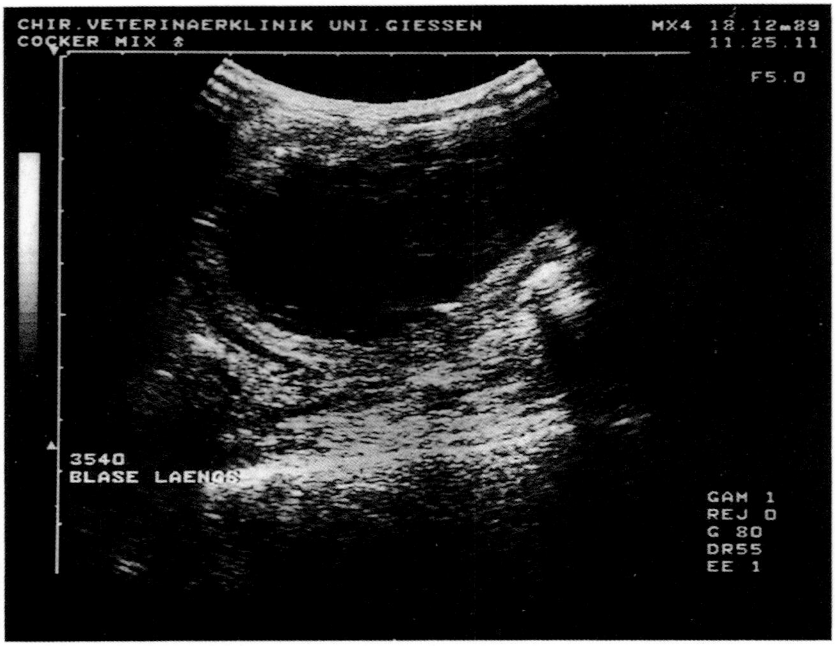

Fig. 26 Cistitis hemorrágica necrotizante.

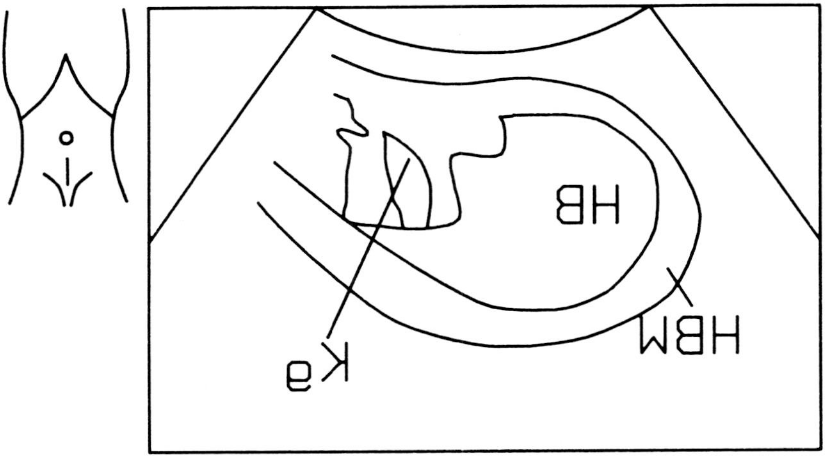

HB = vejiga, HBW = pared vesical muy engrosada e irregular, con descamación, Kg = coágulo/fibrina

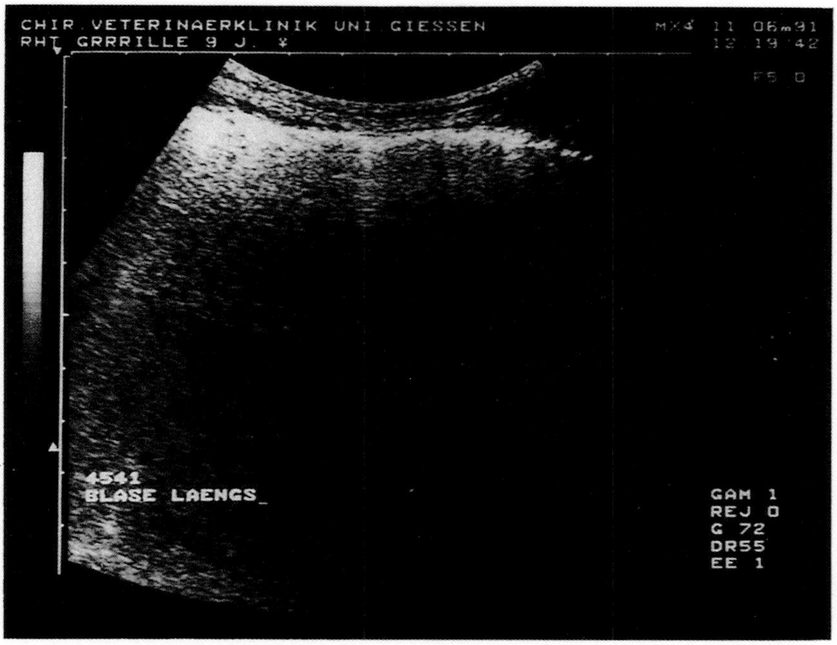

Fig. 27 Enfisema de la pared vesical *(E. coli).*

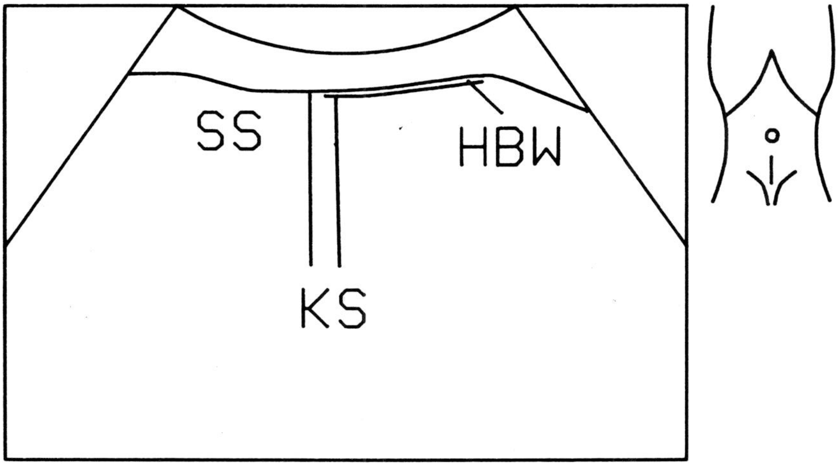

HBW = pared vesical apenas diferenciable, KS = artefacto en cola de cometa, SS = sombra acústica

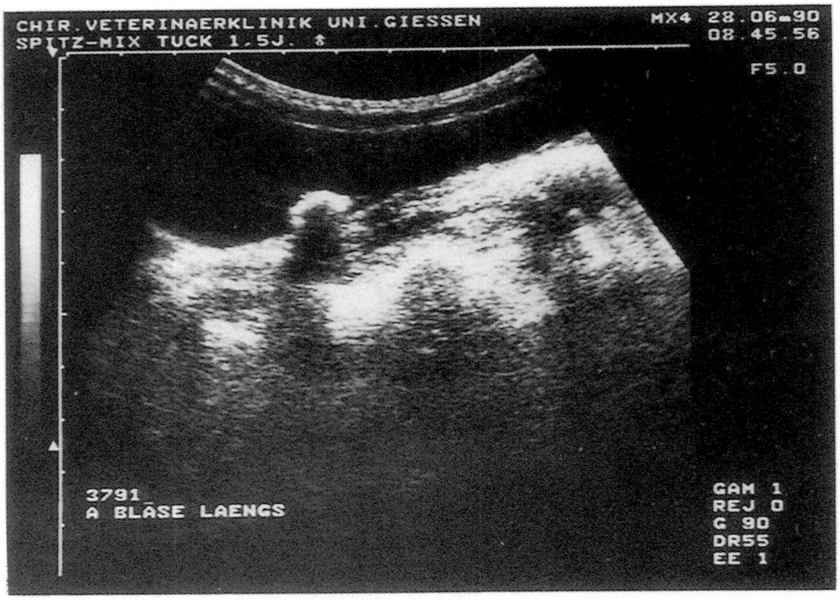

Fig. 28 Cálculo vesical.

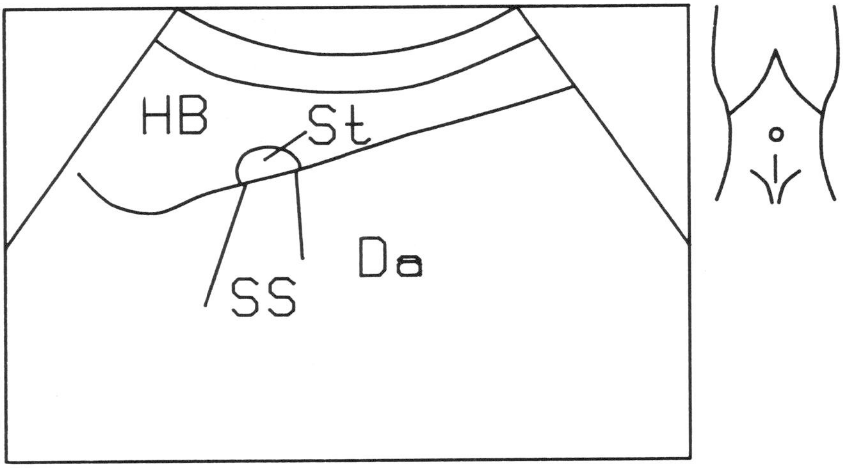

Da = intestino, HB = vejiga, SS = sombra acústica, St = cálculo

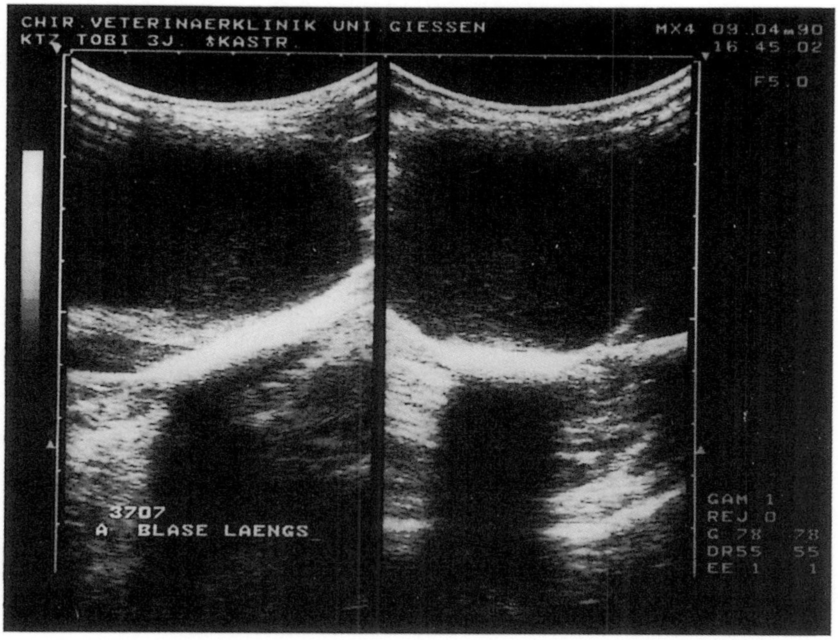

Fig. 29 Síndrome urológico felino.

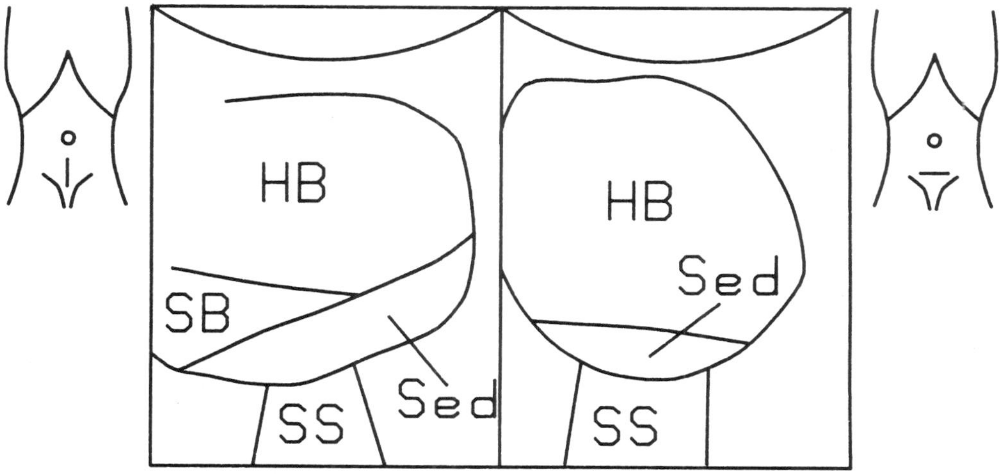

HB = vejiga, múltiples ecos internos, SB = pseudosedimentación, Sed = sedimento/arenilla, SS = sombra acústica

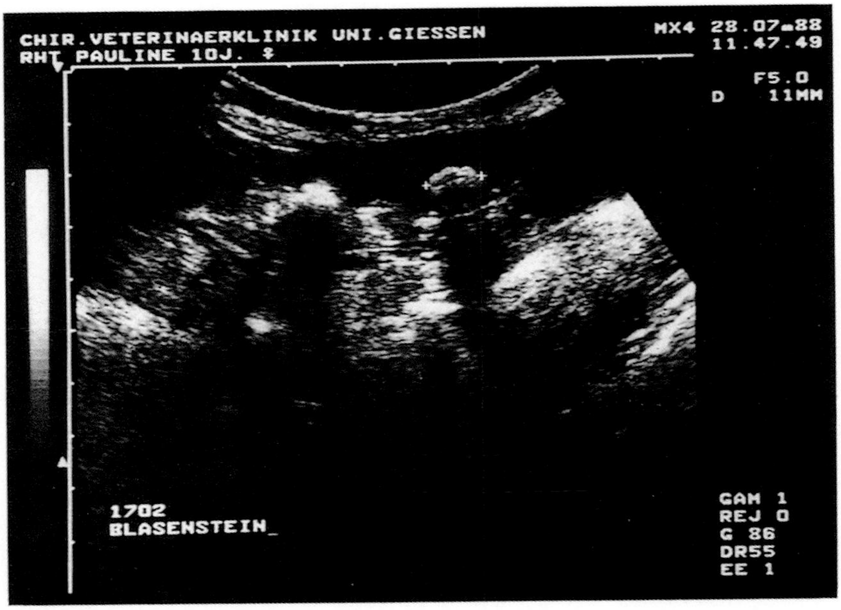

Fig. 30 Cálculo vesical.

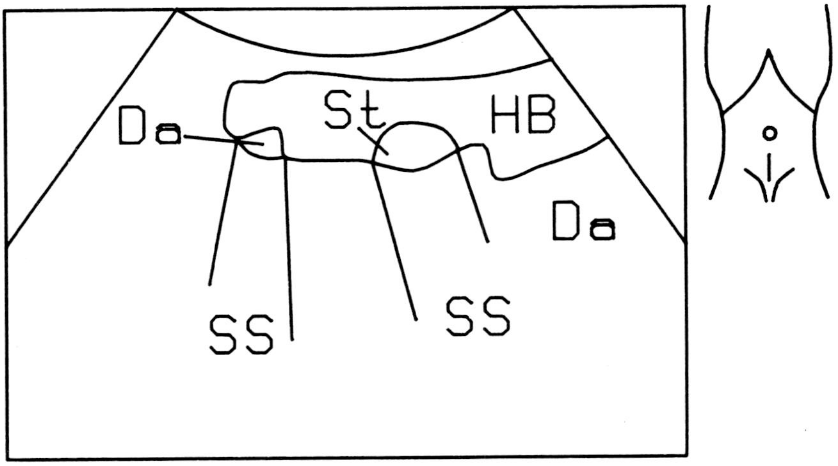

Da = intestino, cranealmente parece intravesical (¡no cálculo!), HB = vejiga, SS = sombra acústica, St = cálculo

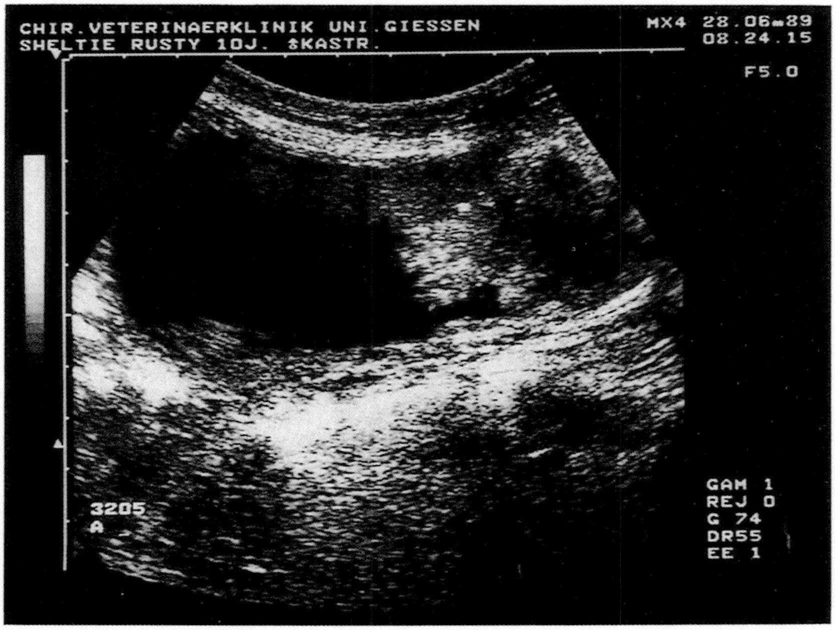

Fig. 31 Neoplasia vesical (carcinoma).

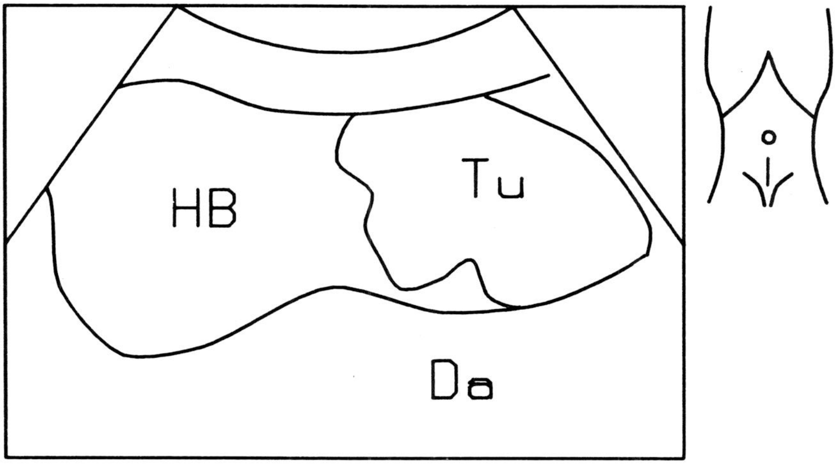

Da = intestino, HB = vejiga, Tu = tumor

Próstata

Es recomendable valorar la próstata en pequeños animales con transductores de 5 o 7,5 MHz. Si la glándula está en posición intrapelviana, se puede desplazar cranealmente mediante manipulación digital vía rectal. Una vejiga bien distendida facilita la orientación y, además, desplaza la próstata en dirección craneal.

Indicaciones

Patologías no esclarecidas del abdomen caudal y del sistema urogenital, hernia perineal, tenesmo, delimitación de masas (por ej., ganglios linfáticos, tumores, quistes), controles de tratamientos o de evolución (por ej., después de antibioterapia, castración, tratamientos hormonales, cirugías).

Ecográficamente se puede observar hipertrofia, inflamación, metaplasia, neoplasia, cálculos y éstasis a nivel de la uretra intraprostática.

Posición y acoplamiento

El paciente se coloca en decúbito supino y el transductor en situación paraprepucial. Se localiza la vejiga y, caudal a ésta, la próstata en un corte longitudinal. Para conseguir un corte transversal, se gira el transductor a la izquierda o a la derecha del prepucio, deslizándolo hacia la línea media. De esta forma desaparece de la imagen la sombra acústica producida por el hueso peneano.

Imagen normal

Se deben valorar situación, tamaño, forma (simetría), estructura capsular y parénquima de la próstata, así como la uretra intraprostática. Todo ello tanto en cortes longitudinales, como transversales.

La próstata se localiza parcial o totalmente dentro de la pelvis, dependiendo de la edad y la raza del animal. En el perro joven se sitúa en el interior de la pelvis, para ir avanzando cranealmente a medida que aumenta la edad y el tamaño del animal. En los perros mayores de 10 años, la próstata se localiza en el abdomen (Weiss, 1978). El tamaño varía desde el de una almendra hasta el de una castaña, según la raza y la edad del perro (Nickel *et al.,* 1975).

La forma también cambia con la edad. Mientras que en los cachorros es alargada, con el paso de los meses va adquiriendo una forma redondeada. A los 1,5 a 2 años de edad, la glándula es ovalada, y claramente bilobulada (Fig. 32). Con los años, los surcos dorsal y ventral se hacen más evidentes, con lo que, en transversal, la próstata adquiere una forma de mariposa.

Hiperplasia prostática

El límite entre una próstata normal y una hiperplasia prostática es difícil de establecer ecográficamente.

La imagen ecográfica de una hiperplasia (-trofia) prostática se caracteriza por un aumento de los tres diámetros y por que la glándula adopta una forma más ovalada y alargada (Figs. 33, 42). La superficie es lisa y el patrón ecográfico homogéneo y de grano fino. La ecogenicidad puede ser normal o estar aumentada. La cápsula hipoecogénica puede aparecer resaltada por este motivo.

Si los ultrasonidos inciden de forma oblicua en vez de en ángulo recto, se produce una pérdida de intensidad considerable, hecho que hay que tener en cuenta a la hora de estudiar la ecogenicidad de la próstata. Por esta razón, se debe valorar con cautela la ecogenicidad difusa de próstatas homogéneas, mientras que no resulta problemático determinar la existencia de un patrón heterogéneo.

Quistes prostáticos

Quistes intraprostáticos

En el 10% de los perros sometidos a un estudio ecográfico se puede observar la presencia de quistes intra, y menos frecuentemente periprostáticos, sin que los animales presenten signos clínicos. Este porcentaje es mayor en perros de 7-10 años (Gerwing 1989).

En condiciones normales, estos quistes contienen un líquido transparente o amarillento, que puede ser viscoso. En los quistes hemáticos aparecen además eritrocitos. Ambos tipos de quistes pueden ser estériles o estar infectados. Estos últimos los discutiremos junto con los abscesos prostáticos y deben considerarse dentro del diagnóstico diferencial de los quistes prostáticos.

Los quistes intraprostáticos se observan como áreas hipo o anecogénicas en el interior del parénquima prostático (Figs. 34, 37). Su diámetro varía desde pocos milímetros, hasta 10 centímetros o más. Pueden aparecer en cualquier punto de los lóbulos prostáticos. En la mayoría de los casos son múltiples. Pueden presentar forma redondeada u ovalada aunque, en algunos casos, ésta puede ser muy irregular. Generalmente no se distingue la pared. Los quistes de pocos milímetros de diámetro y los quistes hemáticos son generalmente anecogénicos con ecos internos. Estos ecos aparecen en los quistes de pequeño tamaño por falta de resolución. Solamente se produce una clara asimetría de la glándula cuando los quistes presentan un tamaño de varios centímetros.

Con ecógrafos de calidad se pueden detectar quistes de incluso 1-2 mm. Con frecuencia, estos quistes van creciendo progresivamente a lo largo de meses o años. En casos extremos llegan a ocupar gran parte de la próstata, por lo que puede llegar a ser difícil reconocer el parénquima prostático normal. Sin embargo, se suelen observar septos intraprostáticos.

Quistes periprostáticos (paraprostáticos)

Se consideran quistes periprostáticos aquellos quistes localizados junto a la próstata (por desplazamiento u obstrucción de vasos linfáticos periproctales o reminiscencias de los conductos de Müller) (Weiss 1978). Sin embargo, en la mayoría de ellos se observa ecográficamente una pequeña comunicación con el interior de la próstata, por lo que, en estos casos, no se trataría de quistes periprostáticos verdaderos, sino de quistes situados junto a la próstata de origen intraprostático. Generalmente, la diferenciación sólo se puede realizar mediante un estudio histopatológico aunque, en ocasiones, también ecográficamente. De esta forma, se considera como quiste periprostático verdadero aquel que no comunica con la próstata. Por otro lado estarían los quistes de origen intraprostático situados en la región periprostática. Si no resulta posible diferenciarlos, se debería hablar de quistes situados en el área periprostática.

Quistes periprostáticos (paraprostáticos) verdaderos

Generalmente se localizan craneal a la próstata, aunque en ocasiones aparecen en la zona caudal y/o lateral. La pared suele ser muy fina y a veces difícil de reconocer. La forma es normalmente redondeada u ovalada. Se diferencian de la vejiga porque ésta presenta un cuello en forma de pera y una pared de mayor grosor. Con frecuencia la pared está calcificada, lo que se observa en la imagen como zonas hiperecogénicas que producen una sombra acústica parcial o completa (Fig. 35). El contenido del quiste puede ser hipo o anecogénico.

Los quistes que se extienden caudal a la próstata generalmente se valoran mejor si se sitúa el transductor en la región paraanal (en posición horizontal y vertical).

Quistes situados en el área periprostática

El origen intraprostático queda generalmente representado por una zona hipo o anecogénica desde pocos milímetros hasta varios centímetros de diámetro. El tamaño del quiste puede alcanzar hasta el de un balón de fútbol y, por tanto, ocupar prácticamente todo el abdomen, hasta alcanzar cranealmente el hígado y el estómago (Fig. 36, 37). La pared generalmente no está calcificada. En ocasiones aparecen coágulos, que se observan como áreas hipoecogénicas homogéneas de contorno variable en la luz, o adheridos a la pared. En la mayoría de los casos aparecen quistes intraprostáticos asociados. Si las características antes mencionadas no permiten diferenciar un quiste de la vejiga de la orina, se puede introducir una sonda vesical, que se observará como una lámina hiperecogénica doble en el interior de la estructura que represente la vejiga.

Quistes prostáticos infectados

La infección de los quistes ya descritos se considera una complicación (Fig. 38). Ecográficamente, todos los quistes infectados presentan componentes corpusculares más o menos finos, que pueden sedimentar. Como estos ecos internos también se observan en quistes no infectados de tamaño inferior a 2 mm y en todos los quistes hemáticos, su presencia no es suficiente para diagnosticarlos. Solamente el estudio clínico, bacteriológico y citológico permiten establecer un diagnóstico definitivo. Hasta el momento no ha sido descrita la presencia de coágulos en su interior. Esto podría resultar un criterio de diferenciación.

En el *diagnóstico diferencial* hay que incluir los abscesos, que presentan un aspecto ecográfico muy similar.

Prostatitis

La *prostatitis aguda* se manifiesta con síntomas clínicos característicos. Sin embargo, la imagen ecográfica de la próstata ofrece con frecuencia sólo discretas variaciones. Puede haber un ligero aumento del tamaño, y una ligera disminución difusa de la ecogenicidad de la glándula.

Al evolucionar hacia *prostatitis crónica*, los signos clínicos se hacen más sutiles, mientras que los ecográficos resultan más evidentes (Fig. 39). La ecogenicidad aumenta y se va haciendo progresivamente más heterogénea. El aspecto global del parénquima es muy irregular y de grano grueso. El diámetro puede ser normal o estar aumentado. Generalmente la próstata es simétrica, con una cápsula lisa, más o menos evidente. A medida que avanza el proceso de fibrosis aumenta la ecogenicidad del parénquima, pudiendo llegar a observarse áreas hiperecogénicas de fibrosis que producen sombra acústica. Si estas áreas están *calcificadas* y tienen un diámetro suficiente, pueden ser detectadas radiológicamente. Este proceso puede evolucionar hacia la formación de un absceso (Fig. 38).

En el *diagnóstico diferencial* se deben tener en cuenta las neoplasias prostáticas, aunque en éstas se observan generalmente alteraciones focales más evidentes, asimetrías del contorno de la glándula y, ocasionalmente, rupturas de la cápsula.

El diagnóstico diferencial entre prostatitis crónica y neoplasia prostática se obtiene mediante biopsia guiada por ecografía. El hecho de observar ecográficamente una imagen de cistitis, con una pared vesical engrosada e irregular, y la presencia de elementos corpusculares y de sedimento en orina, puede orientar el diagnóstico ecográfico en favor de una prostatitis.

Neoplasia prostática

Entre los tumores que producen alteraciones del parénquima prostático están los carcinomas prostáticos y los carcinomas de células transicionales. Ocasionalmente se encuentran metástasis a nivel prostático, por ejemplo, de sarcomas.

Cuando empiezan a aparecer problemas clínicos evidentes (problemas de micción y defecación, dolor), con frecuencia sólo se observa un aumento ligero o moderado del tamaño de la glándula, como en el que se produce en casos de hiperplasias prostáticas de perros adultos.

En el *carcinoma prostático*, el contorno externo y la cápsula de la glándula permanecen generalmente inalterados (Fig. 40). Se puede sospechar de carcinoma en aquellos casos en los que sí se observan irregularidades del contorno o de la simetría de la próstata, junto con alteraciones marcadas de la ecogenicidad del parénquima. El patrón ecográfico del parénquima glandular es muy heterogéneo, pudiendo presentar áreas de ecogenicidad mixta. En estadíos avanzados resulta difícil delimitar el tejido prostático y, en todos los casos que nosotros hemos observado, desaparece la imagen bilobulada típica del corte transversal, mientras que siempre se mantiene en las prostatitis, incluso en las más severas. El parénquima suele ser marcadamente hipoecogénico y con áreas irregulares hiperecogénicas.

El *carcinoma de células transicionales* puede presentar una imagen ecográfica muy similar, tanto, que pueden llegar a ser difíciles de diferenciar, incluso en un estudio histopatológico. Sin embargo, en algunos casos se observan alteraciones hiper e hipoecogénicas llamativas en la región de la uretra, sin que apenas se vean afectados el tamaño y el contorno de la glándula.

En el caso de las *metástasis de sarcomas* antes mencionadas, se han observado lesiones hiper e hipoecogénicas en un parénquima prostático que, por lo demás, presentaba un aspecto normal.

En resumen se puede decir, que la presencia conjunta de lesiones focales irregulares hiper e hipoecogénicas, junto con la existencia de un contorno irregular y ausencia de la estructura bilobulada, se puede considerar *sospechosa de neoplasia* de próstata. Pero siempre conviene tener en cuenta la prostatitis crónica, ya que es un proceso más frecuente.

Las calcificaciones prostáticas (metaplasias) generalmente no son significativas, aunque en algunas ocasiones aparecen en casos de neoplasias.

(En un caso de carcinoma prostático observamos que la imagen típica de este proceso aparecía enmascarada por un absceso de gran tamaño. Sólo después de drenar los 40 ml de pus que contenía el absceso, se pudieron detectar los clásicos criterios ecográficos de un tumor, hecho que fue confirmado mediante biopsia, y posteriormente mediante necropsia).

Para llegar a un diagnóstico definitivo es aconsejable realizar una biopsia con aguja fina para un estudio histológico y bacteriológico. Durante la punción de un tumor prostático destaca la dureza de la consistencia de la glándula, a excepción de aquellos casos en los que exista un absceso.

Las neoplasias son, con diferencia, los hallazgos menos frecuentes a nivel prostático.

Debe considerarse solamente en aquellos casos en los que se han descartado otro tipo de patologías.

Calcificaciones prostáticas

A nivel del parénquima prostático se pueden observar con relativa frecuencia, áreas hiperecogénicas de tamaño generalmente menor a 1 cm, y de contorno liso o irregular. Producen un grado de reflexión que puede llegar a ser como el de los cálculos, produciendo sombra acústica cuando miden más de 3-4 mm (Fig. 41). En ocasiones son visibles radiológicamente. Estos hallazgos se corresponden histológicamente con zonas de metaplasia y fibrosis, que pueden llegar a estar calcificadas, y que se observan a menudo en la prostatitis crónica. Sólo en casos aislados han sido observados en relación con las neoplasias prostáticas.

En el *diagnóstico diferencial*, se debe incluir la presencia de pequeños acúmulos de aire, diferencia que se puede establecer fácilmente mediante radiografía simple.

Neoplasias en el área prostática

En la región craneal a la pelvis pueden aparecer gran número de neoplasias que pueden ser confundidas con tumores prostáticos. Se debe realizar una valoración minuciosa de la zona, incluyendo la entrada de la pelvis, para buscar una estructura con forma de próstata y diferenciarla del tumor. Con frecuencia se tiene una primera impresión de que el órgano afectado es la próstata, para descubrir después que ésta se localiza en el interior del canal pélvico y que no se encuentra afectada por el proceso neoplásico. Tampoco es infrecuente la confusión inversa y siempre resulta de utilidad realizar una exploración digital vía rectal durante la ecografía para poder establecer la diferenciación.

La confusión puede estar motivada por la existencia de *linfoadenopatías* en la región de la aorta o de la entrada de la pelvis (por ej., en linfosarcomas o en los carcinomas de los sacos anales). Los ganglios se sitúan junto a vasos sanguíneos, son generalmente múltiples y presentan forma redondeada u ovalada. Son homogéneos, hipoecogénicos (de una ecogenicidad similar a la del bazo), y no presentan lobulaciones.

Más raros son los *hemangiosarcomas* en el área prostática. Se localizan craneal a la próstata, parcialmente entre ésta y la vejiga de la orina. Nosotros hemos observado un caso en el que la neoplasia rodeaba a la próstata. Estos tumores pueden presentar un patrón ecográfico variable, aunque relativamente típico. No son diferenciables ecográficamente de los hematomas. Aparecen múltiples áreas hipo o anecogénicas desde pocos milímetros a varios centímetros de diámetro y de forma redondeada o irregular, así como zonas hiperecogénicas de forma variable. Generalmente presentan un contorno bien definido, aunque éste puede estar interrumpido en una zona de ruptura del tumor. En estos casos se producirá un hemoperitoneo, fácilmente visible mediante ecografía.

Los *mesoteliomas* pueden afectar a la próstata, alterando la estructura de la cápsula. Se observan áreas hipo o anecogénicas, redondeadas u ovaladas, que pueden invadir en algunos puntos el parénquima prostático. Según el caso pueden aparecer otras alteraciones a nivel abdominal y escrotal, e incluso un hemoperitoneo.

Distopias prostáticas

Aparte de la localización variable de la próstata en relación con la edad y el tamaño del animal, también se pueden producir desplazamientos de la glándula en dirección caudal en casos de hernias perianales (prostata mobilis). Generalmente está relacionado también con una distopia de la vejiga de la orina, que puede introducirse, junto con la próstata, en el saco herniado. La manipulación digital puede ser útil en aquellos casos en los que resulte difícil localizar la próstata, desplazándola cranealmente hasta que sea visible en la imagen ecográfica. Si la glándula se sitúa en el interior de la hernia, el transductor se acopla en la región paraanal. La próstata generalmente se identifica fácilmente en cortes horizontales y verticales. Sin embargo, puede ser difícil diferenciar quistes periprostáticos de seromas. En general, la calidad de la imagen se ve limitada por la abundante presencia de grasa.

En el *diagnóstico diferencial* entre quistes periprostáticos y seromas hay que incluir la vejiga, aunque ésta podría diferenciarse por presentar una pared más gruesa, y por su ausencia a nivel de abdomen caudal. Al contrario que los quistes, la vejiga no presenta septos (excepto en algunos casos de cistitis). Además, se puede introducir una sonda vesical para confirmarlo.

Modificaciones prostáticas después de castración o tratamiento hormonal

Una semana después de la castración ya se aprecia una reducción notable del tamaño de la próstata. Según el grado de hiperplasia inicial, a las 4-6 semanas se produce una regresión completa (Figs. 42, 43). Sin embargo, la castración generalmente no influye en casos de neoplasias o de grandes abscesos prostáticos. Por el contrario, los *quistes intraprostáticos* de hasta 4-5 cm de tamaño responden muy bien a la castración dentro del intervalo de tiempo antes mencionado, y suelen desaparecer completamente. No se producen recidivas. Ocurre lo mismo con los quistes periprostáticos de pequeño tamaño, no así con aquellos que miden más de 5 cm.

Los quistes (peri e intraprostáticos) de diámetro superior a 5 cm necesitan meses para ser reabsorbidos completamente. Para evitar los problemas clínicos que puedan estar ocasionando, es conveniente realizar, además de la castración, una aspiración del contenido del quiste, guiada mediante ecografía. Generalmente los quistes se vuelven a llenar parcialmente en la primera o segunda semana, aunque este hecho no suele conducir a la aparición de problemas clínicos. En casos aislados sí es necesario repetir la punción. La reabsorción completa se suele producir a lo largo de las siguientes semanas. Quistes de hasta 6 litros de contenido pueden ser tratados con éxito de esta forma. Aquellos quistes que presentan una pared gruesa no son reabsorbidos espontáneamente. La castración tampoco influye sobre quistes con paredes calcificadas.

El *tratamiento hormonal* tiene una influencia positiva temporal sobre las hiperplasias prostáticas, pero los quistes no desaparecen, o recidivan, incluso después de períodos prolongados de tratamiento.

La imagen de la *próstata después de una castración* (Fig. 43) es la de una glándula de pequeño tamaño (máximo 2-4 cm) e hiperecogénica, por lo que resulta difícil de diferenciar de la grasa que la rodea. La hipoecogenicidad aparente que presenta temporalmente se debe a que, por su situación intrapelviana motivada por la disminución del tamaño, es necesario inclinar mucho el transductor para visualizarla. La superficie puede ser lisa o rugosa, dependiendo de los procesos patológicos previos (por ej., prostatitis crónica, quistes intraprostáticos múltiples). Por el mismo motivo, el patrón ecográfico puede ser ligera o marcadamente heterogéneo. Es frecuente también la aparición de metaplasias.

La próstata después de un tratamiento hormonal suele presentar una disminución moderada del tamaño, un parénquima heterogéneo y un contorno liso.

Para localizar una próstata de este tipo se recomienda realizar al mismo tiempo una exploración digital vía rectal. No es posible realizar un corte transversal, debido a la incidencia oblicua de los ultrasonidos.

Próstata después de marsupialización

Mediante ecografía se puede determinar el éxito de una marsupialización, y realizar controles para valorar la evolución. El acoplamiento del transductor se realiza sobre el lado no operado. Se puede valorar si existen áreas quísticas que comunican o no con la cavidad marsupializada. Esta se caracteriza por la presencia de aire. El sistema de fijación utilizado en las marsupializaciones aparece representado en un corte longitudinal como puntos hiperecogénicos ordenados en línea en la zona que va desde la próstata, hacia la cavidad que contiene aire. En un corte transversal se observará el cambio en la forma de la próstata.

El proceso de granulación de la cavidad se controla realizando cortes longitudinales sobre el lado operado. El canal de granulación se observa como una estructura alargada hiperecogénica rodeada por una zona hipoecogénica que se extiende hacia el interior del parénquima prostático. Si se producen acúmulos de líquido en la zona central de la cavidad, se observará una luz hipoecogénica. El cierre prematuro del canal, con la consiguiente retención de líquidos, puede ser localizado exactamente mediante ecografía, para ser repermeabilizado sin necesidad de realizar una exploración manual bajo sedación.

Uretra intraprostática

Al realizar un corte longitudinal de la próstata, se puede observar la uretra como una línea generalmente hipoecogénica, apenas perceptible, y de trayecto diagonal (Figs. 44, 46). El recorrido de la uretra es ligeramente inclinado, comenzando en la zona craneoventral y terminando en la caudodorsal. Puede ser difícil observar la uretra intraprostática completa en un sólo corte. En ocasiones, pero sobre todo después de sondajes, o en casos de uretritis, la uretra aparece en la imagen como una fina línea hiperecogénica. La luz generalmente no es visible.

En casos de obstrucciones caudales a la próstata, y cuando la vejiga de la orina está muy distendida, la zona más craneal de la uretra puede estar ensanchada en forma de cono. El tramo inicial puede llegar a medir más de 10 mm. La uretra intraprostática aparece dilatada durante una anestesia general, o después de la eutanasia. En estos casos la próstata aparece atravesada por una banda anecogénica de varios milímetros de diámetro.

La uretra normal es difícil de identificar en un corte transversal. En la región más caudal aparece rodeada por un área hipoecogénica más o menos nítida de varios milímetros de diámetro (Fig. 45). Esta zona se puede seguir en dirección caudal. Cuando existe dilatación uretral aparece en la imagen un círculo anecogénico entre ambos lóbulos.

La *diferenciación* con respecto a quistes se basa en su localización exacta en el centro de la próstata, realizando cortes longitudinales y transversales.

Cálculos intraprostáticos intrauretrales

A nivel de la porción intraprostática de la uretra se pueden encontrar, en ocasiones, estructuras redondeadas hiperecogénicas únicas o, más frecuentemente, múltiples y ordenadas en línea (Fig. 46). Según su tamaño pueden producir una sombra acústica más o menos marcada. Si son de menos de 2-3 mm no llegan a producirla. Los cálculos intrauretrales van asociados generalmente a la presencia de cálculos en la vejiga. Se diferencian de calcificaciones del parénquima prostático en base a su localización central, que se determina mediante cortes longitudinales y transversales. En casos de duda puede ayudar la introducción de una sonda bajo control ecográfico.

Sonda intrauretral

Las sondas se identifican muy bien ecográficamente. En un corte longitudinal se observa como una lámina hiperecogénica doble de luz anecogénica (Fig. 47). En transversal aparece como dos pequeños puntos hiperecogénicos paralelos separados por un espacio anecogénico. Las paredes laterales no son visibles por refracción de los ultrasonidos. La presencia del fiador metálico sustituye la banda anecogénica central y aumenta la ecogenicidad de la sonda.

Bibliografía

Cartee, R. E., T. Rowles (1983): Transabdominal Sonographic Evaluation Of The Canine Prostate. Vet. Radiol. 24, 156–164

E. Weiss (1978): in: Dahme, E., E. Weiss: Grundriß der speziellen pathologischen Anatomie der Haustiere 2. Auflage, 238. Ferdinand Enke Verlag, Stuttgart

Feeney, D. A., G. R. Johnston, J. S. Klausner, V. Perman, J. R. Leininger, M. J. Tomlinson (1987): Canine prostatic disease-comparison of ultrasonographic appearance with morphologic and microbiologic findings: 30 cases (1981–1985). J. Am. Vet. Med. Assoc. 190, 1027–1034

Fritsch, R., M. Gerwing (1985): Die Diagnose von Prostataerkrankungen beim Hund mittels Ultraschall. Tierärztl. Prax. Suppl. 1, 123–131

Gerwing, M. (1988): Sonographie der Prostata. DVG Tagungsbericht Mannheim, 86–89

Gerwing, M. (1989): Sonographische Darstellung von Milz und Prostata des Hundes unter besonderer Berücksichtigung der Messung ihrer Lage und Größe sowie des sonographischen Bildes der pathologischen Veränderungen – Das Hydroperitoneum zur besseren Differenzierung abdominaler Organe. Diss. Gießen

Kay, N. D., G. V. Ling, T. G. Nyland, P. C. Kennedy, J. G. Zinkl (1989): Cytologic Diagnosis of Canine Prostatic Disease Using a Urethral Brush Technique. J. Am. Anim. Hosp. Assoc. 25, 517–526

Nickel, R., A. Schummer, E. Seiferle (1975): Lehrbuch der Anatomie der Haustiere, Band II, 3. Auflage, 330. Paul Parey Verlag, Berlin, Hamburg

Prüfer, A. (1990): Diagnostik und Therapie von Prostataerkrankungen. Kleintierprax. 35, 633–643

Schmidt, S., D. Schrag (1985): Ultraschalldiagnostik bei Prostataabszessen des Hundes. Tierärztl. Prax. 13, 65–70

Stowater, J. L., C. R. Lamb (1989): Ultrasonographic Features Of Paraprostatic Cysts In Nine Dogs. Vet. Radiol. 30, 232–239

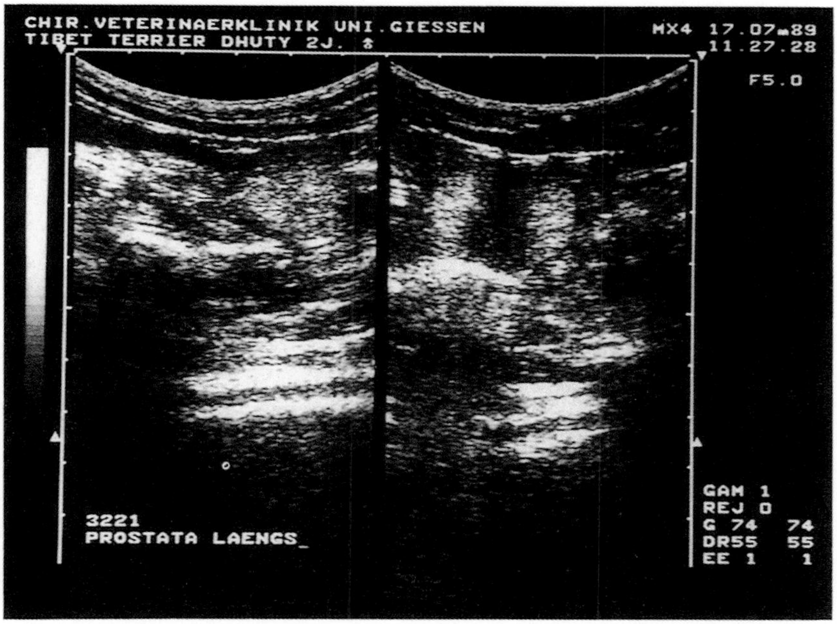

Fig. 32 Próstata normal.

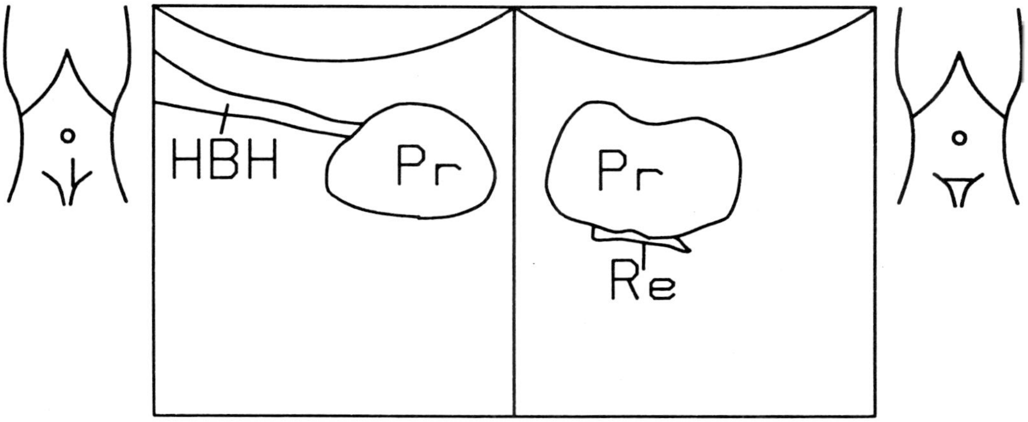

HBH = cuello vejiga, Pr = próstata, Re = recto

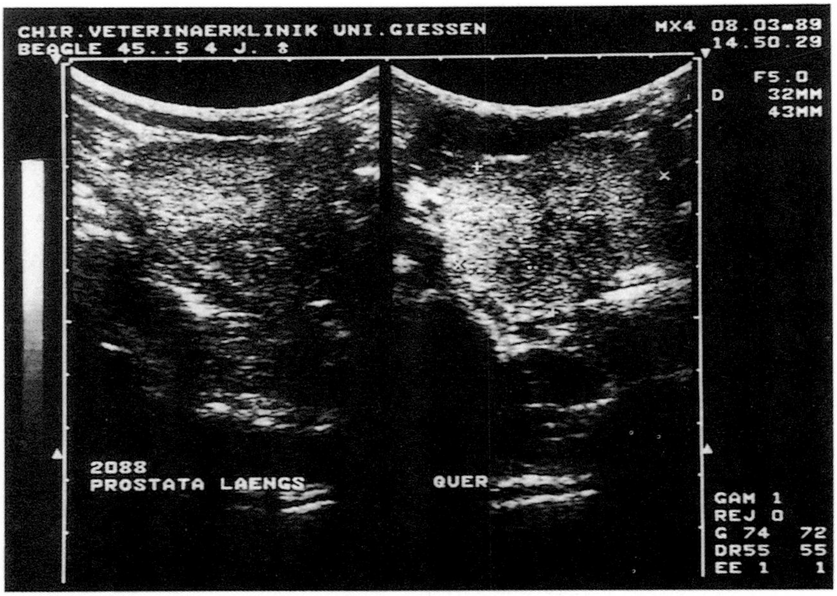

Fig. 33 Hiperplasia prostática moderada.

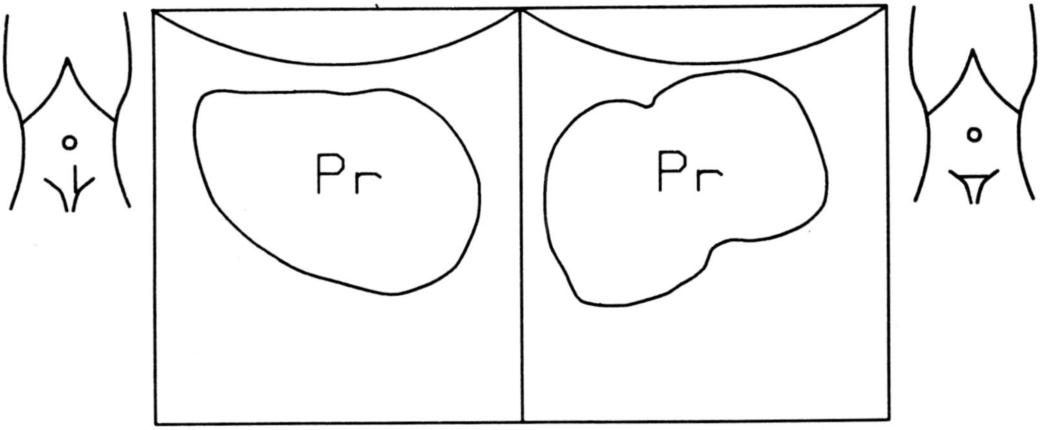

Pr = próstata

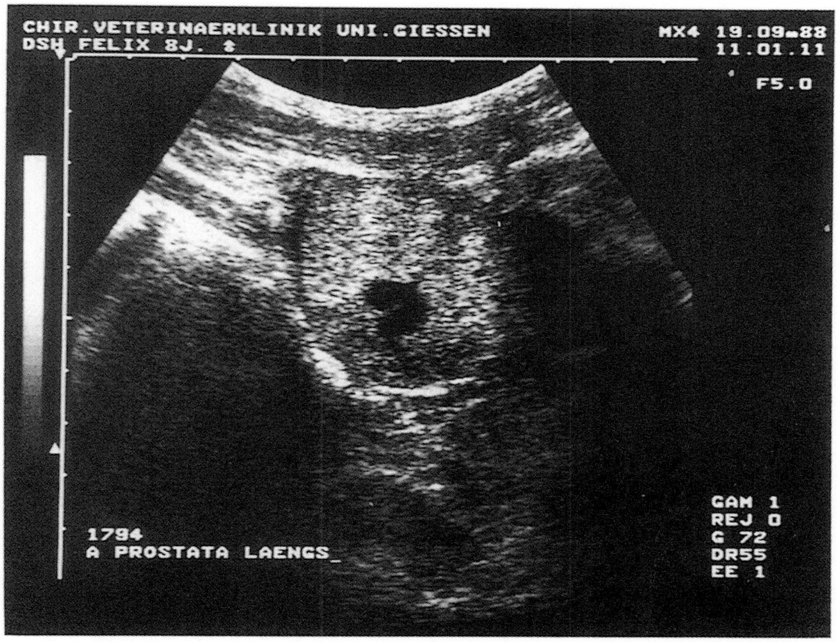

Fig. 34 Quiste intraprostático.

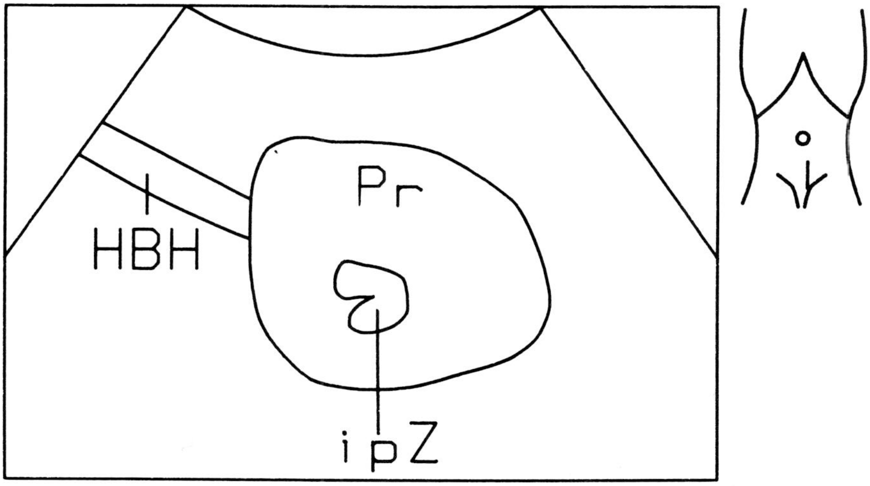

HBH = cuello vejiga, ipZ = quiste intraprostático, Pr = próstata

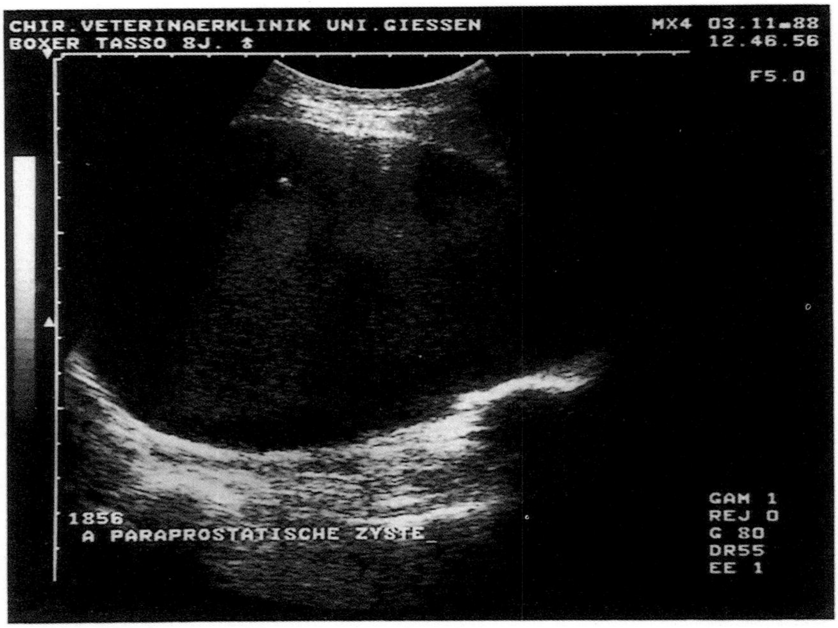

Fig. 35 Quiste paraprostático calcificado.

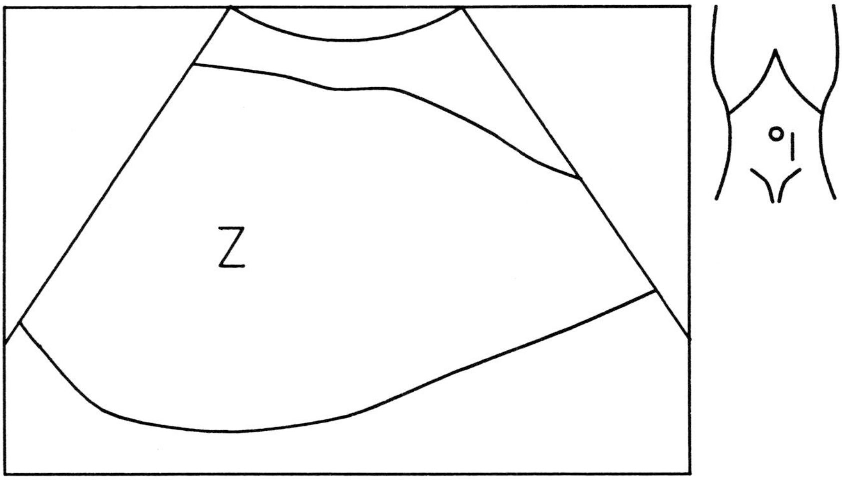

Z = quiste

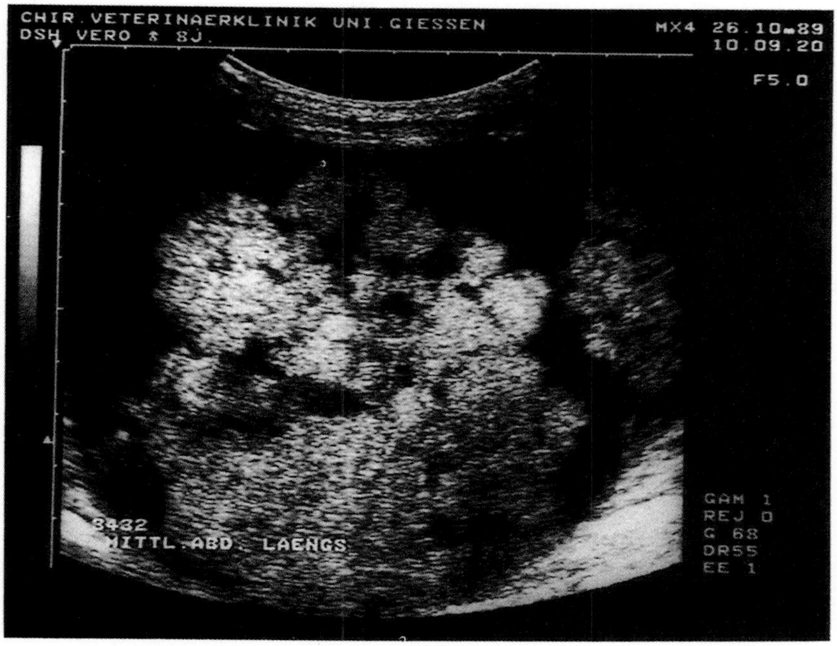

Fig. 36 Quiste hemático situado a nivel paraprostático.

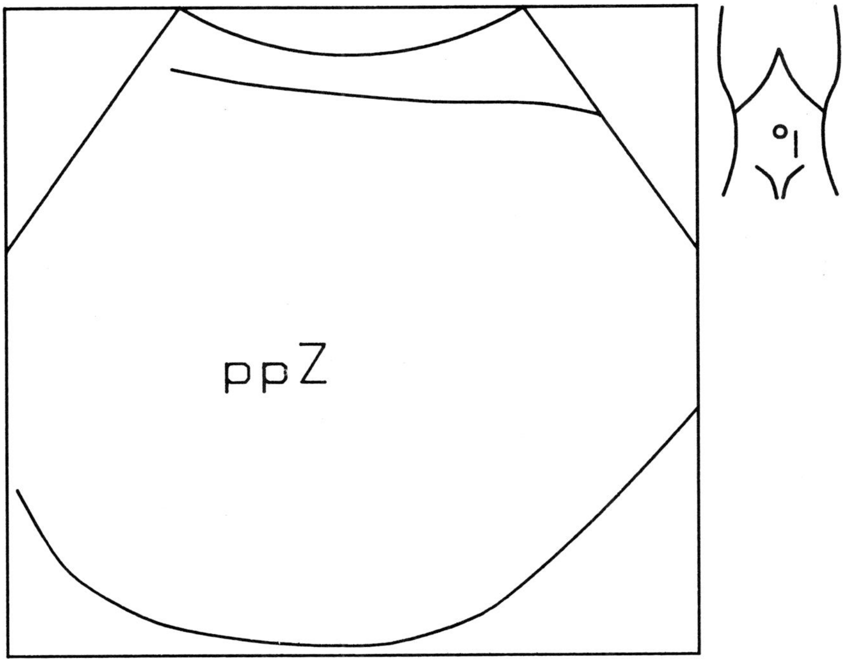

ppZ = quiste a nivel paraprostático con coágulo

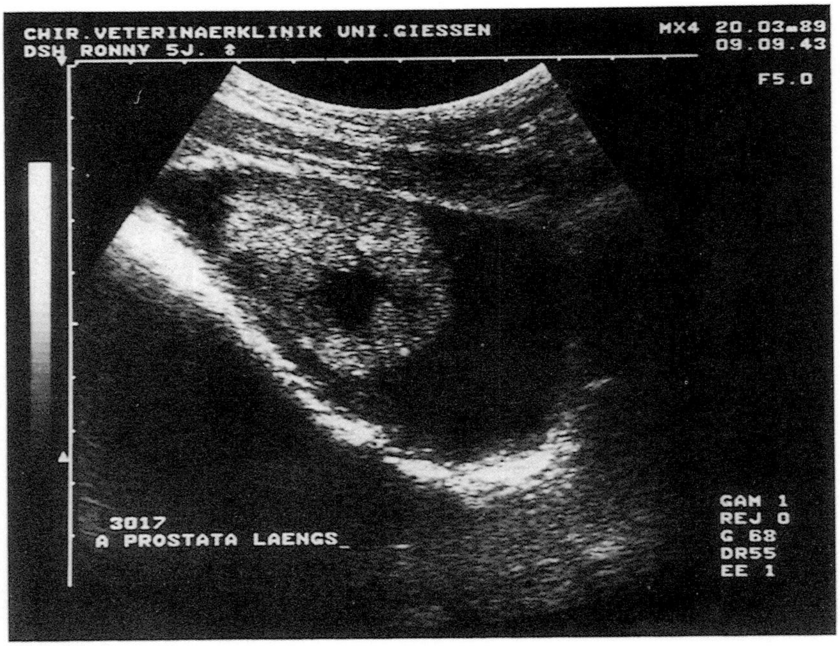

Fig. 37 Próstata rodeada por un quiste.

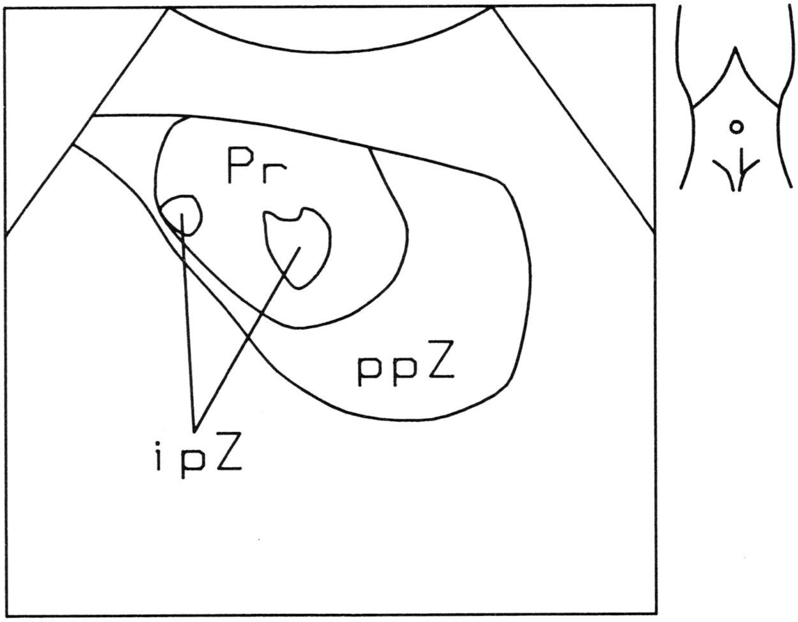

ipZ = quiste intraprostático, ppZ = quiste a nivel paraprostático extendiéndose hacia el interior de la pelvis, Pr = próstata

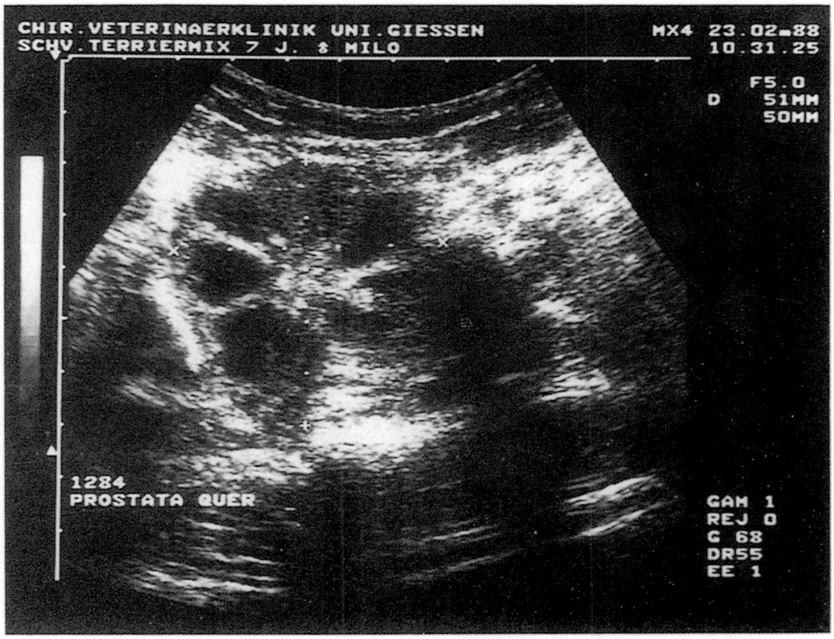

Fig. 38 Abscesos prostáticos.

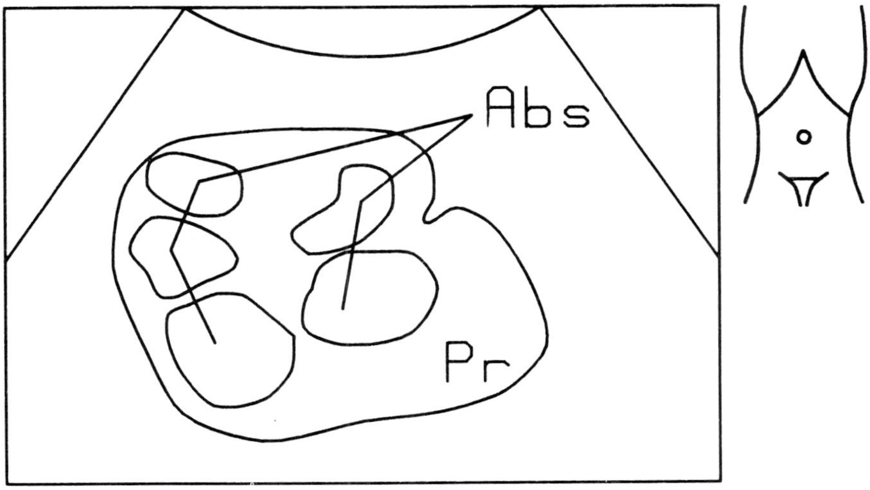

Abs = absceso, Pr = próstata

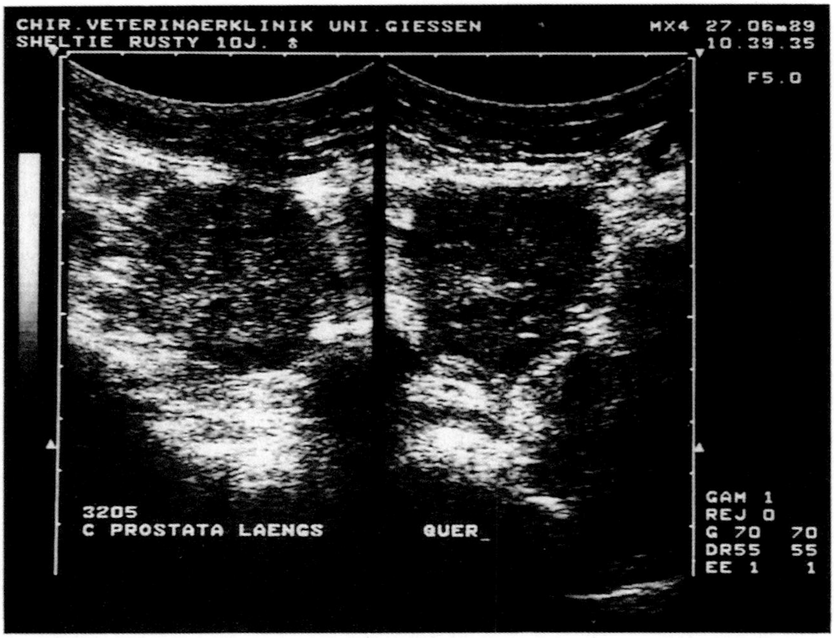

Fig. 39 Prostatitis crónica supurativa (cortes longitudinal y transversal).

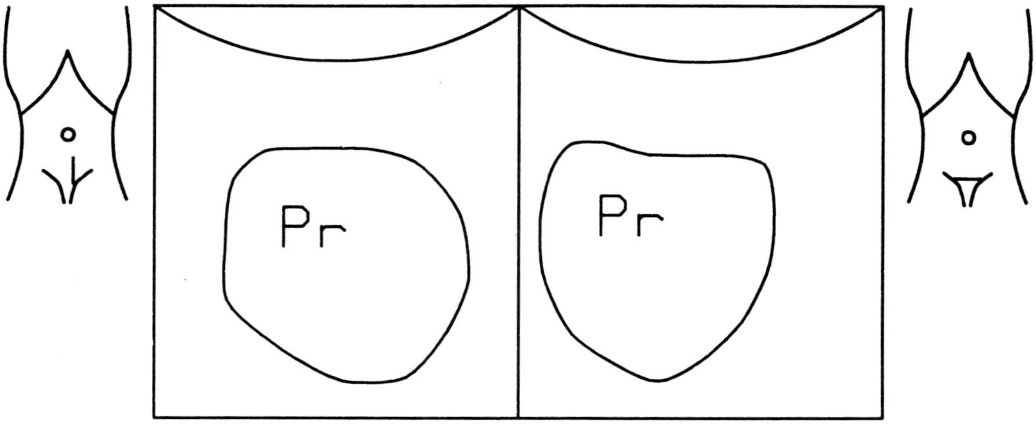

Pr = próstata difusamente heterogénea

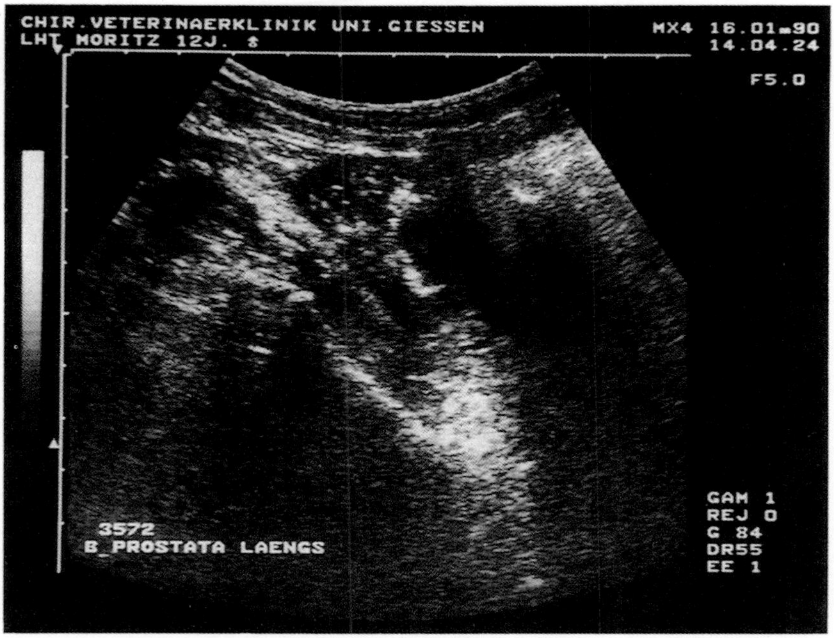

Fig. 40 Carcinoma prostático.

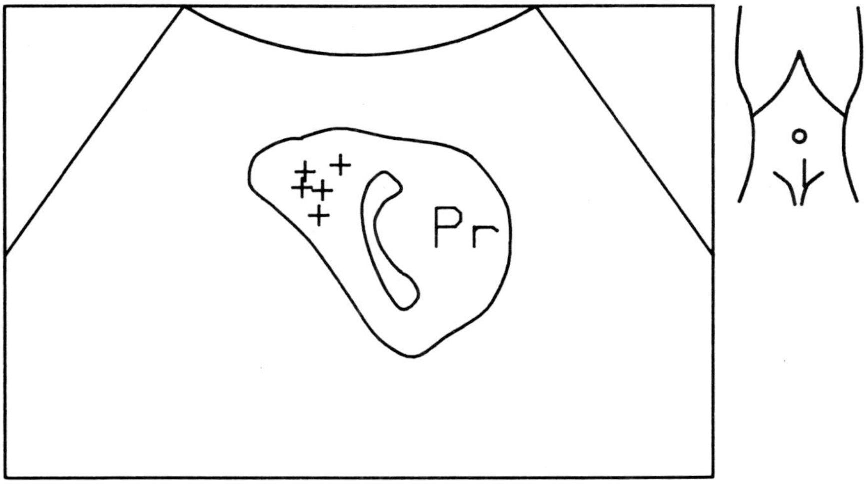

Pr = próstata de ecogenicidad mixta

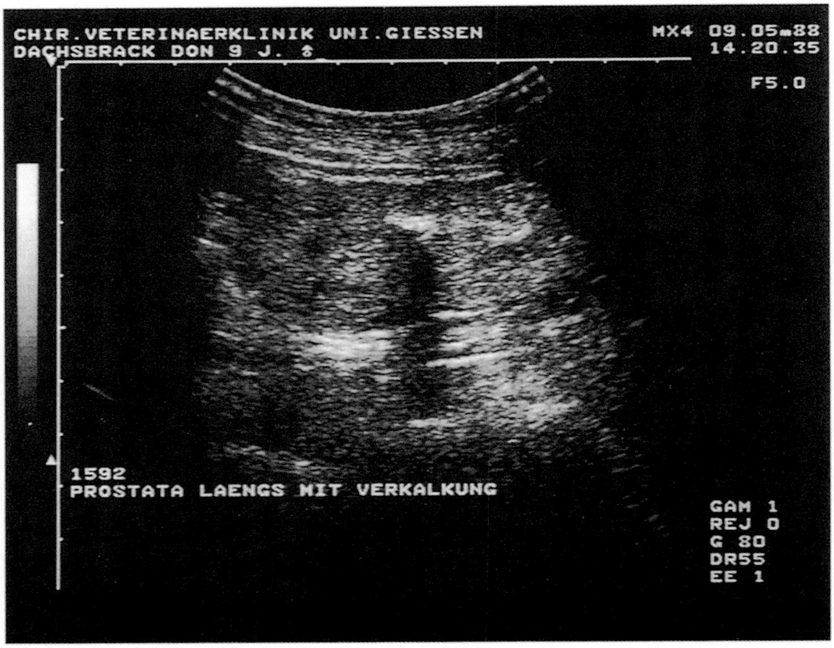

Fig. 41 Metaplasia prostática.

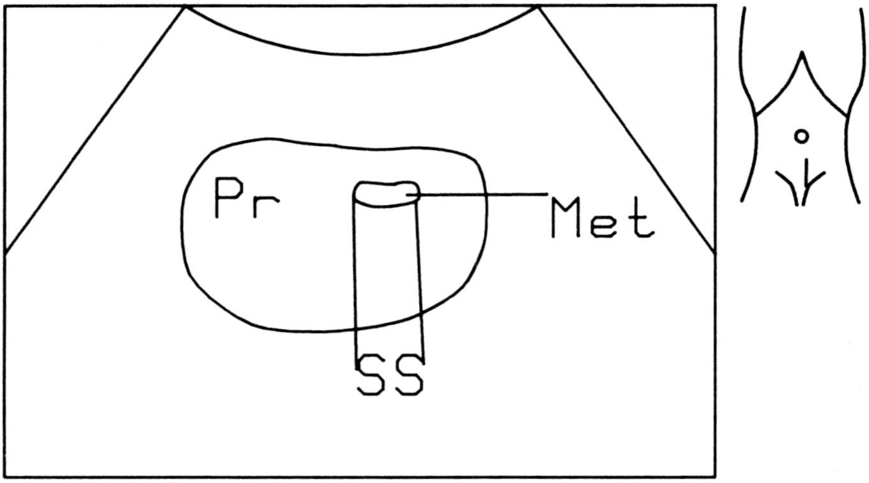

Met = metaplasia, Pr = próstata, SS = sombra acústica

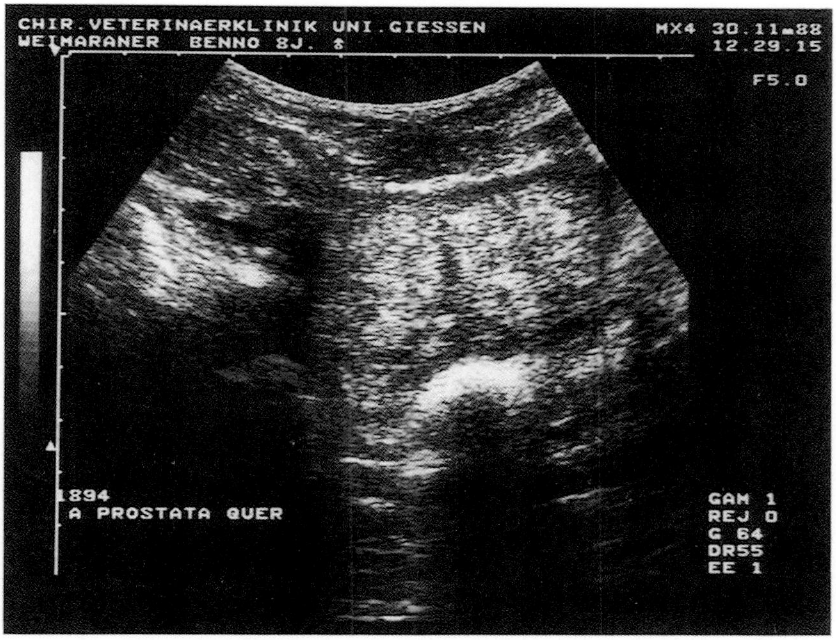

Fig. 42 Hiperplasia prostática moderada/severa (antes de castración).

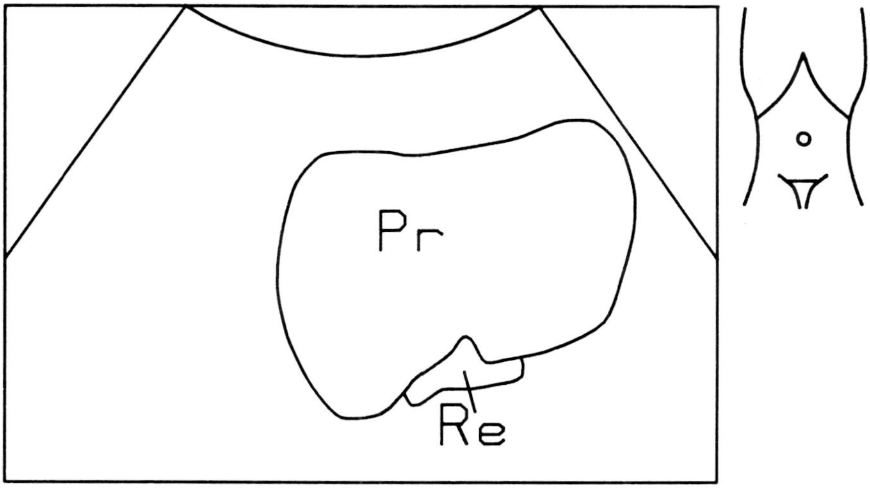

Pr = próstata, Re = recto

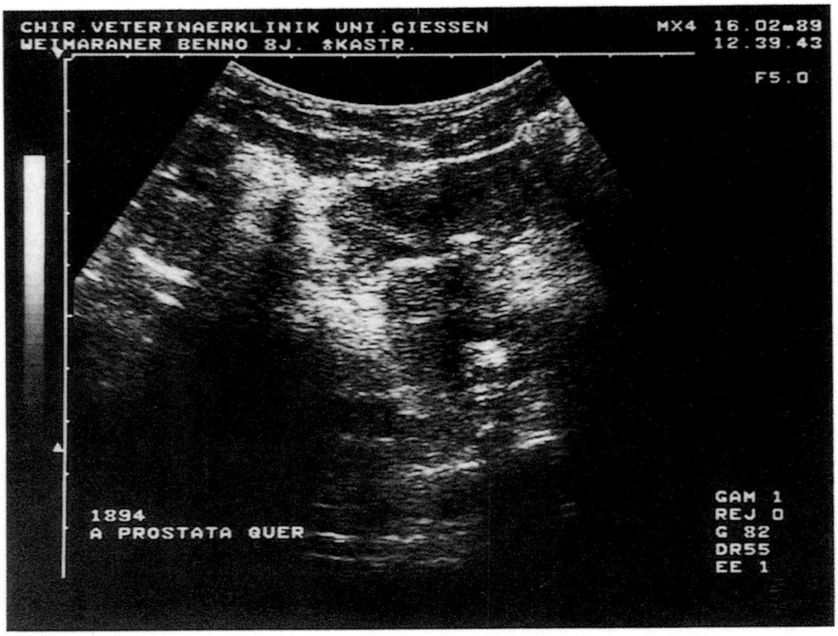

Fig. 43 Próstata tras castración (Fig. 42, 6 semanas postcastración).

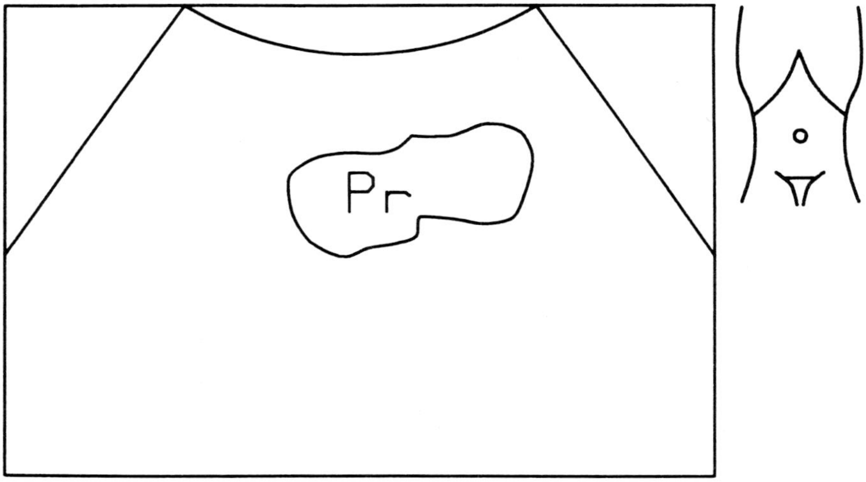

Pr = próstata, difícil de delimitar, muy disminuida de tamaño

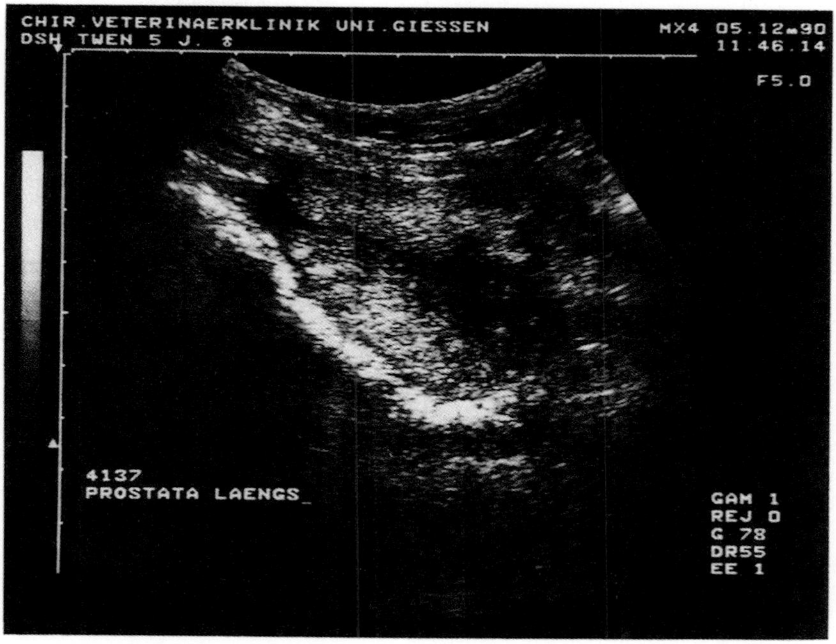

Fig. 44 Uretra intraprostática.

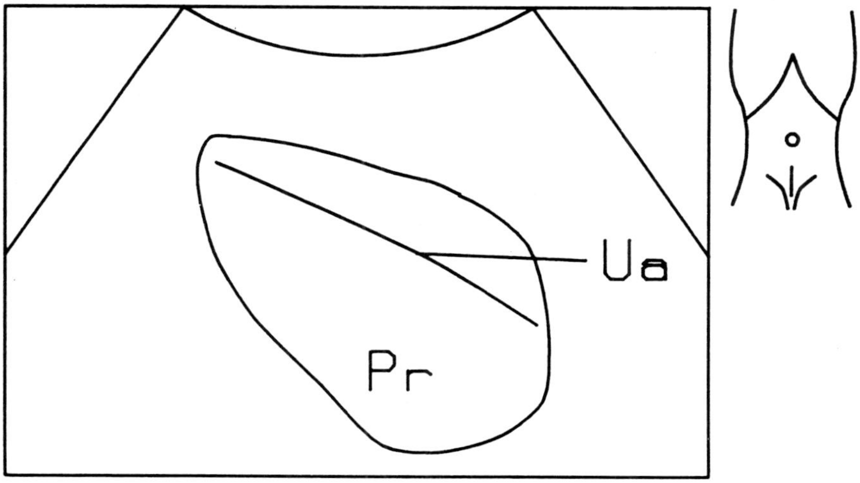

Pr = próstata, Ua = uretra intraprostática

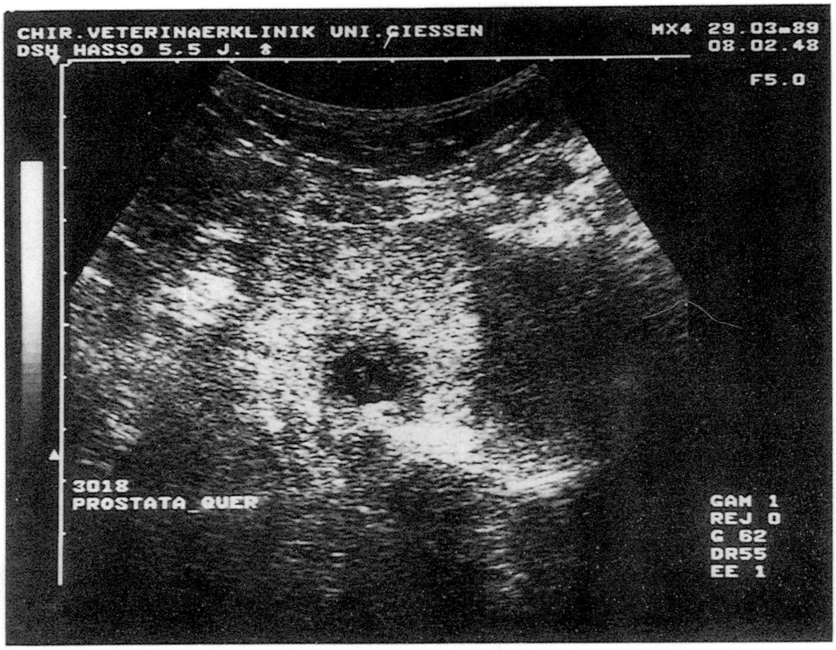

Fig. 45 Uretra intraprostática en transversal (parte caudal).

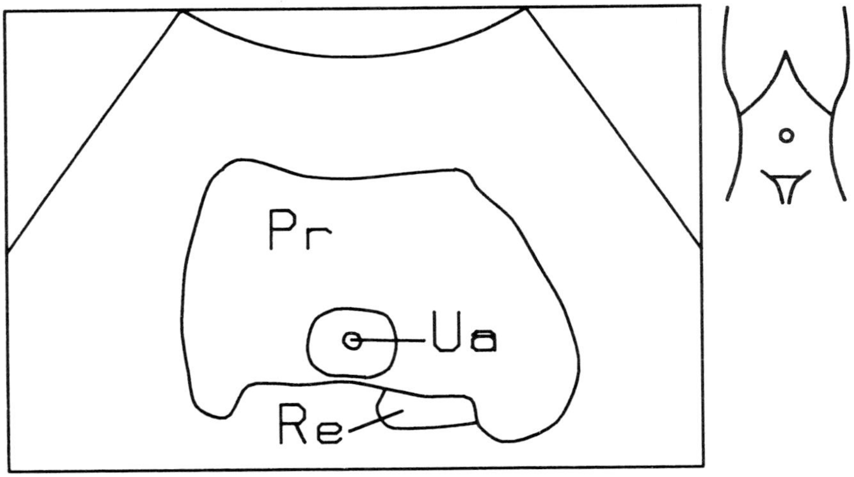

Pr = próstata, Re = recto, Ua = uretra intraprostática

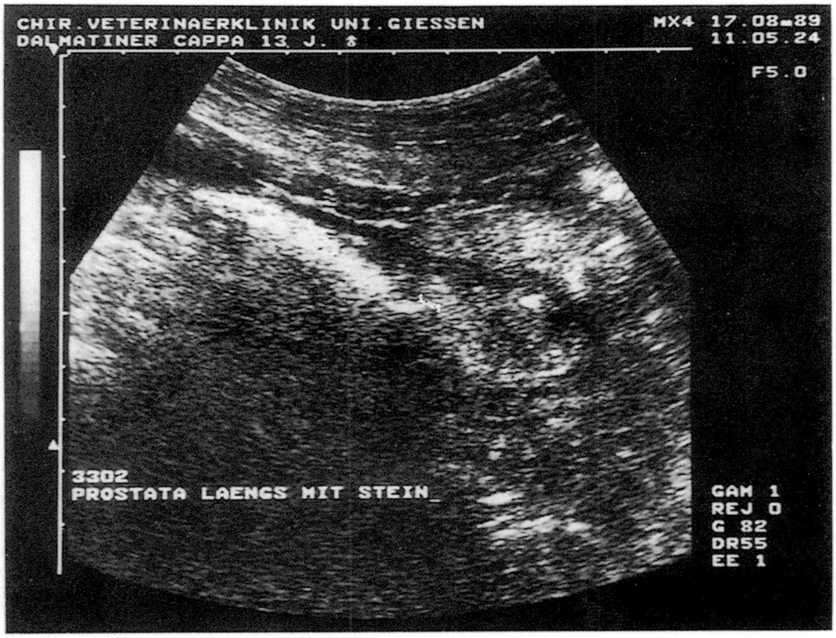

Fig. 46 Cálculo intrauretral intraprostático.

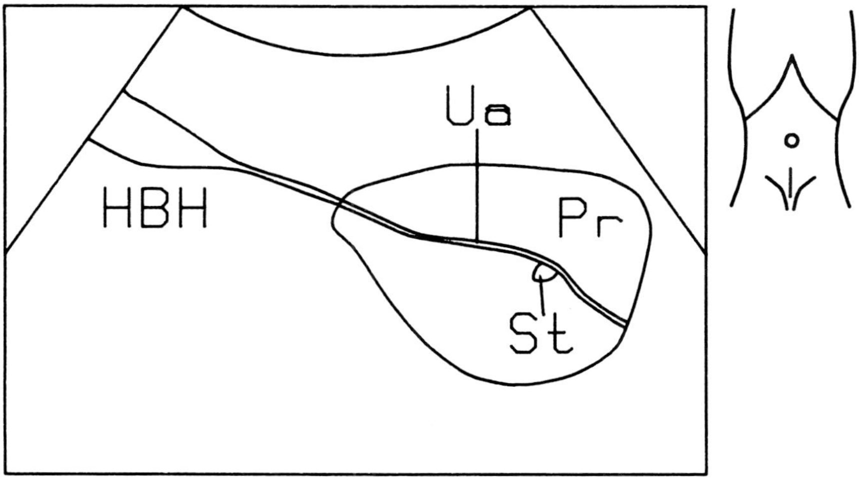

HBH = cuello vejiga, Pr = próstata, St = cálculo intrauretral, Ua = uretra

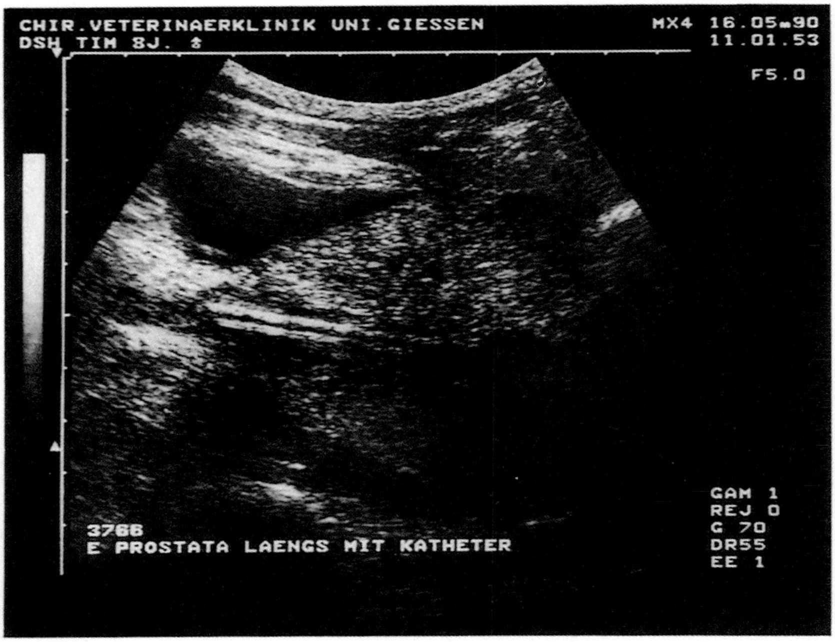

Fig. 47 Sonda intrauretral intraprostática.

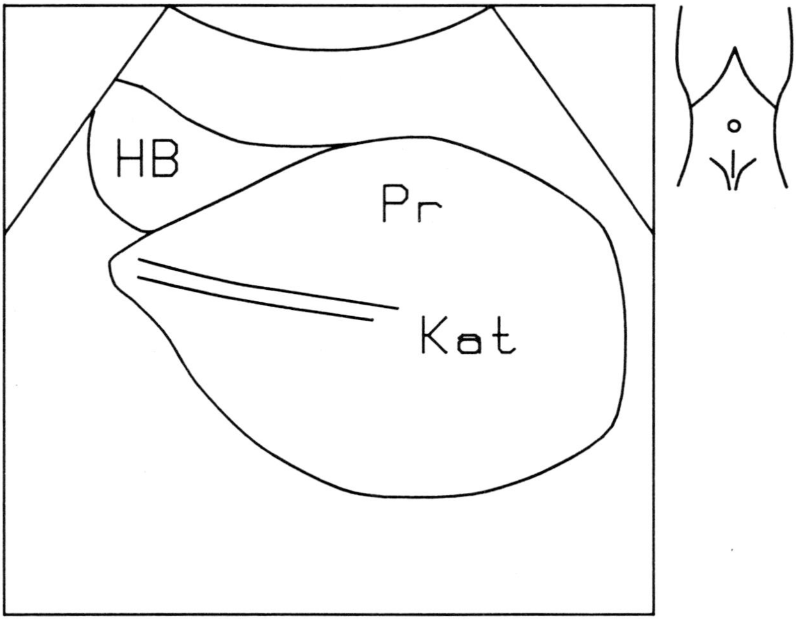

HB = vejiga, Kat = sonda, Pr = próstata

Útero

El útero en pequeños animales es el órgano abdominal más sencillo y más rápido de identificar cuando está alterado. La exploración se realiza con sondas de 5 MHz, excepto en razas muy pequeñas y en gatos, en los que son mejores las de 7,5 MHz. Son preferibles las sondas lineales a las sectoriales, aunque las primeras pueden dificultar la visualización del cuerpo del útero (por ej., en casos de piómetra del muñón).

La vejiga distendida sirve como punto de orientación y como ventana acústica para localizar y estudiar el cuerpo del útero.

Indicaciones

Múltiples alteraciones uterinas, complejo endometritis-pio-hemo-mucómetra, gestaciones, controles pre-, peri- y postparto, valoración del muñón uterino, controles de tratamientos, neoplasias.

A excepción de los tumores uterinos, las patologías uterinas cursan con un acúmulo de líquido a nivel de la luz y/o de la pared. Por este motivo, el útero es generalmente fácil de reconocer. Entre estas alteraciones están el complejo endometritis-piómetra-mucómetra-hemómetra o las patologías del muñón (después de histerectomías). Los estudios ecográficos de control valoran el éxito de las terapias conservadoras.

Por otro lado están las gestaciones. La ecografía permite confirmar o descartar una gestación. El número de la camada puede ser determinado en algunos casos. Es posible valorar el desarrollo del embrión, los latidos cardiacos y los movimientos fetales, así como situación y tamaño de los fetos en la época del parto. La disminución de la frecuencia cardiaca por debajo de la mitad de la de la madre es considerado como una señal de alarma por Poffenbarger y Feeney, y que hace necesario tomar las medidas pertinentes.

Posición y acoplamiento

Los animales se deben colocar en decúbito supino y, ocasionalmente, en decúbito lateral o en estación. Para la valoración minuciosa del útero es necesario rasurar toda la superficie abdominal, desde el pubis hasta el arco costal. Si el tamaño del animal, la movilidad de su piel y la indicación para realizar la ecografía lo permiten, puede ser suficiente rasurar solamente el área entre ambas cadenas mamarias. Si en gestaciones avanzadas solamente se desean valorar los latidos cardiacos, los movimientos fetales o la presencia de líquidos fetales, la ecografía se puede realizar en decúbito lateral o en estación.

Imagen normal

Dependiendo del equipo y del perro (y del operador), es posible observar la imagen normal del cuerpo del útero hasta en el 50% de los casos (Fig. 48). Los cuernos uterinos normales en el perro, y el útero en su totalidad en el gato, no son generalmente diferenciables mediante ecografía de otras estructuras intraabdominales.

El cuerpo del útero normal se observa dorsal a la vejiga de la orina como una estructura hipoecogénica alargada o redondeada.

Gestación

Es posible confirmar o descartar una gestación mediante ecografía, incluso unos días antes de que se pueda realizar por palpación, y casi 3 semanas antes que con radiología.

La *fiabilidad diagnóstica de la ecografía* es superior a la de la palpación y, además, no presenta efectos biológicos secundarios nocivos.

El *diagnóstico de gestación* se realiza en el perro a los 25 días después de la monta (Fig. 49). Antes del día 20 es posible ver las vesículas embrionarias como formaciones redondeadas anecogénicas y, en algunos casos, incluso el embrión como una zona hiperecogénica en la periferia de la vesícula. Como el momento de la concepción en la perra puede ser muy variable, es muy frecuente no detectar «concepciones tardías» si la ecografía se realiza alrededor del día 20. En estos casos, a partir del día 25 se puede siempre al menos sospechar que la hembra está gestante. Una ecografía de control una semana después, puede confirmar o descartar la gestación definitivamente. La fiabilidad de la ecografía en ese momento, tanto positiva como negativa, es de más del 90%, ya que, no sólo se observará la vesícula embrionaria, sino también el embrión. A partir del día 30 después de la concepción, es prácticamente imposible cometer un error de diagnóstico. Sin embargo, hasta el día 20 el índice de error es muy elevado, ya que las vesículas son de pequeño tamaño y pueden pasar desapercibidas, estar superpuestas por gas intestinal o ser confundidas con asas intestinales, o quistes o folículos ováricos. Las asas intestinales se diferencian por su peristaltismo y por la presencia de una zona central hiperecogénica (restos de alimentos o heces en la luz).

Los *latidos cardiacos y los movimientos fetales* se pueden distinguir a partir del día 28. Pocos días después se diferencian las cámaras cardiacas, los septos y las válvulas. Alrededor del día 36 se distingue el contorno del feto y a partir del día 40 órganos como el hígado (homogéneo hipoecogénico), estómago (anecogénico), vejiga (anecogénica), costillas y columna vertebral (hiperecogénicas) (Figs. 50, 51).

La determinación del *tamaño de la camada* depende del momento en que se realiza la ecografía y del número de fetos. Alrededor del día 30 de gestación la determinación suele ser más exacta. Antes de esta fecha pueden pasar desapercibidas algunas vesículas embrionarias (por ej., por gas intestinal) y, más adelante, se superponen unas vesículas con otras y son más difíciles de delimitar.

Se puede determinar el tamaño de la camada con una exactitud de ± uno, cuando ésta no supera los 5-6 fetos y cuando se realiza alrededor del día 30. Fuera de estos límites la fiabilidad es pequeña. Los fetos son más fáciles de contar con transductores lineales, que con sectoriales o convexos, debido a la mejor orientación que existe cuando el haz de ultrasonidos es paralelo.

Las *gestaciones en gatos* se pueden diagnosticar a partir de los 11-14 días después de la cubrición (Davidson *et al.,* 1986). Durante esos días, la vesícula tiene un contenido anecogénico de 2 mm de diámetro. A partir del día 16 se observan en el polo correspondiente los primeros ecos que representan al embrión. Los latidos cardiacos se pueden apreciar entre los días 16 y 20, y los movimientos fetales a partir del día 28. El mejor momento para realizar un diagnóstico de gestación es el día 25.

Alteraciones patológicas de la gestación

La alteración patológica más frecuente durante la gestación es la *muerte fetal*. La muerte antes del día 28 solamente se puede sospechar por ausencia del patrón ecográfico normal de la vesícula embrionaria, o por falta de desarrollo a lo largo de varias ecografías de control. Después de esa fecha, la ausencia de latidos cardiacos y de movimientos fetales son un indicio seguro de muerte fetal. Aun después de mantener el transductor fijo durante un tiempo no se observa movimiento alguno, mientras que en condiciones normales, después de estudiar el feto durante varios minutos (sin mover el transductor), se observan movimientos muy evidentes del mismo.

Con frecuencia se distinguen vesículas embrionarias que se diferencian de las normales e intactas por su tamaño, o por la ausencia de un embrión (Fig. 52).

Después de la muerte fetal pueden quedar elementos corpusculares que se observan como puntos hiperecogénicos en los líquidos fetales. Deben diferenciarse del ruido acústico (artefacto que aparece cuando la ganancia es excesiva). Al contrario que el ruido acústico, que presenta un patrón ecográfico homogéneo, los elementos corpusculares se mueven de forma desordenada y, además, la dirección de este movimiento puede ser influenciada por la presión ejercida desde la pared abdominal (por ej., con la mano o con el transductor).

En los siguientes días se producirá la reabsorción de los líquidos fetales. El resultado final es la *maceración fetal*, que se distingue ecográficamente por los siguientes criterios: útero difícil de delimitar, ausencia de líquidos fetales, y estructuras hiperecogénicas no diferenciables entre sí (Fig. 53).

En el *diagnóstico diferencial* se deben incluir las alteraciones enfisematosas, que son difíciles de diagnosticar sólo con ecografía. En estos casos resulta útil la radiología.

En un caso de *ruptura uterina* con muerte fetal se observó la presencia de elementos corpusculares, tanto en los líquidos fetales, como libres en cavidad abdominal. Se podía seguir ecográficamente su movimiento desde el útero hacia el abdomen. El útero no presentaba su forma redondeada típica, y no existían signos de viabilidad fetal.

Endometritis

Las endometritis, incluso las de pequeño tamaño, son fáciles de diagnosticar ecográficamente. Se identifican sobre todo en cortes transversales, aunque también en longitudinales (Fig. 54).

Generalmente se ve afectada la totalidad del útero. El cuerpo del útero se observa en estos casos como una formación redondeada homogénea hipoecogénica, dorsal a la vejiga de la orina. No se distingue la luz, aunque en algunos casos, en los que existe un aumento de la secreción, puede aparecer una fina línea anecogénica en la zona central de esta estructura. En un corte longitudinal, el útero presenta forma de puro.

En un corte transversal y desplazando el transductor en dirección craneal, es posible identificar la bifurcación del útero. Los cuernos uterinos divergen lateralmente hacia la zona paravesical. Según el grado de afectación de los cuernos, éstos se pueden seguir hasta los riñones, sobre todo en cortes transversales. La superficie es lisa. El tejido presenta generalmente una granulación fina o de grosor medio. Si no existe líquido en el interior no se observa refuerzo posterior.

La excepción es la *hiperplasia glandular endometrial quística*, que a menudo se asocia a la existencia de quistes ováricos (Figs. 55, 60). El útero presenta en estos casos una ecogenicidad ligeramente heterogénea, que es más fácil de reconocer cuando se aumenta la ganancia. En cortes longitudinales se pueden apreciar formaciones anecogénicas, redondeadas o alargadas, de pocos milímetros de diámetro. Se localizan en la periferia, sin llegar a sobrepasar nunca los límites de los cuernos. Los cuernos uterinos presentan en longitudinal un aspecto de sacacorchos. Su diámetro puede variar mucho a lo largo de su extensión.

Hay que establecer un diagnóstico diferencial frente a la arteria y la vena iliaca interna, que se localizan a la izquierda y a la derecha, dorsolateral a la vejiga de la orina. Se distinguen por la pulsación que presentan y, en ocasiones, por su diámetro.

Piómetra, hemómetra, mucómetra

Las piómetras, hemómetras y mucómetras se caracterizan por acúmulo de líquido en la luz del útero. La ecografía detecta con rapidez y eficacia el grado de alteración uterina existente (Figs. 56, 57).

En corte transversal aparecen formaciones redondeadas hipo o anecogénicas, y con paredes de aspecto variable. El diámetro puede oscilar entre pocos milímetros hasta llegar a ocupar prácticamente todo el abdomen (diagnósticos diferenciales: hemoperitoneo, dilatación vesical, acúmulo de líquido en intestino en casos de íleo por cuerpo extraño). Según la posición del transductor se obtendrán cortes transversales, longitudinales u oblicuos de los cuernos. Mediante una pequeña rotación o desplazamiento de la sonda se puede ver cómo las estructuras confluyen. En casos extremos puede ser difícil localizar asas intestinales normales. En ocasiones, el útero presenta dilataciones solitarias similares a las vesículas embrionarias, pero se diferencian de éstas por la ausencia de ecos producidos por el embrión.

La *valoración ecográfica de la pared* debería realizarse de forma crítica. Con frecuencia varía en distintas zonas. La pared puede aparecer como una única lámina hiperecogénica (muy fina) o doble (eco de entrada y de salida) cuando la pared es de mayor grosor. La superficie interna puede ser lisa o rugosa. El grosor más frecuente es de 1-2 mm. Tanto la resolución, como la medida mínima que se puede realizar con los cursores, es de aproximadamente 1 milímetro, por lo que puede ser decisivo el criterio subjetivo del operador cuando la pared no supera los 1,5 mm. Con experiencia el operador puede distinguir de forma segura una pared apenas visible de una pared bien definida. Debido al artefacto de grosor de capas sólo se deben valorar aquellas zonas de la pared sobre las que los ultrasonidos inciden en ángulo recto.

La luz uterina puede ser anecogénica o hipoecogénica, según la *viscosidad* y celularidad (elementos corpusculares) del fluido. El pus denso puede presentar ecogenicidad de tejido blando (por ej., útero con endometritis). Sin embargo, se observará refuerzo posterior. La presión ejercida sobre el útero con el transductor, puede inducir el movimiento del líquido o de los elementos corpusculares. Generalmente no es posible diferenciar ecográficamente mucosidad, pus y sangre.

Piómetra y metritis del muñón uterino

El muñón uterino se valora más fácilmente con transductores convexos o sectoriales. Se debe inclinar la sonda cranealmente. La pérdida de intensidad y de calidad de imagen que se produce por este motivo, se puede compensar parcialmente aumentando la ganancia.

Las *piómetras de muñón* se observan en la imagen como estructuras con forma de puro en longitudinal, y redondeadas u ovoides en transversal, situadas dorsocaudal a la vejiga de la orina (Fig. 58). Los límites craneales son generalmente irregulares. La luz es hipo o anecogénica y está rodeada por una pared hipoecogénica homogénea de varios milímetros de grosor. El diámetro total no suele superar algunos milímetros.

En la *metritis de muñón* el contenido anecogénico es mínimo o inexistente.

Control de la evolución

En las alteraciones inflamatorias del útero puede ser de interés controlar ecográficamente la evolución del proceso, por ejemplo, para determinar el éxito de los tratamientos conservativos. Se puede valorar la presencia de restos de líquido o cambios en el grosor de la pared. También se puede estudiar el útero postparto (presencia de fetos no expulsados, secreciones, involución).

Neoplasias uterinas

Las neoplasias uterinas más frecuentes en el perro y en el gato son los *leiomiomas*. Se localizan a la entrada de la pelvis y aparecen en la imagen como formaciones de superficie regular que pueden alcanzar el tamaño de un puño. Suelen ser homogéneas e hipoecogénicas, aunque en ocasiones pueden presentar áreas hiperecogénicas y ser difusamente heterogéneas. Puede ser difícil distinguir si el origen de la masa es el propio útero, o el colon o recto.

En un caso de *adenomatosis* de aspecto tumoral se observó una imagen similar a la de la hiperplasia endometrial quística (Fig. 59). La superficie era lisa y el diámetro de 40 mm (en un schnauzer gigante). Las áreas hipoecogénicas medían en algunos puntos hasta 15 mm.

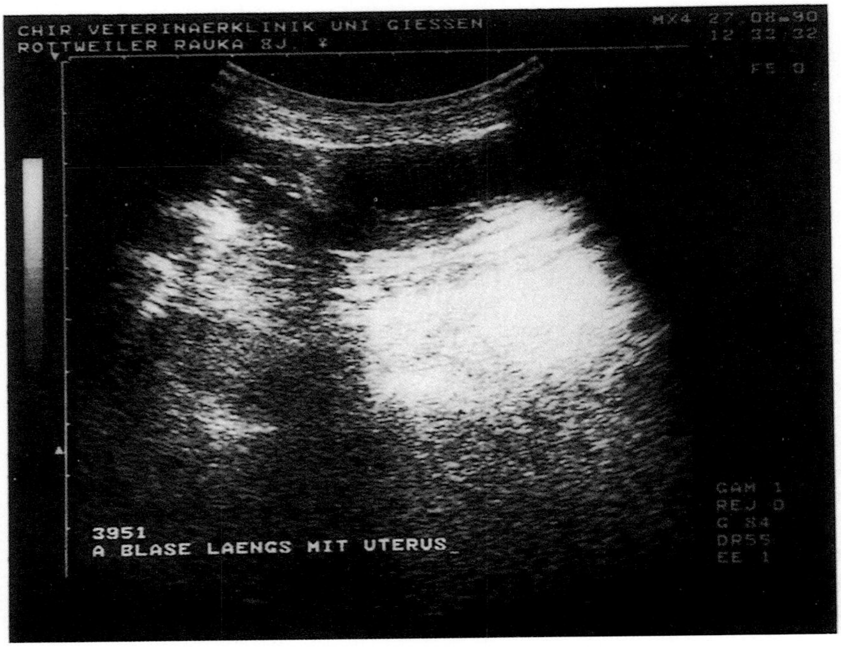

Fig. 48 Cuerpo uterino normal.

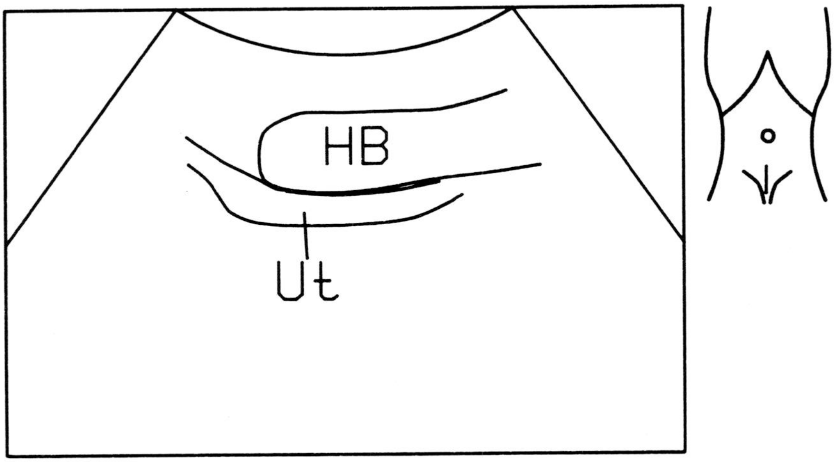

HB = vejiga, Ut = útero

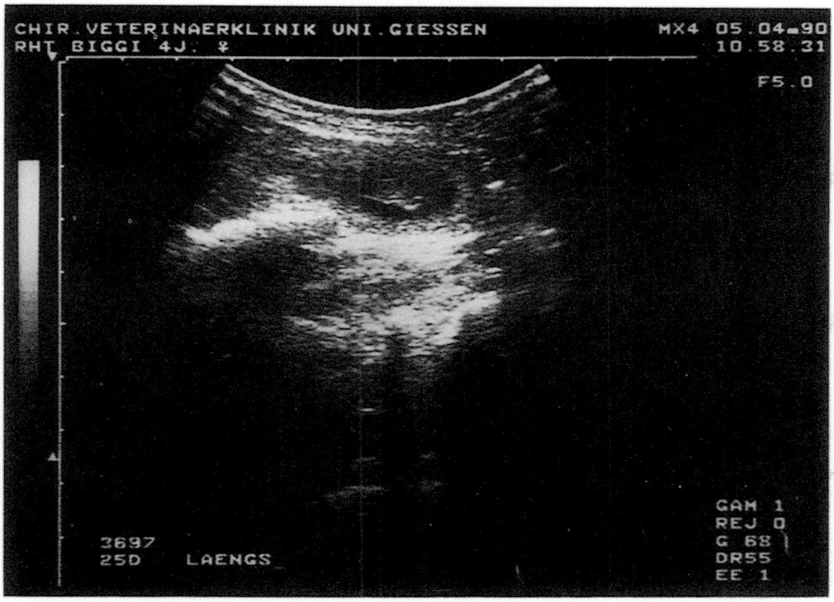

Fig. 49 Gestación (25 días después de la cubrición).

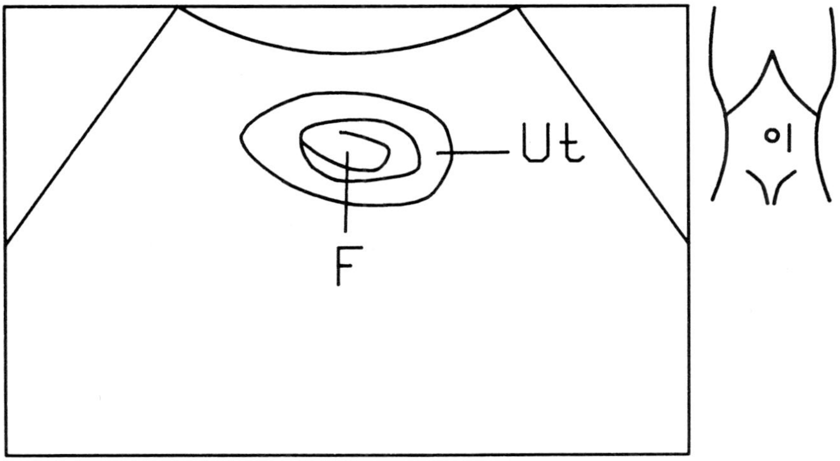

F = embrión, Ut = útero

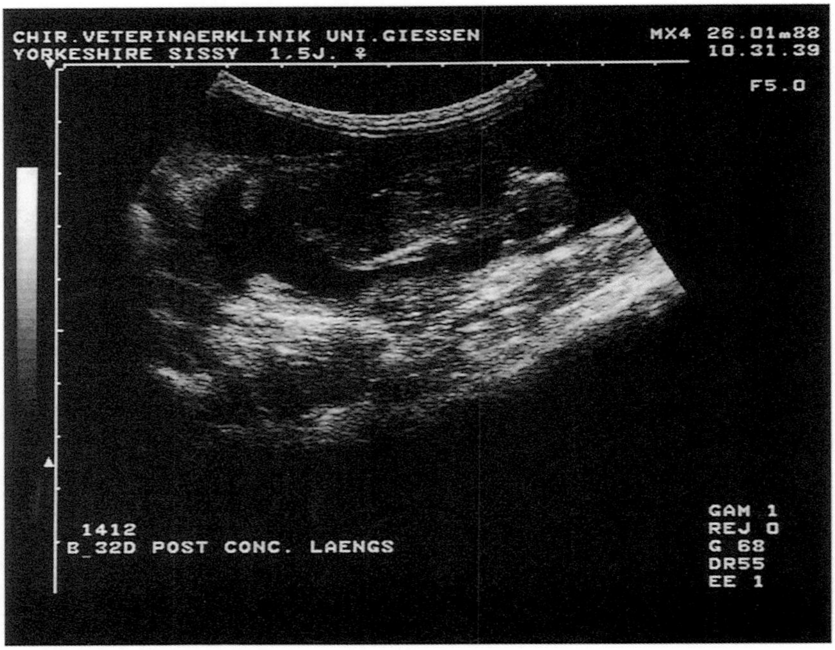

Fig. 50 Gestación (32 días después de la cubrición).

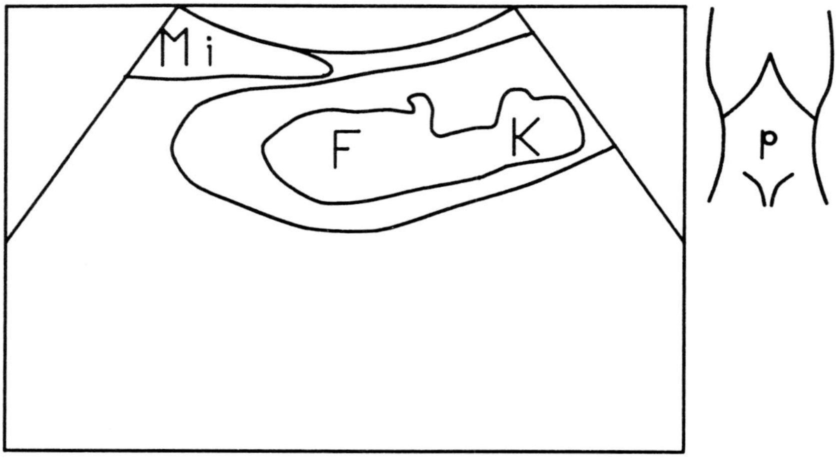

F = embrión; extremidad y corazón visibles, K = cabeza, Mi = bazo

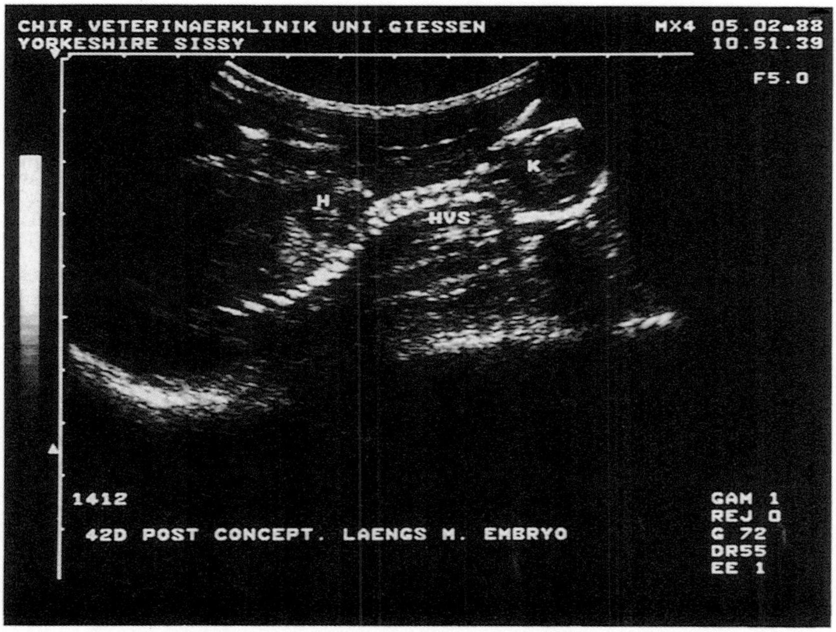

Fig. 51 Gestación (42 días después de la cubrición).

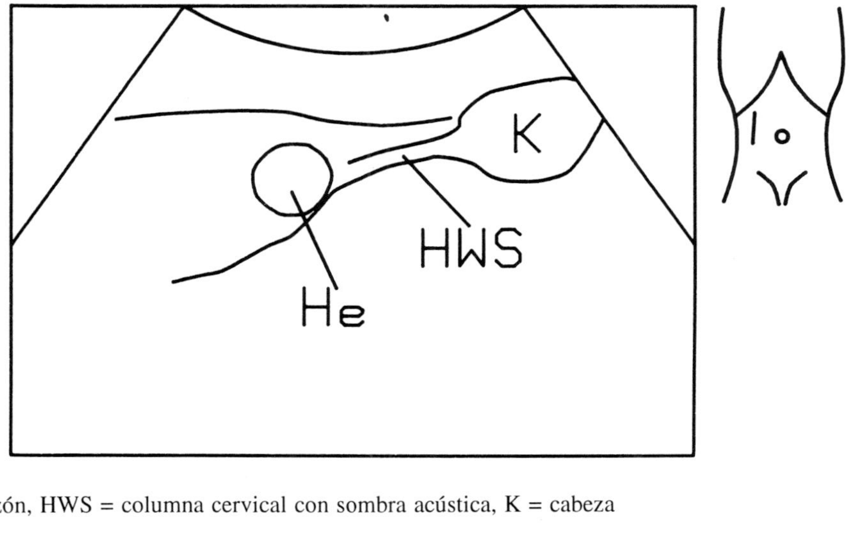

He = corazón, HWS = columna cervical con sombra acústica, K = cabeza

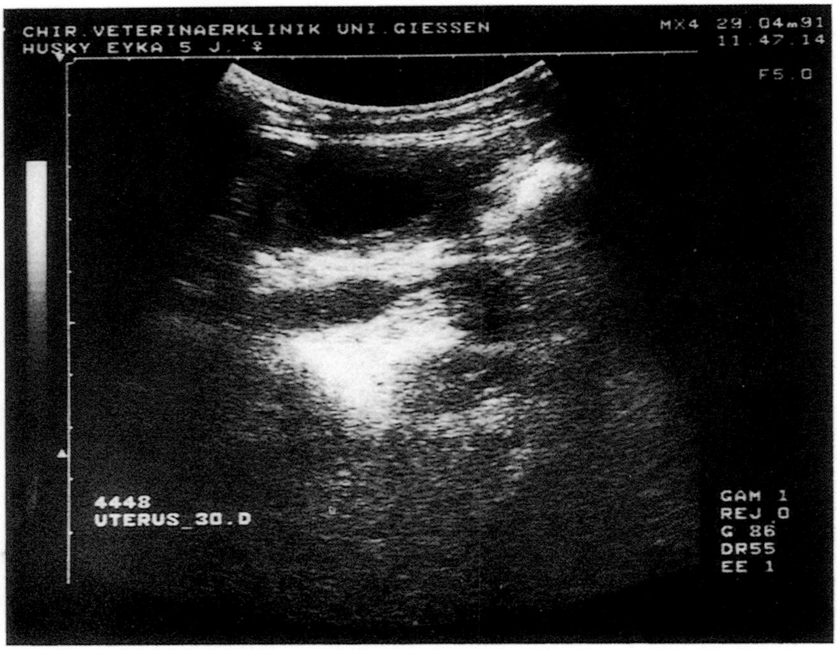

Fig. 52 Reabsorción embrionaria (30 días después de la cubrición).

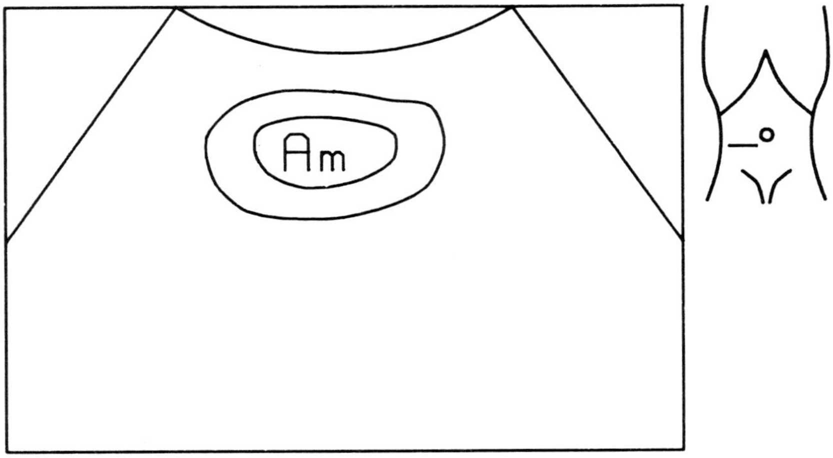

Am = vesícula embrionaria sin restos del embrión

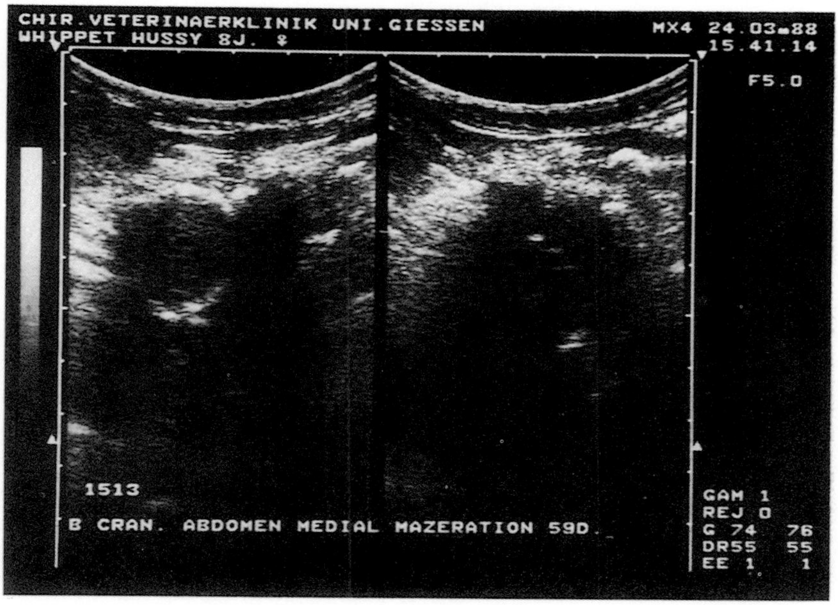

Fig. 53 Feto macerado (59 días después de la cubrición).

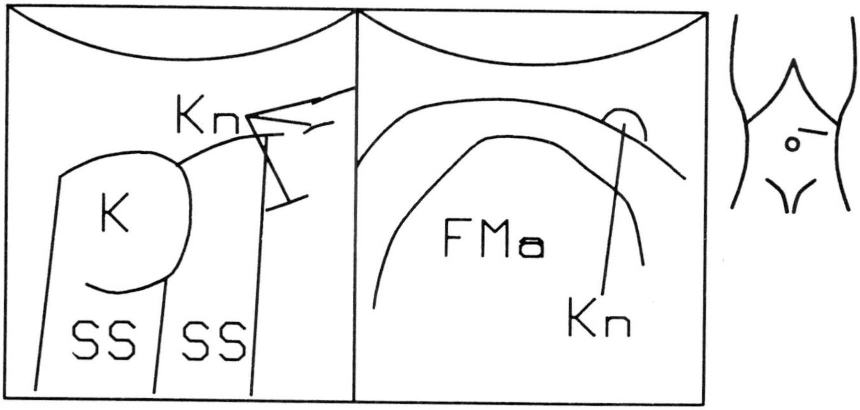

FMa = feto macerado, órganos no diferenciables, ausencia de líquidos fetales, K = cabeza, Kn = huesos, SS = sombra acústica

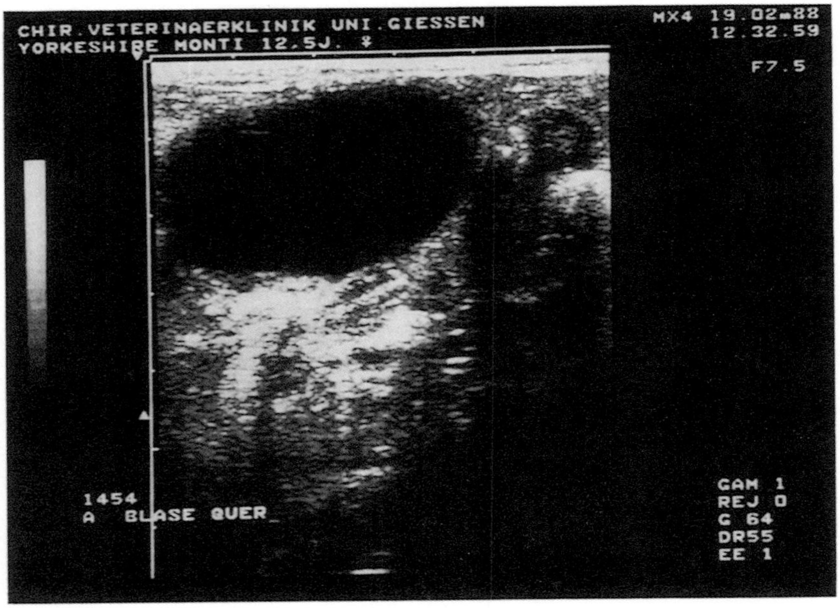

Fig. 54 Endometritis.

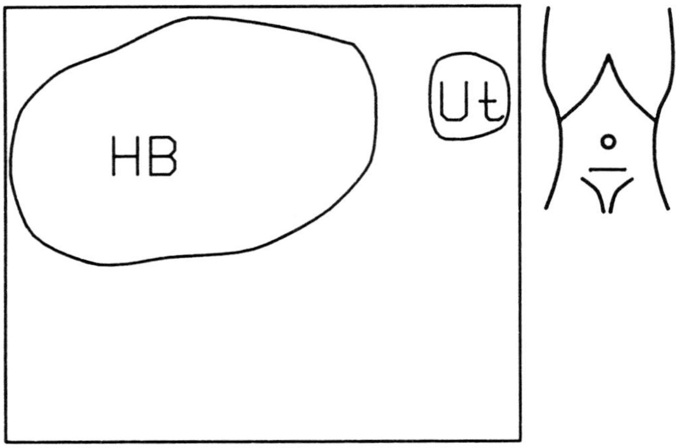

HB = vejiga, Ut = útero (cuerno), sin contenido

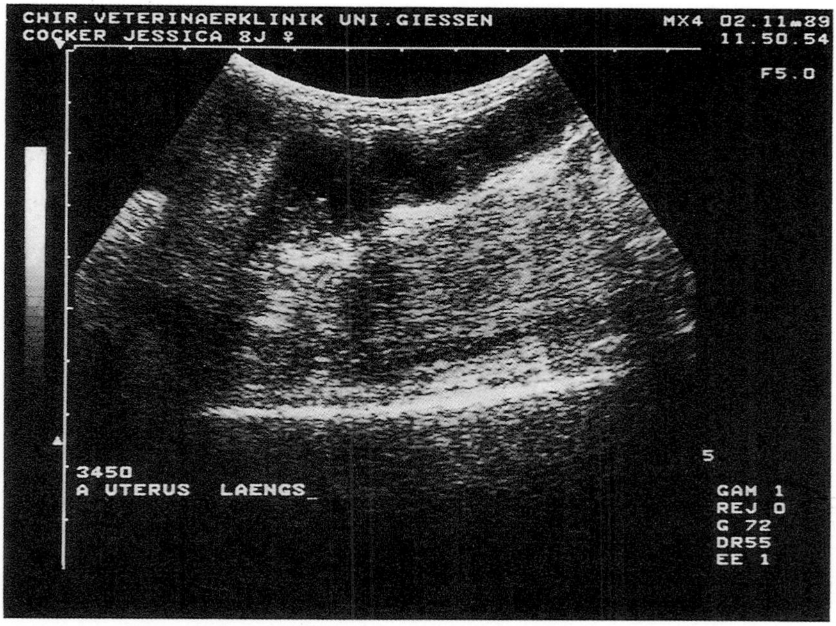

Fig. 55 Hiperplasia endometrial quística.

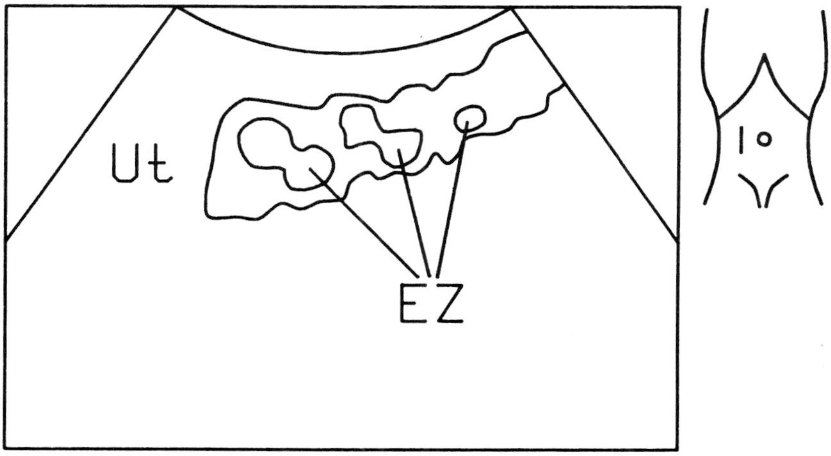

EZ = zonas con líquido, Ut = útero, irregular

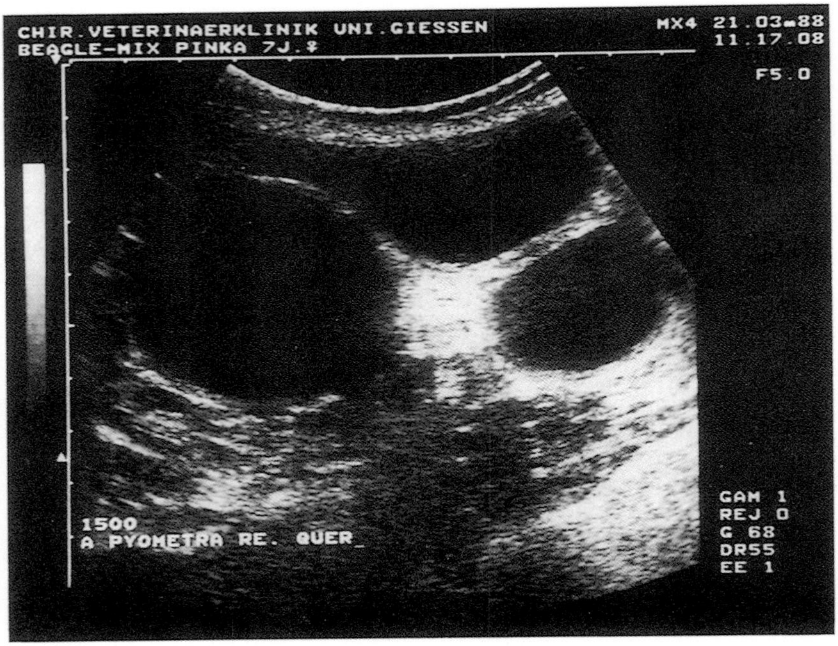

Fig. 56 Piómetra.

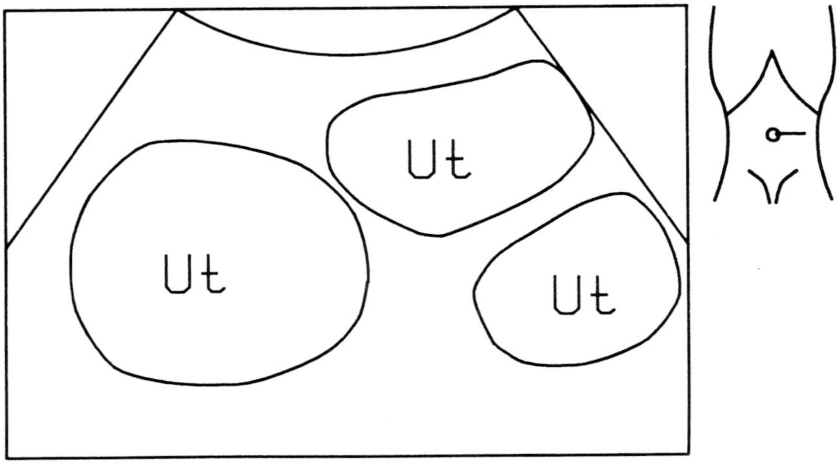

Ut = cuernos uterinos, pared bien definida

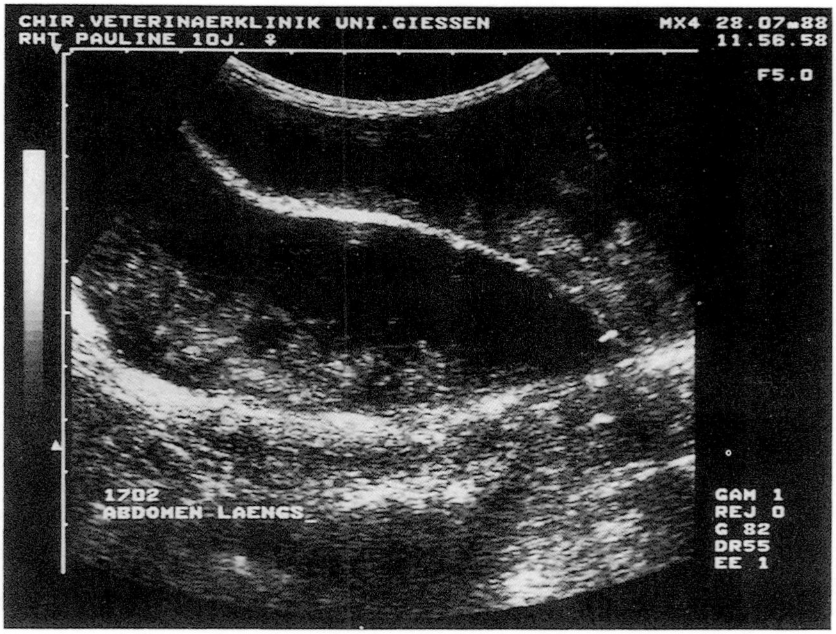

Fig. 57 Mucómetra.

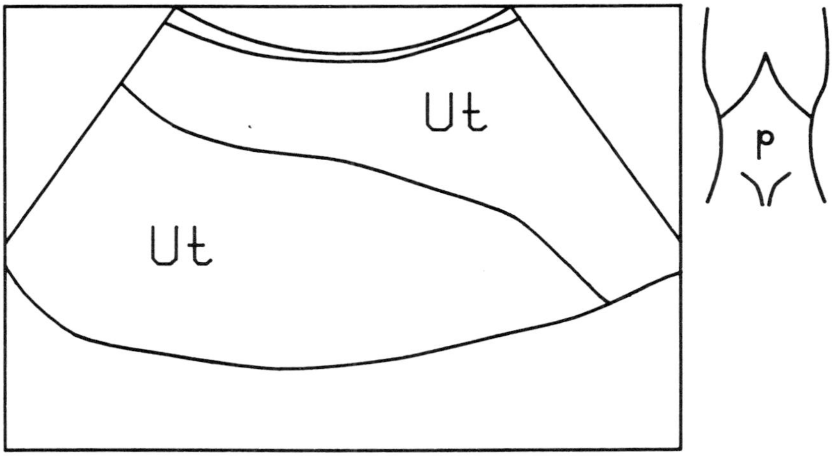

Ut = útero con sedimentación

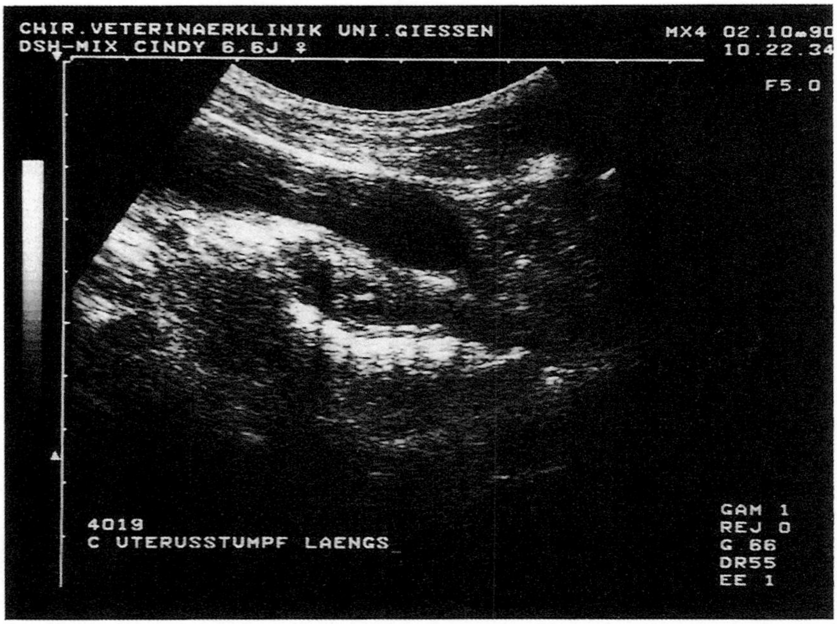

Fig. 58 Metritis del muñón.

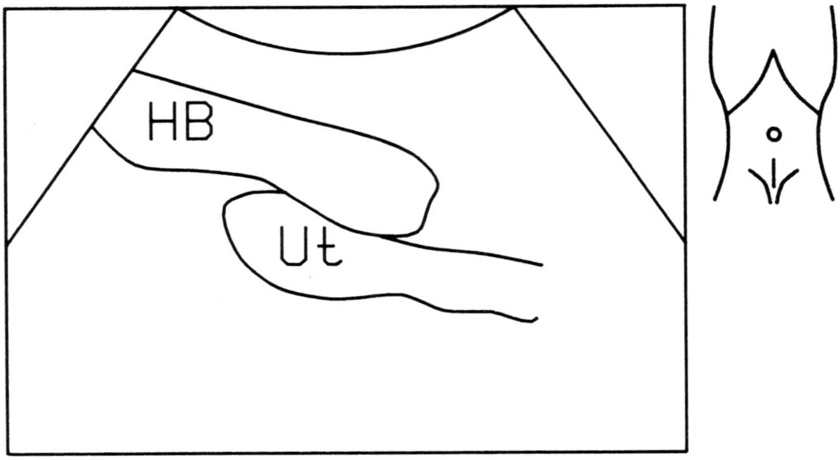

HB = vejiga, Ut = muñón uterino

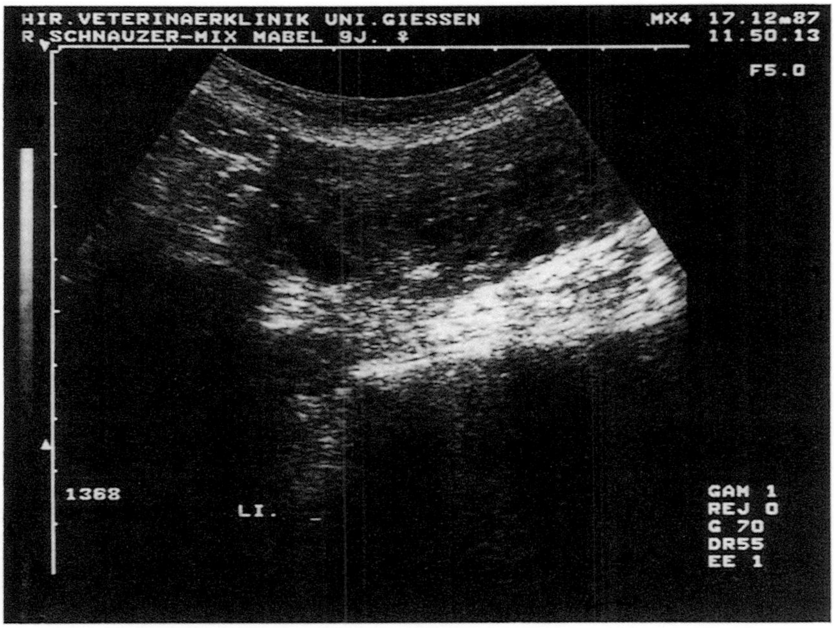

Fig. 59 Adenomatosis uterina de aspecto tumoral.

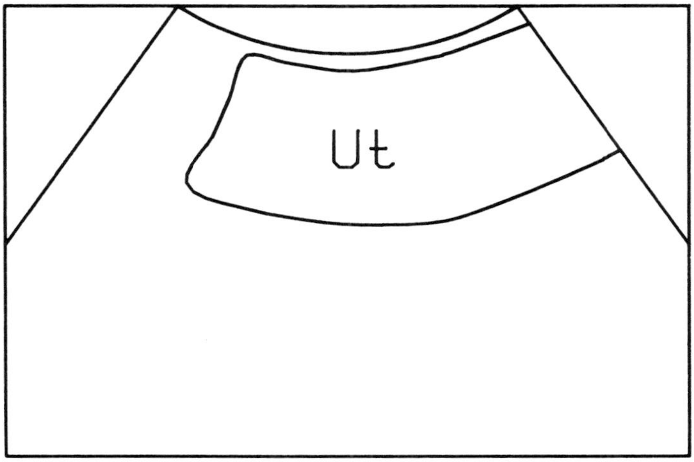

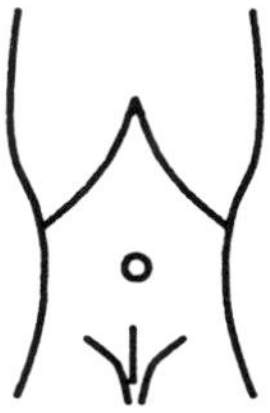

Ut = útero

Ovario

El estudio ecográfico del ovario en pequeños animales se realiza con transductores de 5 ó 7,5 MHz.

Indicaciones

Patologías y controles del ovario, disfunciones hormonales. Ecográficamente son visibles los quistes, los tumores y los folículos.

Posición y acoplamiento

Se debe rasurar al animal y colocarlo en decúbito supino inclinado hacia un lado, o en decúbito lateral completo. Si se realiza un acceso ventral, se debe inclinar el transductor medialmente (dirección dorsolateral de los ultrasonidos).

Si sólo se desea valorar los ovarios, lo mejor es el acceso desde el flanco, dirigiendo los ultrasonidos en dirección laterolateral, y utilizando una almohadilla («pad»).

Imagen normal

En pequeños animales, el ovario normal sin folículos es muy difícil de diferenciar ecográficamente de la grasa intraabdominal.

Los folículos se observan como formaciones redondeadas anecogénicas caudal a los riñones y en situación dorsal, junto a la pared abdominal. Se distinguen con mayor facilidad justo antes de la ovulación.

Alteraciones ováricas

Con experiencia es posible evaluar los ovarios y los folículos durante toda la duración del celo, y determinar su aumento de tamaño. La ovulación en si no es visible ecográficamente, salvo excepciones (Hayer 1991).

El hallazgo ecográfico más frecuente a nivel de los ovarios es el *quiste* (Fig. 60). Presenta las características típicas de los quistes en ecografía: refuerzo posterior, sombra lateral, artefacto de anchura de haz y artefacto de grosor de capas. Los quistes solitarios de 10-15 mm de diámetro pasan con frecuencia desapercibidos si se utiliza el acceso ventral. Los de mayor tamaño son más sencillos de diagnosticar. Como la pared de los quistes es generalmente muy fina, resultan fáciles de diferenciar de acúmulos de líquido a nivel del útero o del intestino, ya que los últimos presentan una pared formada por varias capas. Además, el útero y el intestino son alargados, mientras que el quiste presenta una forma redonda. Los ovarios poliquísticos se deben diferenciar de los quistes renales. Con frecuencia, los quistes ováricos provocan la aparición de alteraciones a nivel del útero (por ej., hiperplasia endometrial quística) (Figs. 55, 60).

Las *neoplasias ováricas* (con frecuencia carcinomas) pueden aparecer como formaciones sólidas ecogénicas, y son difíciles de diferenciar ecográficamente de los mesoteliomas. A menudo están asociados a la presencia de líquido libre en abdomen, o presentan formaciones quísticas, siendo en estos casos más sencillos de clasificar (Fig. 61).

Bibliografía (útero y ovario)

Allen, W. E., G. C. W. England, K. B. White (1989): Hydrops fetalis diagnosed by real-time ultrasonography in a bichon frise bitch. J. Small Anim. Pract. 30, 465–467

Bakkegaard, B. V. (1989): Dynamisk ultralydscanning hos hund. Dansk Vet Tidsskr. 72, 423–432

Barr, F. J. (1988): Pregnancy diagnosis and assessment of fetal viability in the dog: A review. J. Small Anim. Pract. 29, 647–656

Beck, K., C. J. Baldwin, W. T. K. Bosu (1990): Vet. Radiol. 31, 32–35

Bondestam, S., I. Alitalo, M. Kärkkäinen (1983): Realtime ultrasound pregnancy diagnosis in the bitch. J. Small Anim. Pract. 24, 145–151

Budsberg, S. C., K. Spaulding, T. Bell (1986): Pyovagina in the Dog: A Case Report. J. Am. Anim. Hosp. Assoc. 23, 108–110

Davidson, A. P., T. G. Nyland, T. Tsutsui (1986): Pregnancy Diagnosis With Ultrasound In The Domestic Cat, Vet. Radiol. 27, 109–114

England, G. C. W., W. E. Allen (1990): Studies on canine pregnancy using B-mode ultrasound: Diagnosis of early pregnancy and the number of conceptuses. J. Small Anim. Pract. 31, 321–323

England, G. C. W., W. E. Allen, D. J. Porter (1990): Studies on canine pregnancy using B-mode ultrasound: Development of the conceptus and determination of gestational age. J. Small Anim. Pract. 31, 324–329

Farstad, W. (1987): Ultralyd til drektighetsdiagnostikk hos hundetispe. Norsk Veterinxrtidsskrift 99, 113–119

Flückinger, M., P. Kramers, U. Hirt, K. Huter-Wissler, S. Arnold (1988): Früherfassung der Trächtigkeit bei der Hündin mittels Ultraschall. J. Vet. Med. 35, 450–454

Goodwin, J.-K., D. Hager, L. Phillips, R. Lyman (1989): Bilateral Ovarian Adenocarcinoma In A Dog: Ultrasonographic-Aided Diagnosis. Vet. Radiol. 31, 265–267

van Haaften, B., M. A. M. Taverne (1989): Sonographic diagnosis of a mucometra in a cat. Vet. Rec. 124, 346–347

Hayer, P. J. (1991): Untersuchungen zur sonographischen Darstellbarkeit der Follikelreifung, Ovulation und Gelbkörperanbildung beim Hund. Diss. Hannover

Inaba, T., B. Matsiu, R. Shimizu, T. Imori (1984): Use of echography in bitches for detection of ovulation and pregnancy. Vet. Rec. 115, 276–277

Kähn, W., J. Fraunholz, B. Kaspar, T. Pyczak (1990): Die sonographische Frühträchtigkeitsdiagnose bei Pferd, Rind, Schaf, Ziege, Schwein, Hund und Katze. – Richtwerte und Grenzen – Berl. Münch. Tierärztl. Wschr. 103, 206–211

Poffenbarger, E. M., D. A. Feeney (1986): Use of grayscale ultrasonography in the diagnosis of reproductive disease in the bitch: 18 cases (1981–1984). J. Am. Vet. Med. Assoc. 189, 90–95

Schmidt, S., D. Schrag, B. Giese (1986): Ultraschalldiagnostik in der Gynäkologie beim Kleintier. Tierärzt. Prax. 14, 123–141

Shille, V. M., J. Gontarek (1985): The use of ultrasonography for pregnancy diagnosis in the bitch. J. Am. Vet. Med. Assoc. 187, 1021–1025

Tainturier, D. (1988): Diagnostic De Gestation Chez La Chienne Par Echotomographie. Rec. Méd. Vét. 164, 145–149

Taverne, M. A. M. (1984): Het gebruik van linear-array-real-time echografie in de veterinaire verloskunde en gynaecologie. Tijdschr. Diergeneeskd. 109, 494–506

Toal, R. L., M. A. Walker, G. A. Henry (1986): A Comparison Of Real-Time Ultrasound, Palpation And Radiology In Pregnancy Detection And Litter Size Determination In The Bitch. Vet. Radiol. 27, 102–108

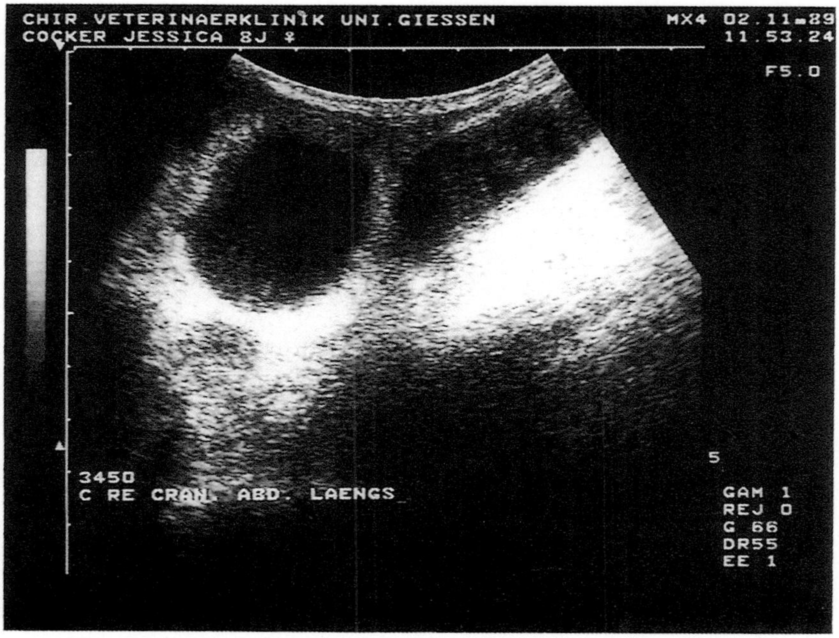

Fig. 60 Quiste ovárico, hiperplasia endometrial quística.

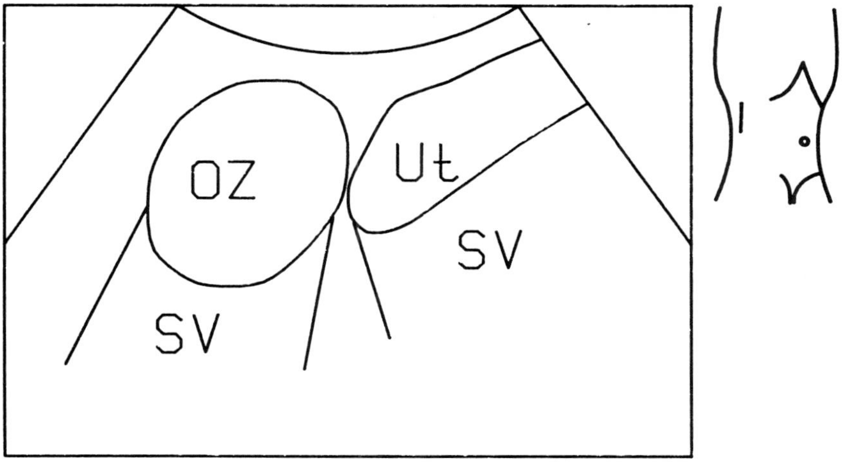

OZ = quiste ovárico, SV = refuerzo posterior, Ut = cuerno uterino

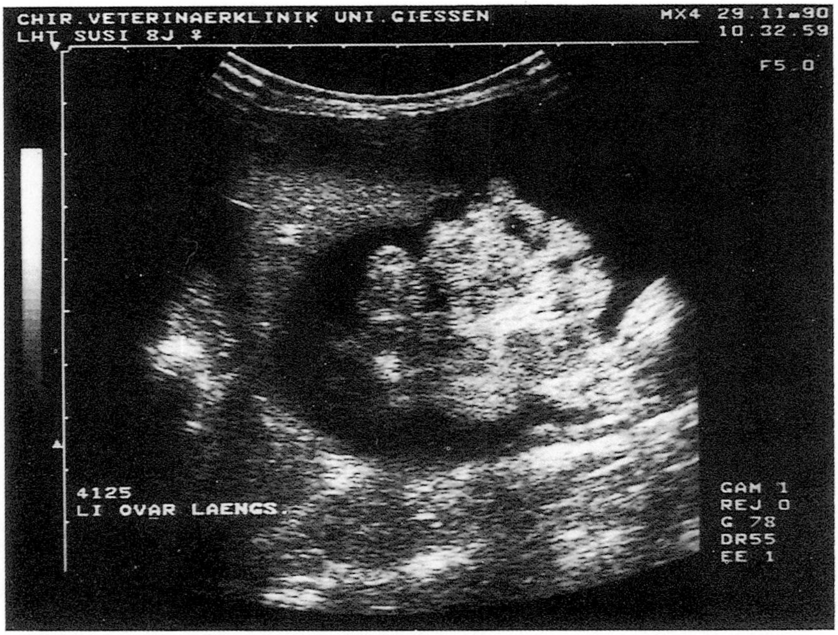

Fig. 61 Carcinoma papilar de ovario, hemoperitoneo.

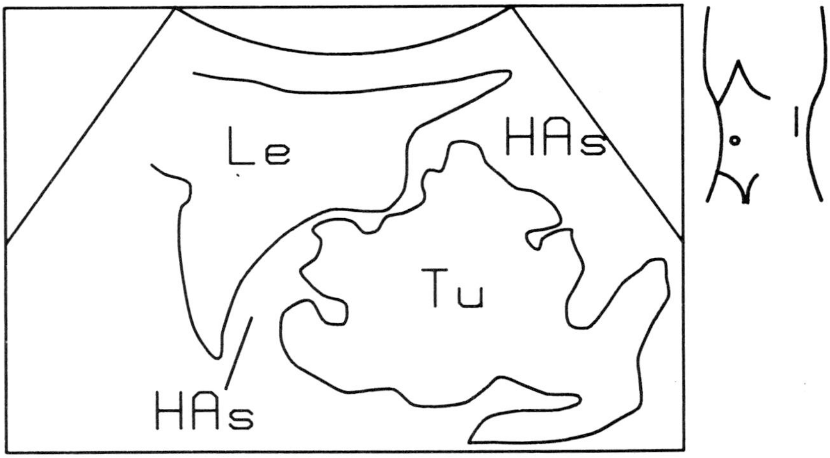

HAs = hemoperitoneo, Le = hígado, Tu = tumor de ovario

Bazo, bazo accesorio

Todos los tipos de transductores pueden ser adecuados para estudiar el bazo.

Los bazos de pequeño tamaño pueden estar localizados exclusivamente dentro del arco costal y ocupar sólo el primer centímetro de la imagen ecográfica. En estos casos puede ser necesario utilizar una almohadilla («pad») y acceder a través de un espacio intercostal.

Indicaciones

Hallazgos no esclarecidos a nivel de abdomen craneal o medio.

Evaluación rápida y segura del bazo. Ecográficamente se pueden detectar: hematomas, hiperplasia nodular, neoplasias, infartos, abscesos, quistes, torsión y alteraciones de la posición, trombosis de venas esplénicas, esplenomegalia, ruptura, enfisema y bazos accesorios.

Posición y acoplamiento

En decúbito supino o en decúbito lateral completo. El tamaño de la superficie a rasurar depende de la situación y del tamaño del bazo.

Imagen normal

El estudio ecográfico del bazo comienza a nivel de abdomen craneal izquierdo. Según el tamaño del órgano y el grado de distensión del estómago, puede situarse exclusivamente dentro del arco costal, o extenderse hacia el lado derecho y caudal del abdomen, llegando incluso hasta la entrada de la pelvis.

Se debe estudiar la situación, el tamaño, la forma y el parénquima esplénico (Fig. 62). La situación y la extensión del bazo se determinan mediante un seguimiento continuado del órgano en cortes longitudinales y transversales. Presenta particular importancia en el cuadro de dilatación-torsión gástrica, así como en las punciones abdominales.

Para detectar esplenomegalia se valora el grosor esplénico cerca del hilio, así como su contorno. Para poder *medir el grosor* del bazo es imprescindible que los ultrasonidos incidan en ángulo recto, lo que viene indicado por la presencia en la imagen del eco producido por la cápsula. Este debe aparecer nítido e ininterrumpido.

La *superficie* es continua y lisa, excepto la superficie visceral en la región del hilio, donde se puede observar la entrada de los vasos. La *cápsula esplénica* se observa a nivel de abdomen medio cuando los ultrasonidos inciden en ángulo recto. Aparece como una fina línea marcadamente hiperecogénica. Cuando el bazo está rodeado por líquido libre, la cápsula es visible prácticamente en toda su extensión.

El parénquima es hipoecogénico (hiperecogénico con respecto al hígado), homogéneo y de un grano de grosor variable. La ecogenicidad depende mucho de la ganancia (general y DGC). Si es muy baja, el bazo parece anecogénico, casi como si se tratara de líquido. Si la ganancia es excesiva, el bazo será difusamente hiperecogénico, con un punteado anecogénico. La ganancia se debe ajustar de tal forma, que el bazo aparezca hipoecogénico y con un punteado hiperecogénico distribuido de forma difusa. El bazo está atravesado por vasos que parten del hilio, cuyas ramificaciones son claramente visibles. Si los ultrasonidos inciden en ángulo recto sobre las paredes vasculares, éstas serán visibles como líneas hiperecogénicas. En caso contrario, las paredes no se apreciarán en la imagen. La luz de los vasos es anecogénica.

Dado que resulta difícil definir el límite entre tamaño esplénico normal y aumentado, realizamos un estudio con el fin de establecer unos valores de grosor esplénico. A partir de éstos se puede determinar la existencia de esplenomegalia con una alta fiabilidad:

Razas miniatura (por ej., maltés, yorkshire)	15 mm
Razas pequeñas (por ej., teckel, caniche, cocker)	20 mm
Razas medianas (por ej., perros de caza, airedales, excepto pastor alemán)	25 mm
Razas grandes (por ej., san bernardo, dogo, incluido pastor alemán)	30 mm

El pastor alemán presenta un bazo voluminoso en relación con su peso corporal, por lo que hay que incluirlo en el grupo de razas grandes.

Alteraciones patológicas

La alteración más frecuente es la *esplenomegalia difusa*, en la que se observa un aumento del grosor del bazo y un redondeamiento de los bordes (Fig. 63). Aparece siempre asociada a la anestesia (simpaticolíticos). El parénquima puede presentar una ecogenicidad normal o disminuida. En esplenomegalias muy marcadas, el grano puede ser mucho más grueso de lo normal.

En ocasiones se observan *desituaciones* del bazo (por ej., asociadas a una torsión de estómago) o *torsiones* con dilatación de los vasos (Fig. 64). Los trombos vasculares se observan como formaciones hipoecogénicas (o hiperecogénicas si son antiguos), especialmente visibles en la región del hilio esplénico. Los incrementos más marcados del grosor esplénico los hemos observado en casos de torsión gástrica y esplénica, trombosis venosa y linfosarcoma (Figs. 64, 65). En el curso de una infartación hemorrágica, el bazo presenta un aspecto similar al hígado. Se observa un grano más grueso y múltiples puntos hiperecogénicos por todo el parénquima (Fig. 64). La distribución de estos puntos es, sin embargo, más densa y regular que la producida por los vasos a nivel del hígado. Además, se pueden diferenciar por la presencia de vasos congestivos en el hilio esplénico.

La *ruptura esplénica* puede aparecer en la imagen como una interrupción anecogénica del parénquima, sola o junto con una desaparición de los ecos que produce en condiciones normales la cápsula esplénica (Fig. 66). Este segundo caso se asocia a la presencia de un hemoperitoneo. En la mayoría de los casos se observan otras alteraciones esplénicas que han conducido a la ruptura del órgano (generalmente hemangiosarcomas).

Aparte de este tipo de neoplasia vascular maligna, que representa, con diferencia, la causa más frecuente de *alteración focal solitaria o múltiple del bazo*, también se pueden observar sarcomas, carcinomas, así como sus metástasis, entre otras posible lesiones focales (Figs. 67, 68).

Las características ecográficas de las neoplasias no permiten establecer un diagnóstico definitivo. Los nódulos de hiperplasia son relativamente homogéneos, de una ecogenicidad similar a la del parénquima esplénico. También pueden aparecer áreas hipoecogénicas producidas por sangrado. Los hemangiosarcomas y los hematomas son muy heterogéneos, presentando múltiples áreas hipo o anecogénicas de tamaño variable. Los abscesos esplénicos son muy raros. Cuando aparecen son prácticamente anecogénicos con múltiples partículas minúsculas flotando en el interior, según la cantidad de elementos corpusculares presentes. El resto de las alteraciones esplénicas presentan patrones ecográficos muy variados.

Entre las alteraciones benignas del bazo se pueden encontrar hematomas y, con menor frecuencia, quistes e infartos (Fig. 69).

El *enfisema esplénico* es muy poco frecuente. En la imagen se observa un bazo de grandes dimensiones (de un grosor de 8-9 cm). El contorno es liso, el parénquima muy hipoecogénico, de grano grueso y con múltiples puntos hiperecogénicos. Puede aparecer líquido libre en abdomen con presencia de elementos corpusculares.

Bazos accesorios

En ocasiones se observan bazos accesorios mediante ecografía. Presentan una ecogenicidad homogénea hipoecogénica, idéntica a la del bazo. El tamaño puede ser variable y la forma redondeada u ovalada. La imagen de los bazos accesorios es como la de las linfoadenopatías, aunque generalmente se pueden diferenciar por su localización. Como en el caso de las neoplasias, el diagnóstico definitivo sólo se puede establecer mediante un estudio histopatológico.

Para determinar ecográficamente el órgano de origen de los tumores recomendamos consultar también el capítulo de hidroperitoneo.

Bibliografía

Feeney, D. A., G. R. Johnston, R. M. Hardy (1984): Two-dimensional, gray-scale ultrasonography for assessment of hepatic and splenic neoplasia in the dog and cat. J. Am. Vet. Med. Assoc. 184, 68–81

Gerwing, M. (1989): Sonographische Darstellung von Milz und Prostata des Hundes unter besonderer Berücksichtigung der Messung ihrer Lage und Größe sowie des sonographischen Bildes der pathologischen Veränderungen – Das Hydroperitoneum zur besseren Differenzierung abdominaler Organe. Diss. Gießen

Konde, L. J., R. H. Wrigley, J. L. Lebel, R. D. Park, C. Pugh, S. Finn (1989): Sonographic And Radiographic Changes Associated With Splenic Torsion In The Dog. Vet. Radiol. 30, 41–45

Lamb, C. R. (1990): Abdominal ultrasonography in small animals: Examination of the liver, spleen and pancreas. J. Small Anim. Pract. 31, 6–15

Lamb, C. R., L. E. Hartzband, A. S. Tidwell, S. H. Pearson (1991): Ultrasonographic Findings In Hepatic And Splenic Lymphosarcoma In Dogs And Cats. Vet. Radiol. 32, 117–120

Lijour, L. (1987): L'Échotomographie Splénique Chez Les Carnivores Domestiques. Pratique méd. et chir. de l'Anim. de Cie 22, 291–302

Schelling, C. G., J. A. Wortman, H. M. Saunders (1988): Ultrasonic Detection Of Splenic Necrosis In The Dog. Vet. Radiol. 29, 227–233

Wrigley, R. H., R. D. Park, L. J. Konde, J. L. Lebel (1988): Ultrasonographic features of splenic hemangiosarcoma in dogs: 18 cases (1980–1986). J. Am. Vet. Med. Assoc. 192, 1113–1117

Wrigley, R. H., L. J. Konde, R. D. Park, J. L. Lebel (1989): Clinical features and Diagnosis of Splenic Hematomas in Dogs: 10 Cases (1980–1987). J. Am. Anim. Hosp. Assoc. 25, 371–375

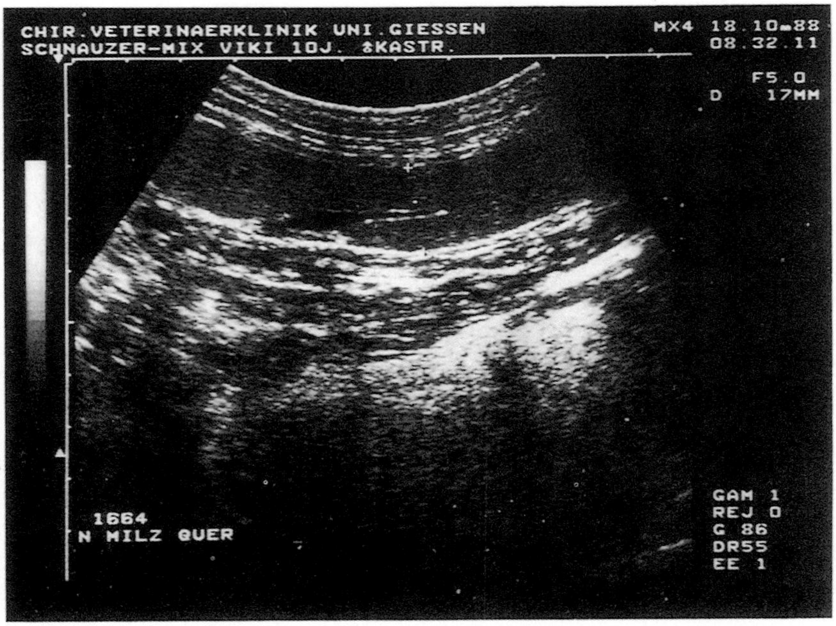

Fig. 62 Bazo normal con vaso.

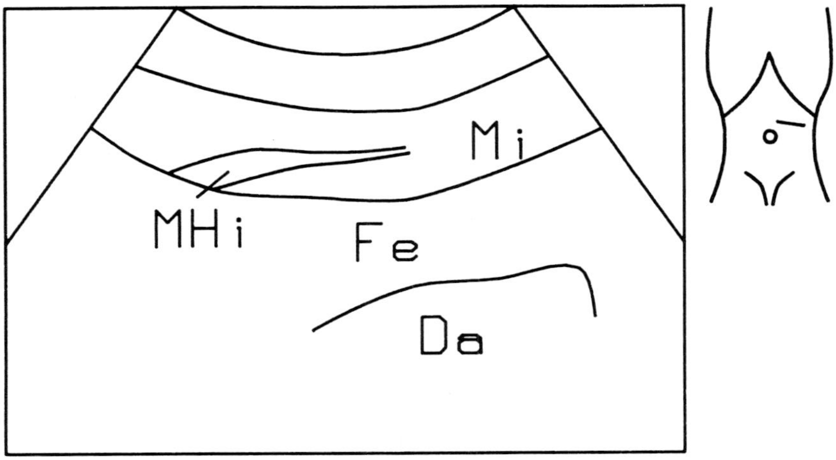

Da = intestino, Fe = grasa, Mi = bazo con eco capsular dorsal, MHi = hilio esplénico

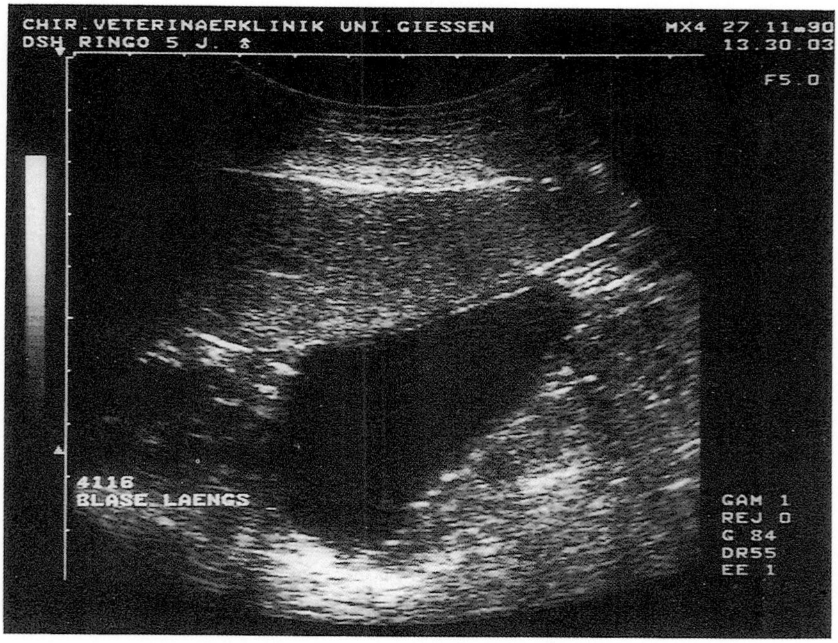

Fig. 63 Esplenomegalia.

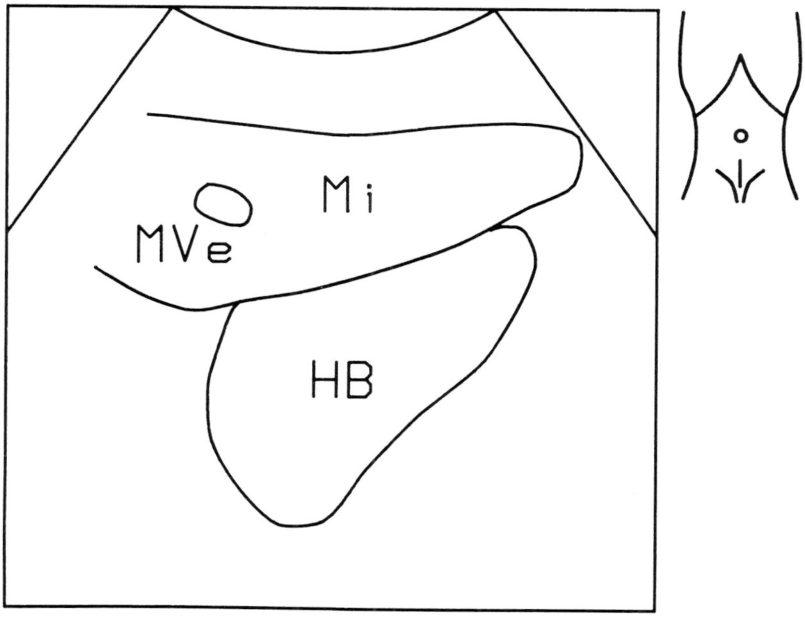

HB = vejiga, Mi = bazo con cápsula, redondeado, MVe = vena esplénica

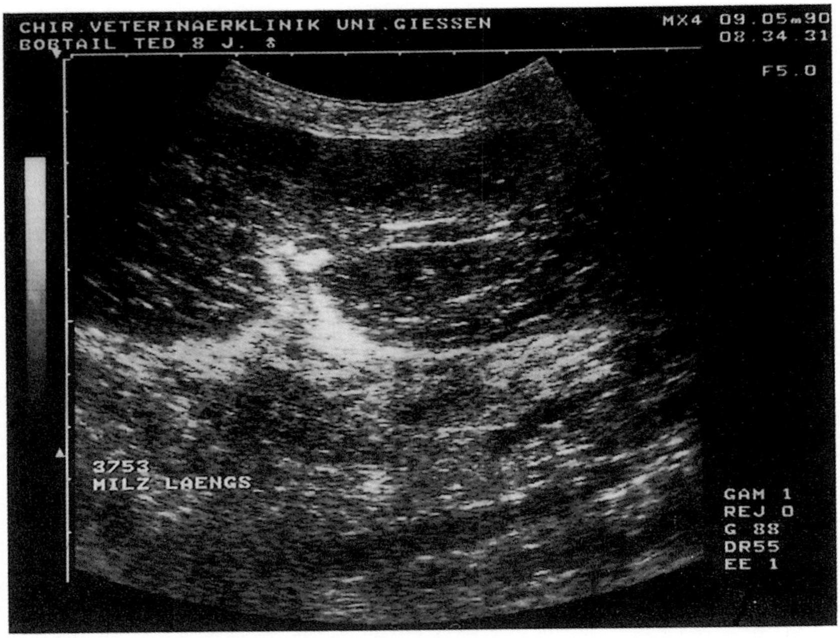

Fig. 64 Infartación hemorrágica del bazo por trombosis venosa.

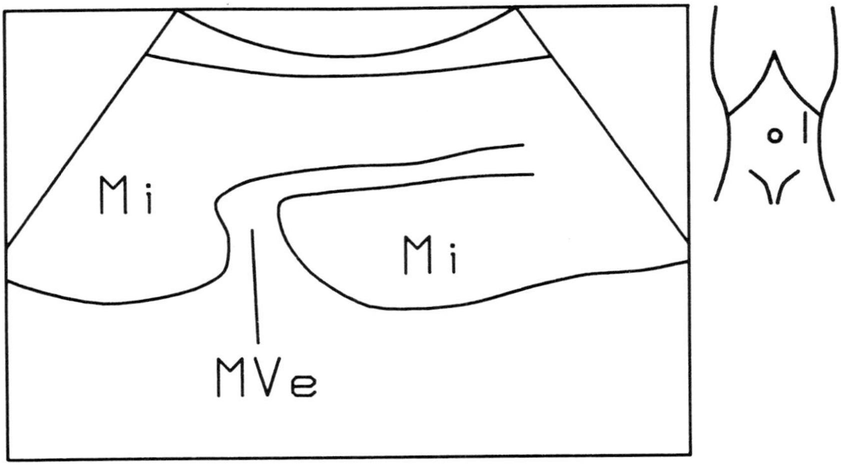

Mi = bazo, MVe = vena esplénica con trombo visible

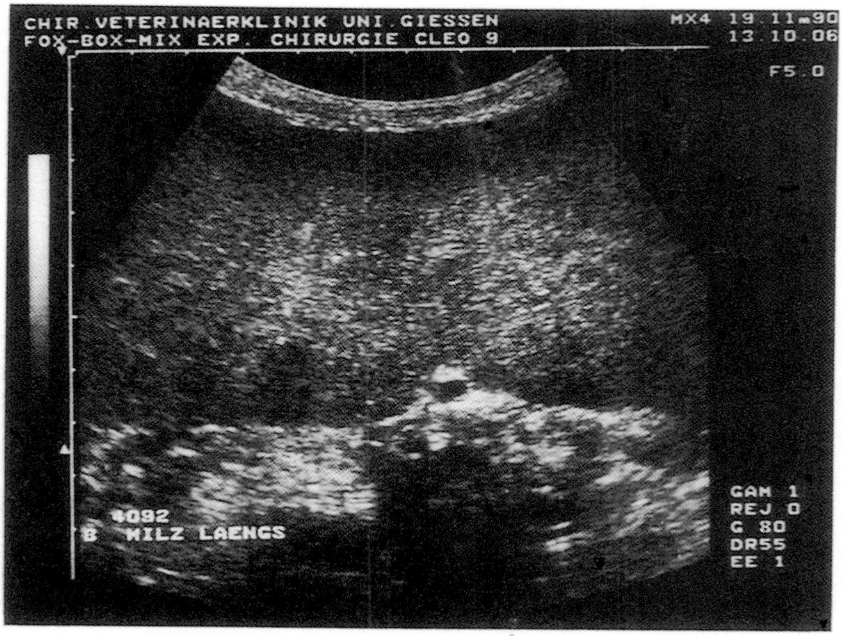

Fig. 65 Linfosarcoma esplénico.

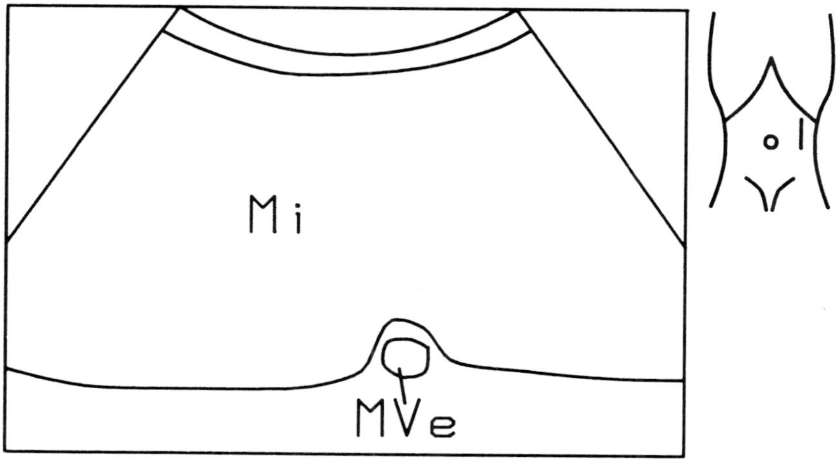

Mi = bazo con alteración difusa, muy engrosado (65 mm), MVe = vena esplénica

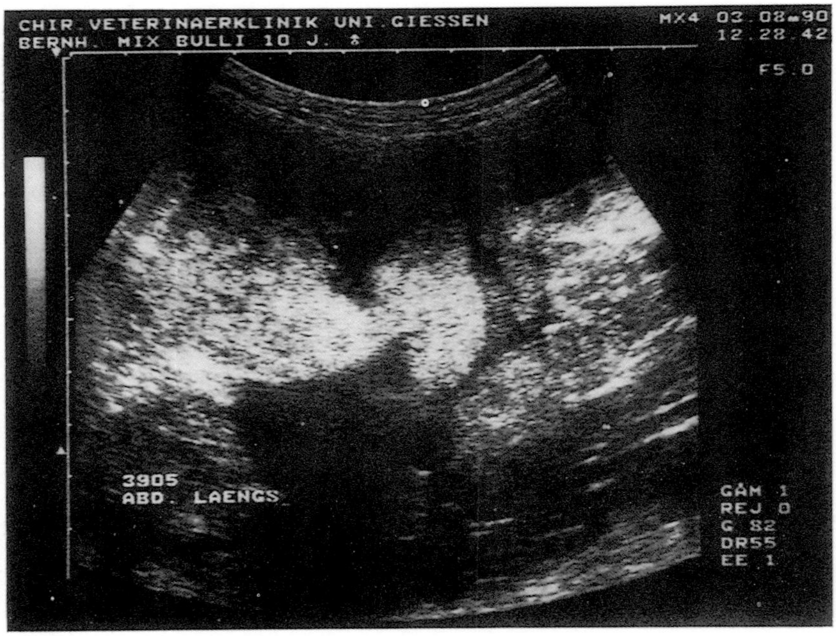

Fig. 66 Ruptura esplénica, hemangiosarcoma.

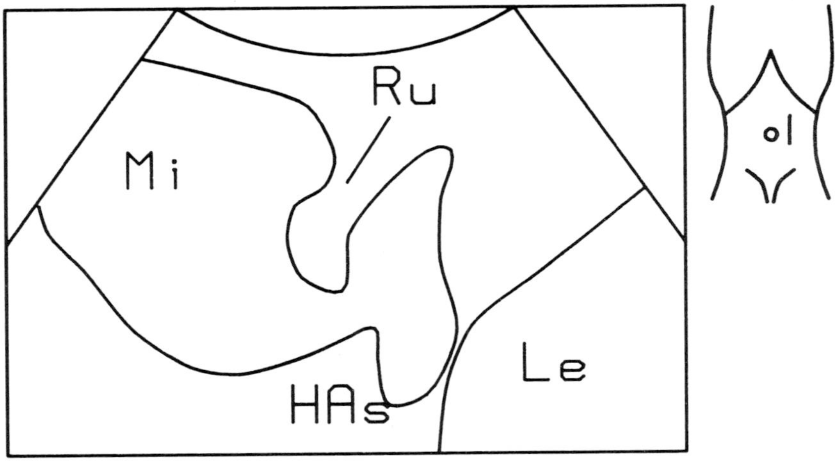

HAs = hemoperitoneo, Le = hígado, Mi = bazo, Ru = punto de ruptura

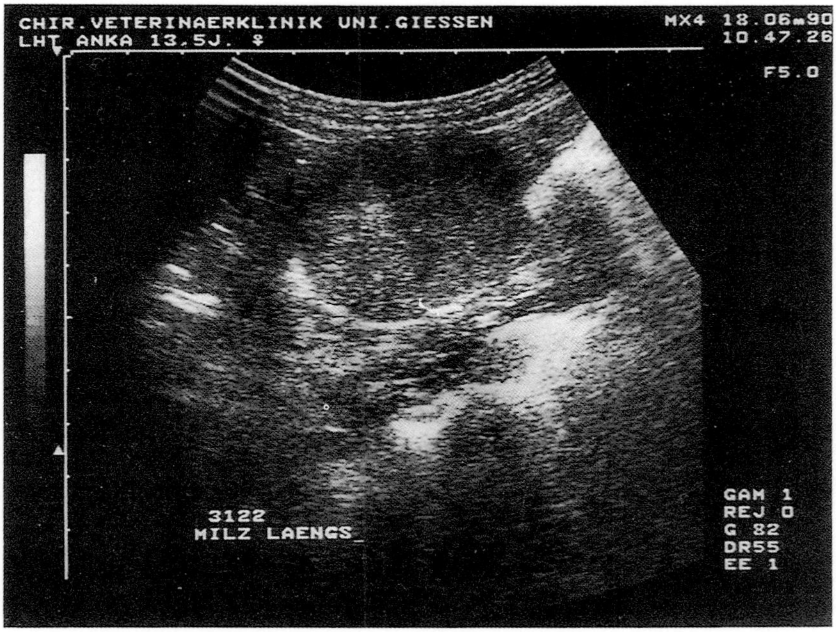

Fig. 67 Nódulo de hiperplasia esplénico.

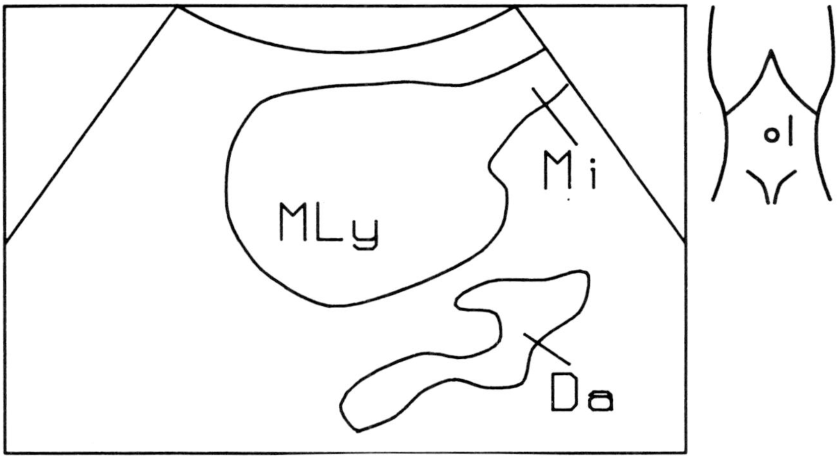

Da = intestino, Mi = bazo sin alteraciones, MLy = nódulo de hiperplasia

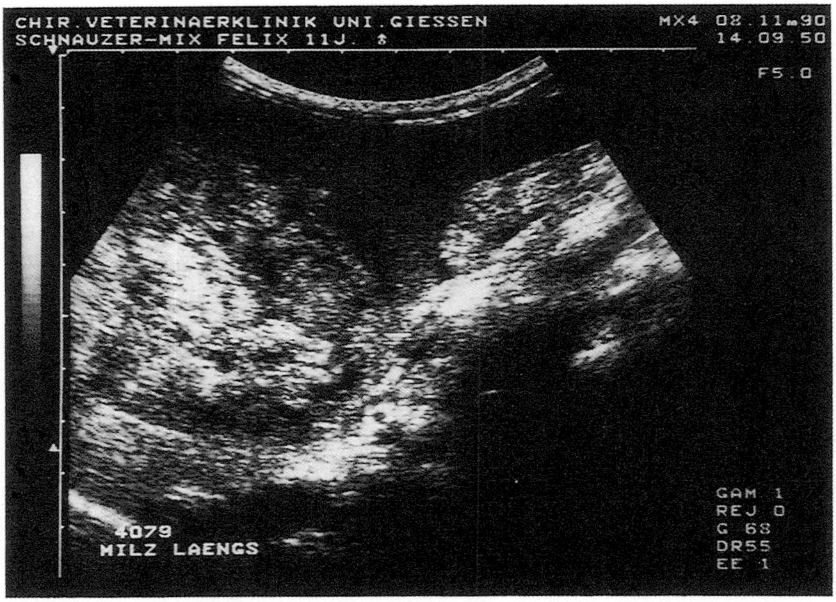

Fig. 68 Fibrosarcoma esplénico.

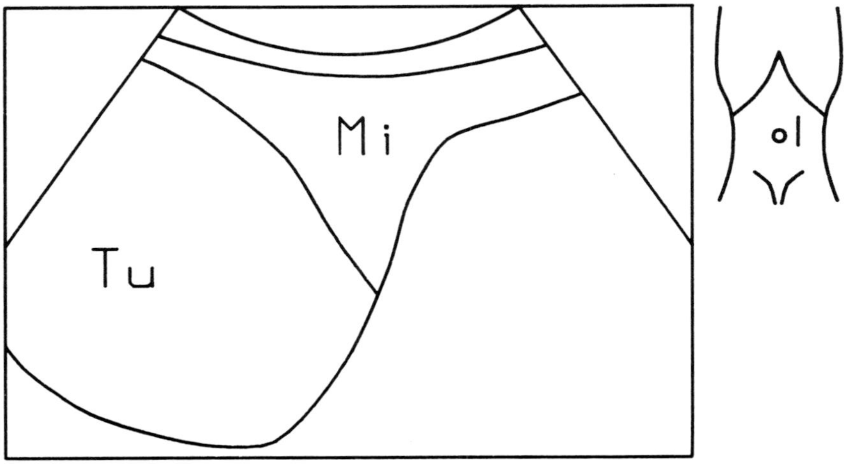

Mi = bazo, Tu = tumor

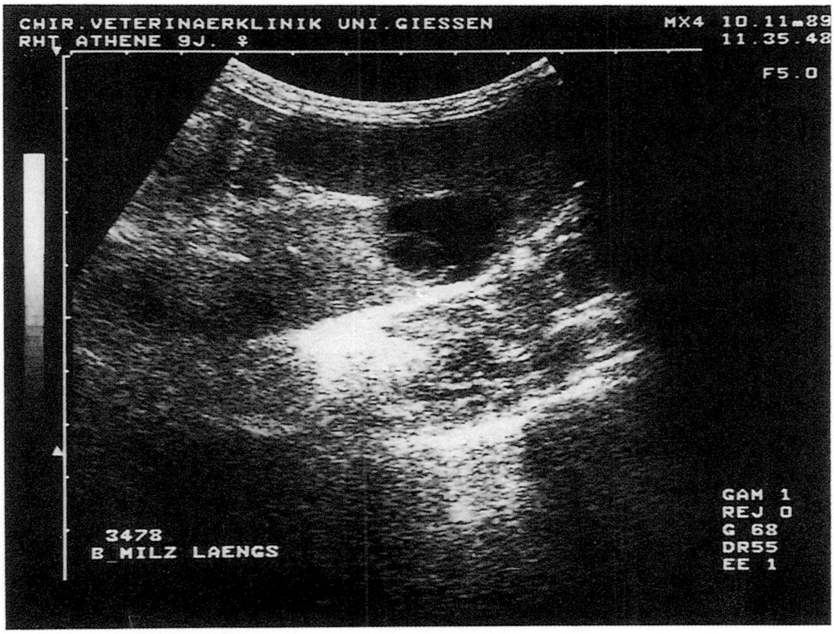

Fig. 69 Hematoma esplénico.

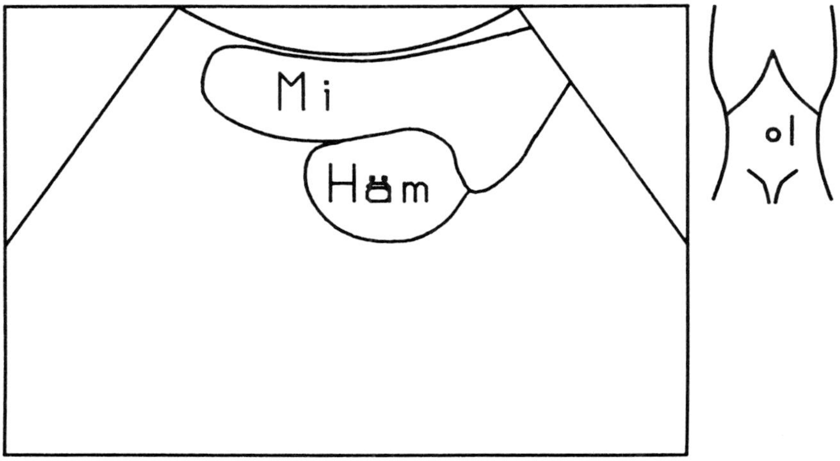

Häm = hematoma, Mi = bazo

Riñón

La valoración ecográfica de los riñones se realiza preferentemente con transductores de 5 MHz. En razas miniatura y en gatos se recomienda el de 7,5 MHz y, en algunas razas gigantes, el de 3,5 MHz. El riñón derecho se localiza en el perro dentro del arco costal, por lo que se valora mejor con transductores convexos o sectoriales. Utilizando el acceso lateral, y mediante una inclinación del transductor, también es posible valorar los riñones con sondas lineales, ya que ofrecen una alta calidad de imagen.

En gatos, gracias a la situación caudal de ambos riñones fuera del arco costal, se recomienda utilizar transductores lineales de 5, o mejor de 7,5 MHz.

Indicaciones

Patologías del tracto urogenital. Ejemplos: quistes renales, riñones poliquísticos, riñón fruncido, cálculos, neoplasias, hidronefrosis, abscesos, calcificaciones. El estudio funcional de los riñones sólo se puede realizar de forma muy limitada mediante ecografía.

Posición y acoplamiento

El animal se sitúa en decúbito supino. Para estudiar el riñón izquierdo, el tórax se inclina ligeramente hacia la derecha y, para estudiar el riñón derecho, hacia la izquierda. El transductor se acopla ventrolateralmente caudal al arco costal en cortes longitudinales y transversales, para después desplazarlo e inclinarlo hasta conseguir una imagen óptima del órgano. Con los transductores lineales es necesaria una inclinación craneocaudal, especialmente para valorar las zonas del riñón situadas bajo el arco costal. Las razas de tórax profundo, como los galgos, boxer y algunos dogos, pueden plantear problemas a la hora de estudiar sus riñones. En estos animales puede ser necesario utilizar exclusivamente el acceso lateral.

Imagen normal

Se puede valorar ecográficamente la situación, el tamaño y la estructura interna del parénquima renal.

Tamaño renal

En la especie canina el tamaño de los riñones depende de la raza. La relación entre la longitud y la altura es constante 2:1. La anchura a nivel del hilio es generalmente mayor que la altura. El grosor de la cortical suele oscilar entre 5-6 mm (Knauff 1987).

Barr *et al.* (1990) establecieron una relación entre el diámetro y el volumen renal con el peso corporal. Sin embargo, la gran variabilidad de resultados obtenida en el estudio limita su aplicación clínica.

Según Nyland *et al.* (1989), el volumen renal se puede calcular a partir de los tres diámetros.

En la especie felina se consideran normales los siguientes valores: longitud 38-44 mm, anchura 27-31 mm, altura 20,5-25 mm, grosor cortical 2-5 mm (Nickel *et al.,* 1975).

Corte longitudinal

La longitud máxima se consigue mediante un corte ecográfico longitudinal a través de los dos polos. En este corte, el aspecto del riñón es largo y estrecho, ya que no mide la altura máxima. Este corte secciona la pelvis renal de forma paramedial.

Para obtener la altura máxima y una buena imagen de la pelvis renal, es necesario realizar un corte paramedial, ligeramente lateral. El polo craneal es más redondeado, el caudal es más alargado. La corteza renal se observa como una capa gris hipoecogénica. Cuando los ultrasonidos inciden en ángulo recto sobre la superficie del riñón, la cápsula aparece como una línea marcadamente hiperecogénica. Las pirámides medulares forman una doble cadena de círculos sucesivos hipo o anecogénicos, entre los que se encuentran los recesos colaterales. La pelvis renal aparece como una banda central hiperecogénica (debido a la gran cantidad de grasa y tejido conjuntivo que contiene), con extensiones laterales hacia la médula (Figs. 70, 71).

Corte transversal

En un corte transversal a través del hilio, el riñón presenta una forma casi redonda. Los vasos entran en el hilio renal a partir de la zona medial y se observan como líneas anecogénicas de 1-2 milímetros de diámetro. La pelvis aparece como una banda hiperecogénica que se extiende hacia el centro del órgano, rodeada de médula anecogénica. La cápsula renal puede quedar representada como una línea hiperecogénica en áreas más o menos extensas, según el ángulo de incidencia de los ultrasonidos.

Si se desplaza el transductor en dirección craneal o caudal, el riñón adopta una forma más ovalada. La zona medial presenta una forma más aguda que la lateral, que resulta más aplanada. En el centro se encuentran las estructuras medulares, ordenadas de diferente forma según el corte, y unidas entre si mediante ecos producidos por la pelvis. A medida que se avanza hacia los polos va disminuyendo la proporción de médula visible a favor de las estructuras corticales, hasta que llega un punto donde solamente se aprecia el patrón ecográfico homogéneo hipoecogénico típico de la corteza renal (Figs. 72, 73).

Corte oblicuo

Los cortes longitudinales oblicuos complementan el estudio ecográfico de los riñones. Realizando cortes oblicuos a nivel del hilio se valora mejor la presencia de cálculos. La pelvis aparece en este corte como una estructura hiperecogénica más o menos ovalada, que puede llegar a producir sombra acústica, dependiendo del ángulo de incidencia de los ultrasonidos. Esta sombra no es tan nítida y bien delimitada como la que produciría un cálculo. Para diferenciarlo es recomendable realizar un corte transversal.

Distopias renales

La situación de los riñones puede variar algunos centímetros (sobre todo en dirección craneocaudal), según el punto donde se acopla el transductor. Esta distancia relativa, expresada en relación a la última costilla, depende fundamentalmente de la conformación torácica del animal. En razas de tórax profundo, el polo caudal del riñón izquierdo se sitúa con frecuencia a nivel de la última costilla, sobrepasándola 10-20 mm en dirección caudal. El riñón derecho termina en casi todos los perros a nivel de la última costilla, o la sobrepasa pocos milímetros. Sin embargo, en el gato los riñones se sitúan de forma fisiológica caudal al arco costal. Además, hay que tener en cuenta la influencia de los movimientos respiratorios en la posición de los riñones, fundamentalmente del izquierdo.

Las masas localizadas en abdomen craneal pueden producir desplazamientos del riñón en cualquier dirección. El riñón izquierdo puede llegar a situarse exclusivamente fuera del arco costal. Nosotros hemos observado dos casos de neoplasias adrenales, en los que el riñón izquierdo estaba situado fuera del arco costal, junto a la pared ventral del abdomen (Gerwing). En un caso de desgarro de la pared abdominal, el riñón se localizó en el tejido subcutáneo. Cuando la desituación motivada por la presencia de una masa es en dirección craneal, el riñón sólo será visible mediante un acceso lateral.

Riñón fruncido

En el riñón fruncido se observa una marcada disminución de su tamaño. La corteza, la médula y la pelvis resultan muy difíciles o imposibles de diferenciar entre si. En casos extremos se observa en la zona de localización renal una estructura con una zona externa hipoecogénica, y un núcleo interno hiperecogénico e irregular. En estos casos, el riñón fruncido sólo se puede diagnosticar ecográficamente por su situación, y por el hecho de no poder localizar un «riñón normal» (Figs. 74, 75).

En el diagnóstico diferencial hay que tener en cuenta que, en algunas nefritis severas, también puede perderse la diferenciación ecográfica del parénquima renal.

Nefritis

Las alteraciones difusas del parénquima renal son difíciles o imposibles de diagnosticar exclusivamente mediante ecografía.

En infecciones masivas (por ej., nefritis intersticial crónica), hemos observado casos en los que se produce una disminución o ausencia de diferenciación ecográfica entre corteza y médula, con aumento de la ecogenicidad global. Los abscesos que pueden aparecer en casos de pielonefritis se observan como formaciones quísticas hipoecogénicas (Fig. 76). En la luz se encuentran elementos hiperecogénicos distribuidos de forma difusa, más evidentes que en los quistes hemáticos. En estadíos avanzados se evidencia una estructura con forma de saco, que sólo se puede diferenciar de una hidronefrosis por el cuadro clínico, y por la presencia de ecos internos.

Dilatación de la pelvis renal

Como consecuencia de una obstrucción ureteral (por tumores, malformaciones congénitas, ligaduras accidentales) se produce una dilatación de la pelvis, que puede ser diagnosticada ecográficamente en estadíos iniciales. Se caracteriza por la presencia de un uréter visible y un acúmulo de líquido a nivel de la pelvis, que desplaza los ecos producidos normalmente por ésta hacia la periferia (Fig. 77). Se produce un desplazamiento en dirección dorsoventral del tejido conjuntivo hiperecogénico situado entre las pirámides medulares. Sin tratamiento, este proceso evoluciona hacia una hidronefrosis.

Hidronefrosis

Según la duración de la obstrucción, el riñón afectado puede perder, en mayor o menor grado, las características ecográficas típicas de este órgano. La dilatación pélvica inicial progresa con el tiempo, produciéndose un aumento del área anecogénica central, unido a una separación de las estructuras parenquimatosas. A medida que evoluciona el proceso de atrofia van desapareciendo áreas medulares y corticales y, en estadíos avanzados, el riñón queda convertido en un saco de contenido hipo o anecogénico, delimitado por una pared de grosor variable. En el estadío final, la «cápsula» queda representada por una lámina simple o doble. Sin embargo, y especialmente en cortes transversales, se pueden observar en todos los estadíos pequeños septos en forma de radios de rueda, que se extienden unos milímetros desde la periferia hacia la zona central anecogénica (Figs. 78, 79). Estas formaciones hiperecogénicas de tejido conjuntivo, que representan los restos de los recesos colaterales, aparecen incluso en aquellos casos en los que ha sido destruido completamente el parénquima renal. La existencia de una estructura saculiforme en el área renal, unido a la presencia de estos septos en forma de radios y de un hidrouréter, es patognomónico de hidronefrosis. La naturaleza de las partículas presentes en el líquido (eritrocitos, restos de epitelio, leucocitos) para determinar su origen estéril o infeccioso, solamente se puede establecer mediante otro tipo de pruebas, como por ejemplo la punción.

Quistes renales

Los quistes renales representan hallazgos ecográficos que no suelen tener significación clínica. Se trata de formaciones anecogénicas redondas (en raras ocasiones ovaladas), bien delimitadas y situadas en la periferia del riñón. La pared no presenta una estructura bien diferenciada. Si presentan un tamaño suficiente pueden producir un refuerzo posterior evidente, e incluso deformar el contorno renal en ese punto (Fig. 80).

Riñón poliquístico

En estadíos finales los riñones poliquísticos se asocian generalmente a una insuficiencia renal. Aparecen ecográficamente como estructuras anecogénicas en forma de celdillas, de tamaño y forma variables. Los quistes pueden ser redondeados u ovalados. En casos aislados se pueden observar ecos internos en algunos de ellos como signo de hemorragia. La estructura normal del riñón puede haber desaparecido completamente (Fig. 81). Con frecuencia se observan asociados a carcinomas renales o a procesos de nefritis intersticial crónica no supurativa.

Se han observado riñones poliquísticos en gatos, sobre todo de raza persa, y en algunos casos, asociados a la presencia de quistes hepáticos (síndrome poliquístico).

En el *diagnóstico diferencial* hay que incluir los quistes de ovario y los tumores hipoecogénicos. Estos últimos no presentan refuerzo posterior.

Neoplasias renales

Las neoplasias renales, sobre todo las focales, son sencillas de detectar ecográficamente. Los tumores más frecuentes a nivel renal son los hemangiosarcomas, carcinomas, sarcomas y linfosarcomas (Fig. 82). Con frecuencia, las neoplasias conducen a la formación de quistes y de hidronefrosis.

No es posible determinar ecográficamente el tipo histológico del tumor. Si se trata de una neoplasia multicéntrica, la sospecha inicial puede ser la de hemangiosarcoma. Este tipo de neoplasia generalmente conduce a la aparición de formaciones hipoecogénicas solitarias o múltiples que, dependiendo de su tamaño, pueden deformar o no el contorno renal. Los tumores hipoecogénicos de tamaño inferior a 15 mm pueden ser difíciles de diferenciar del parénquima renal normal. Se puede intuir su presencia si se observa una ligera deformación del contorno del riñón. A medida que aumenta de tamaño, el nódulo homogéneo hipoecogénico se transforma en una masa heterogénea que presenta áreas hipo y anecogénicas de tamaño variable, separadas por regiones hiperecogénicas. La imagen puede ser igual a la de un hematoma, por lo que estos procesos no pueden ser diferenciados ecográficamente.

Con frecuencia se distingue una pequeña zona periférica de parénquima renal normal, que permite establecer el órgano de origen del tumor.

Calcificación renal, cálculo renal

Las calcificaciones renales pueden ser determinadas ecográficamente. La localización y el tamaño de las mismas son muy variables. En dálmatas o en animales mayores con calcificación de la pelvis renal, ésta aparece muy hiperecogénica e irregular (Fig. 83).

La cálculos a nivel de pelvis renal se observan como estructuras muy hiperecogénicas, de límites irregulares, y con marcada sombra acústica visible tanto en cortes longitudinales como transversales (Fig. 84).

Las calcificaciones pueden aparecer en diferentes zonas del parénquima renal. Aquellas que afectan a los túbulos renales conducen a la aparición de una línea hiperecogénica a nivel del límite corticomedular, que puede estar delimitada externamente por un halo hipoecogénico. Nosotros hemos observado esta imagen en dos casos de linfosarcoma con afectación renal difusa (Gerwing) (Fig. 85) (Ver Barr *et al.,* 1989).

Diuresis

Durante la diuresis forzada se observa ecográficamente una dilatación de la pelvis renal. También la médula aparece aumentada de tamaño. Estas características se consideran criterios ecográficos subjetivos para valorar la funcionalidad renal, pero no existe un procedimiento ecográfico equiparable a la pielografía.

Intoxicación por etilenglicol

La intoxicación por el anticongelante etilenglicol conduce a un aumento de la ecogenicidad renal, que afecta fundamentalmente a la corteza y, en menor grado, a la médula (Adams *et al.,* 1991, Kantrowitz *et al.,* 1988). Nosotros observamos en un caso una imagen similar a la de una calcificación difusa que afectaba principalmente al límite corticomedular.

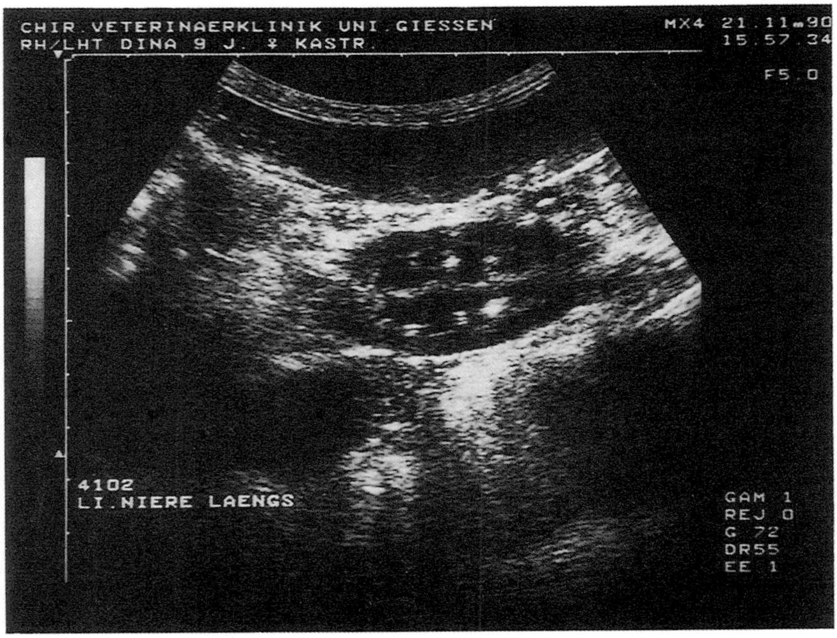

Fig. 70 Riñón normal longitudinal (corte medial).

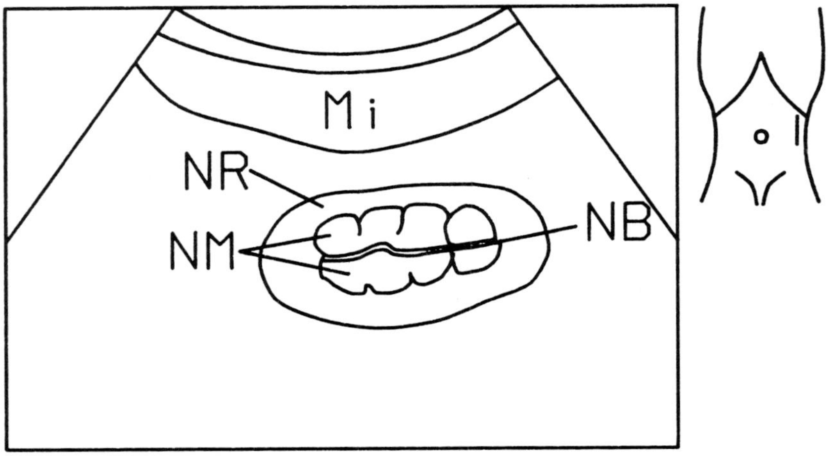

Mi = bazo, NB = pelvis renal, NM = médula, NR = corteza

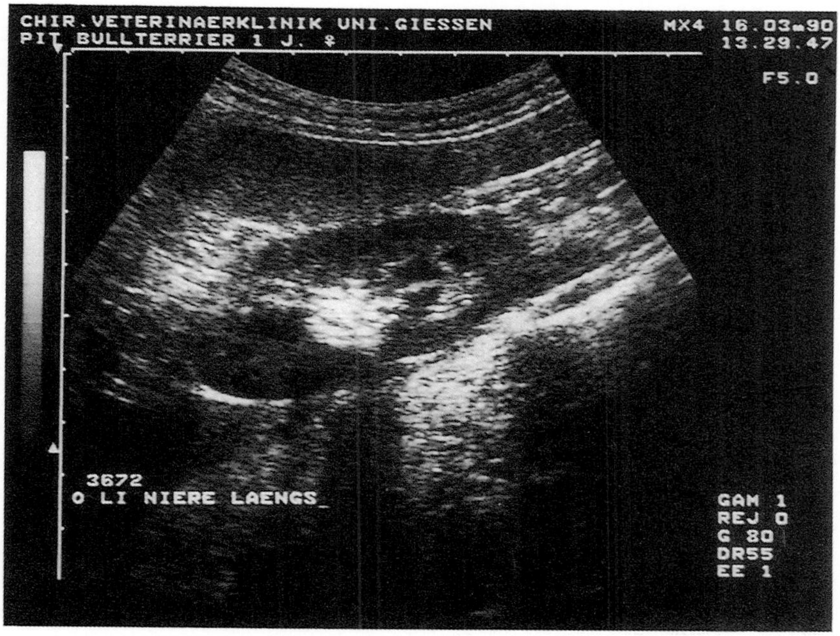

Fig. 71 Riñón normal longitudinal (corte a nivel del hilio).

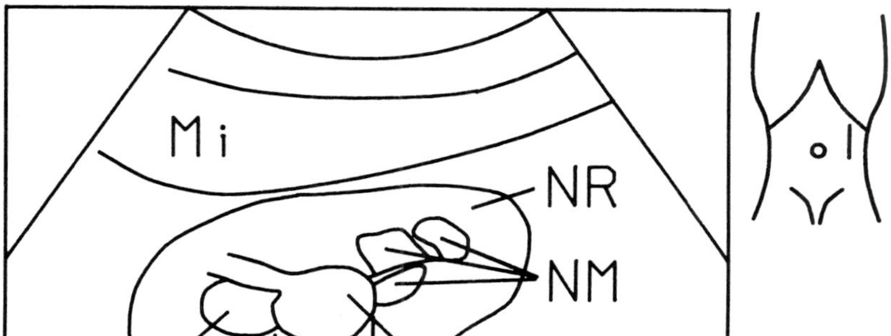

Mi = bazo, NiH = hilio renal, NM = médula, NR = corteza

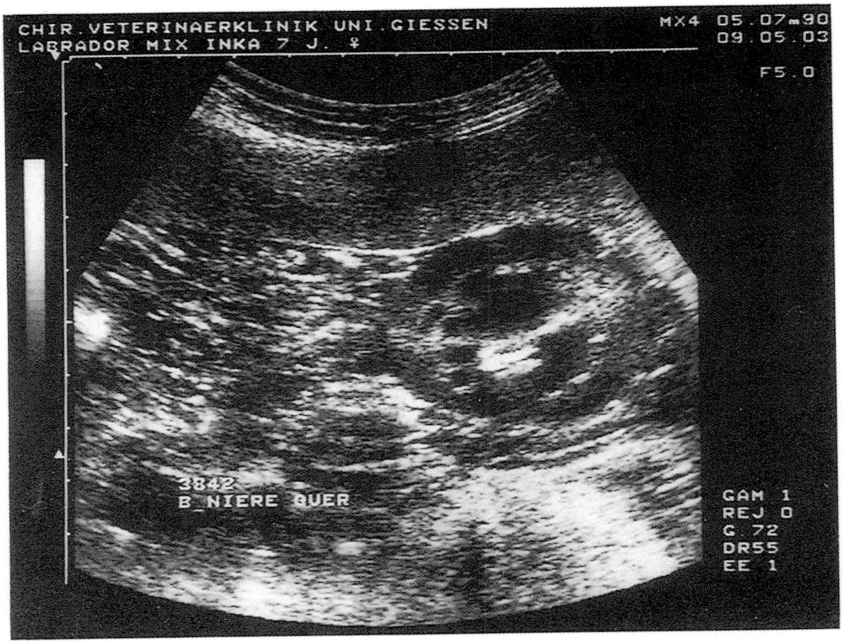

Fig. 72 Riñón normal transversal (craneal y caudal al hilio).

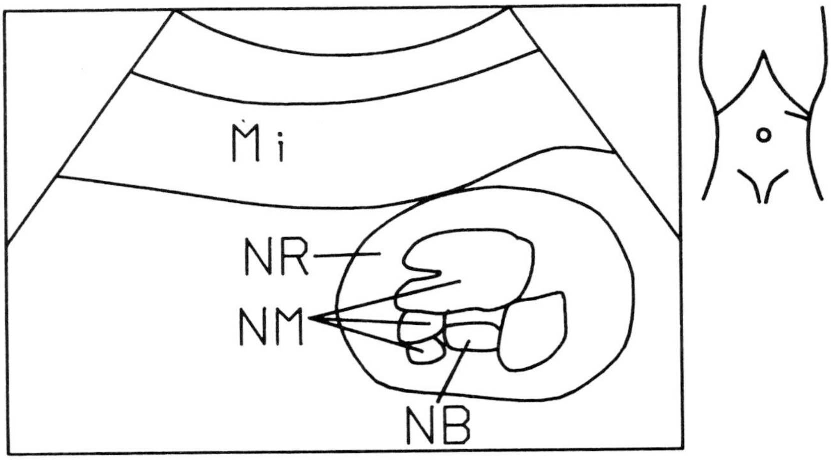

Mi = bazo, NB = pelvis renal, NM = médula, NR = corteza

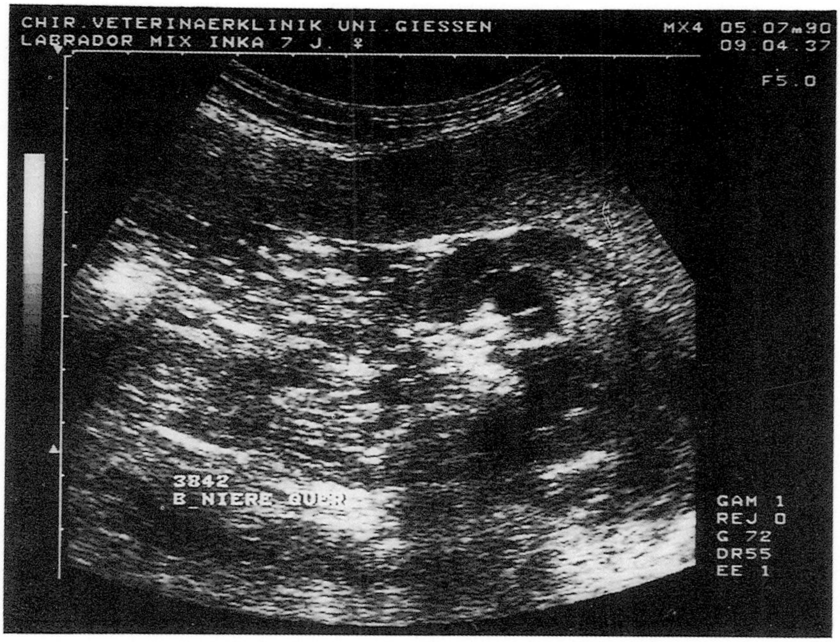

Fig. 73 Riñón normal transversal (corte a nivel del hilio).

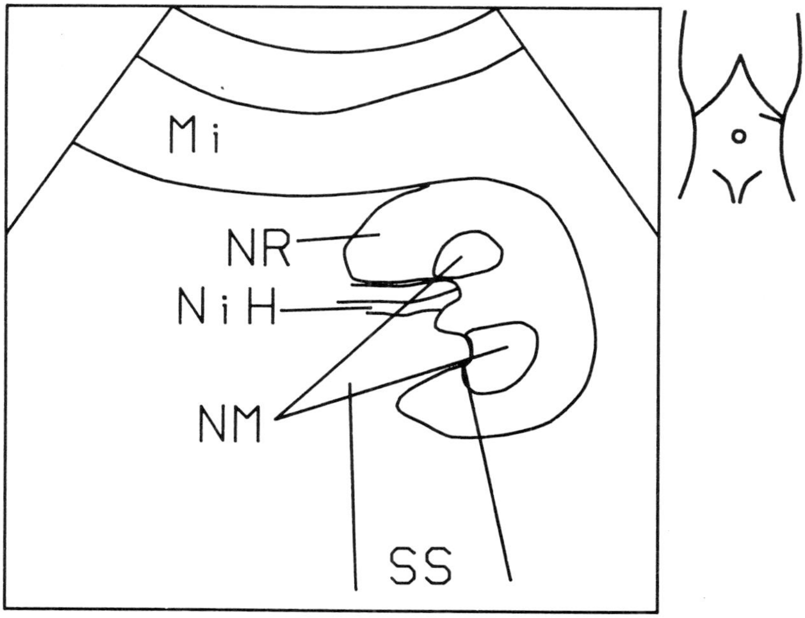

Mi = bazo, NiH = hilio renal, NM = médula, NR = corteza, SS = sombra acústica

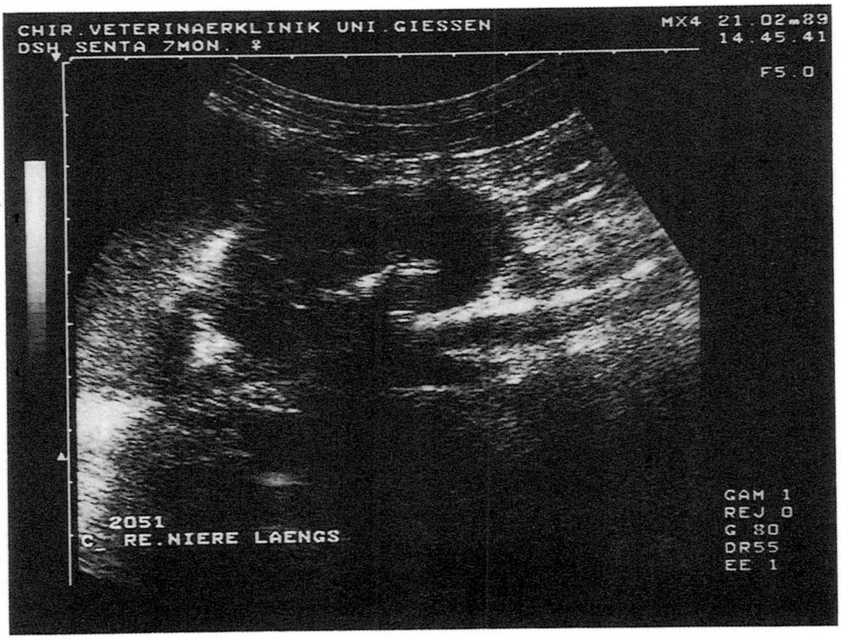

Fig. 74 Riñón fruncido longitudinal.

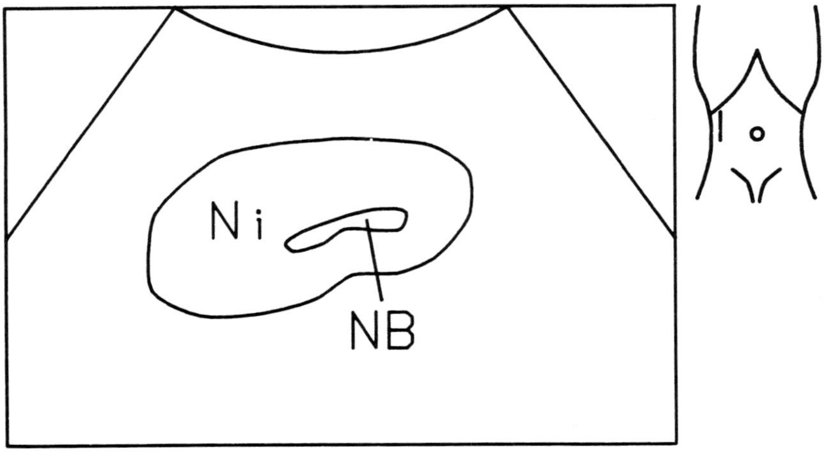

NB = pelvis renal, Ni = riñón, parénquima no diferenciable

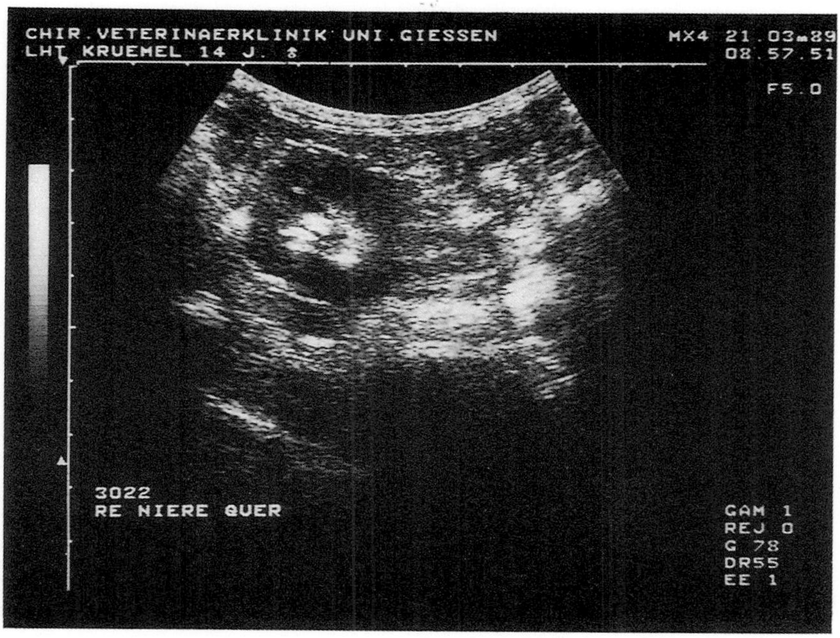

Fig. 75 Riñón fruncido transversal.

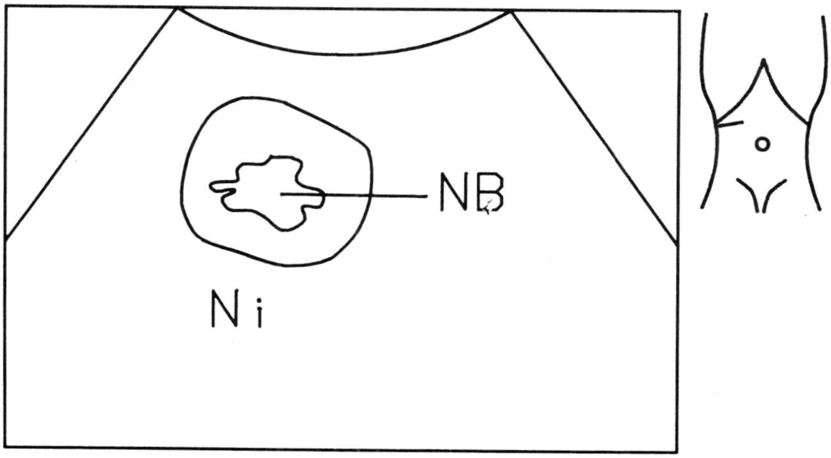

NB = pelvis renal, Ni = riñón, parénquima no diferenciable

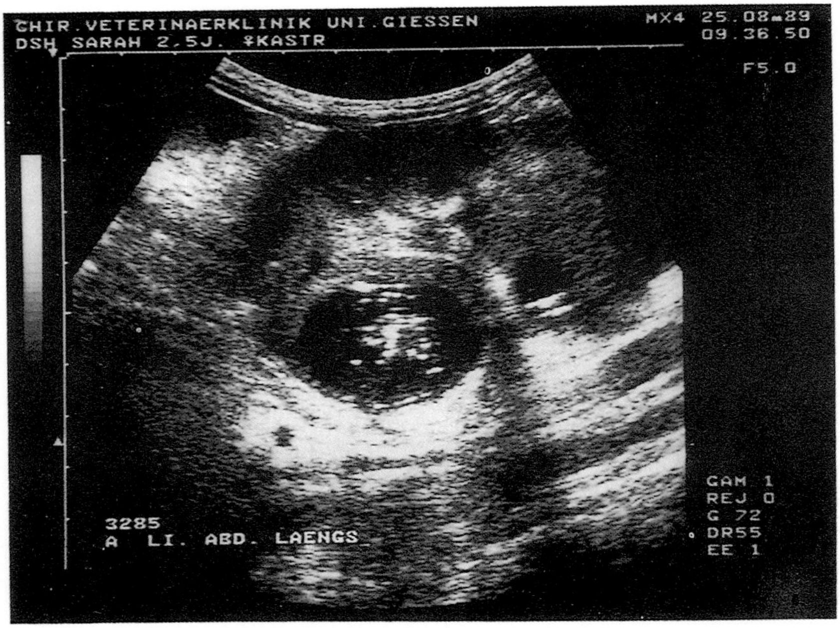

Fig. 76 Absceso renal.

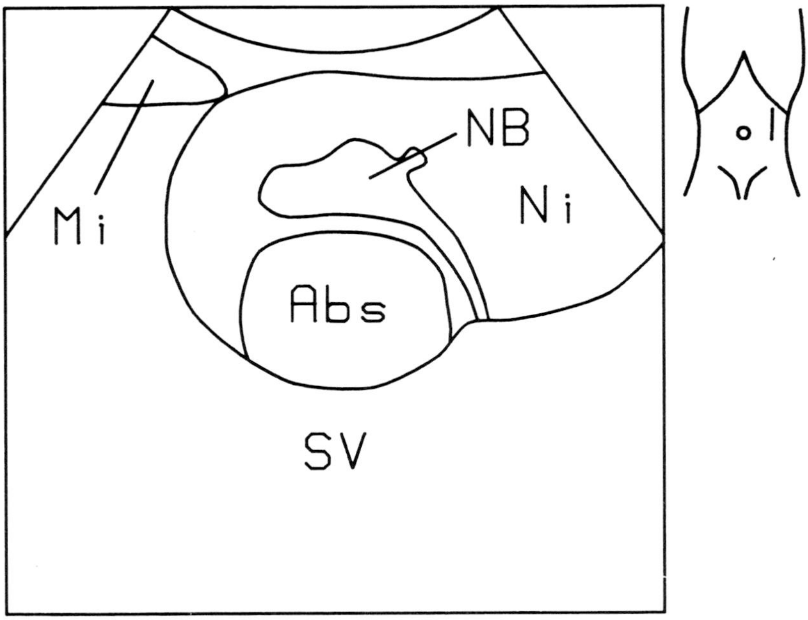

Abs = absceso, Mi = bazo, NB = pelvis renal, Ni = riñón, SV = refuerzo posterior

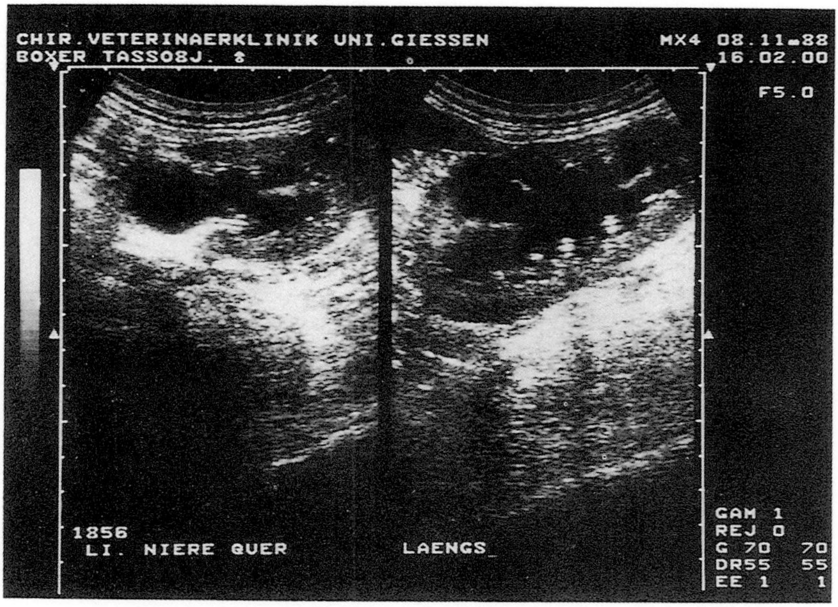

Fig. 77 Dilatación de la pelvis renal y del uréter.

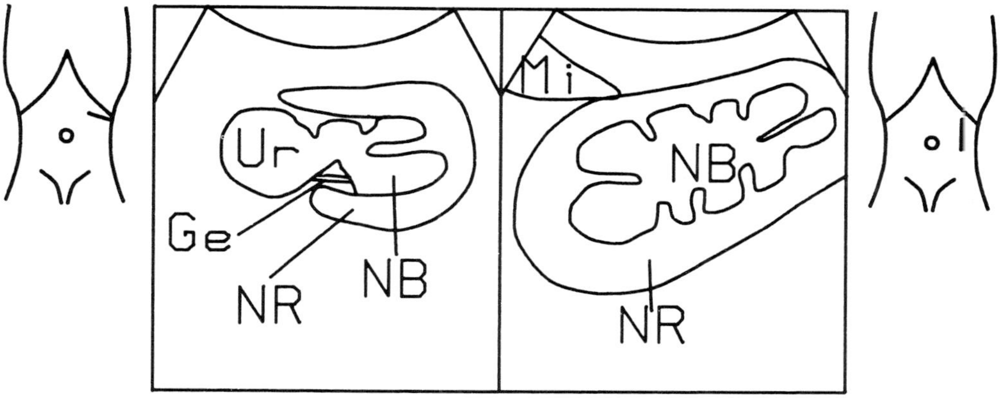

Ge = vaso (vena renal), Mi = bazo, NB = pelvis renal dilatada, NR = corteza, Ur = uréter dilatado

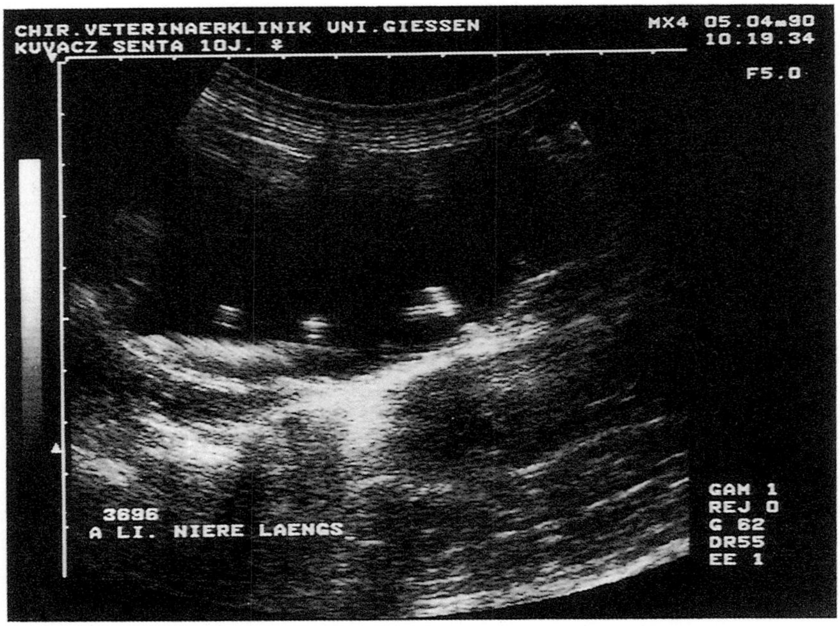

Fig. 78 Hidronefrosis.

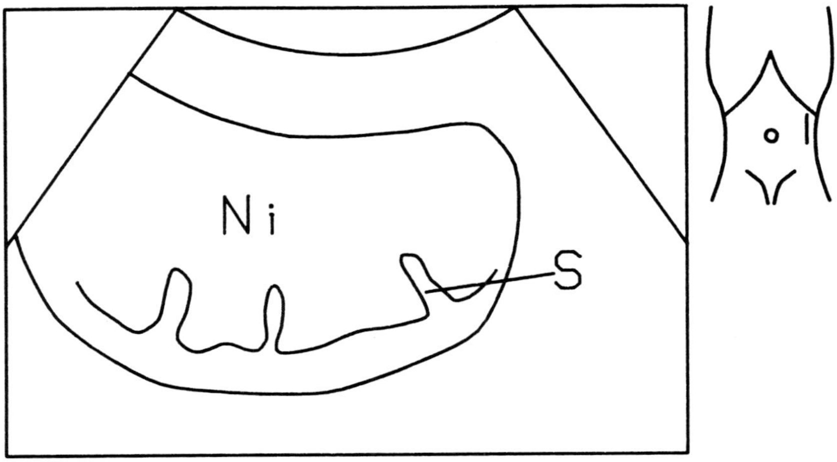

Ni = riñón, S = resto septal

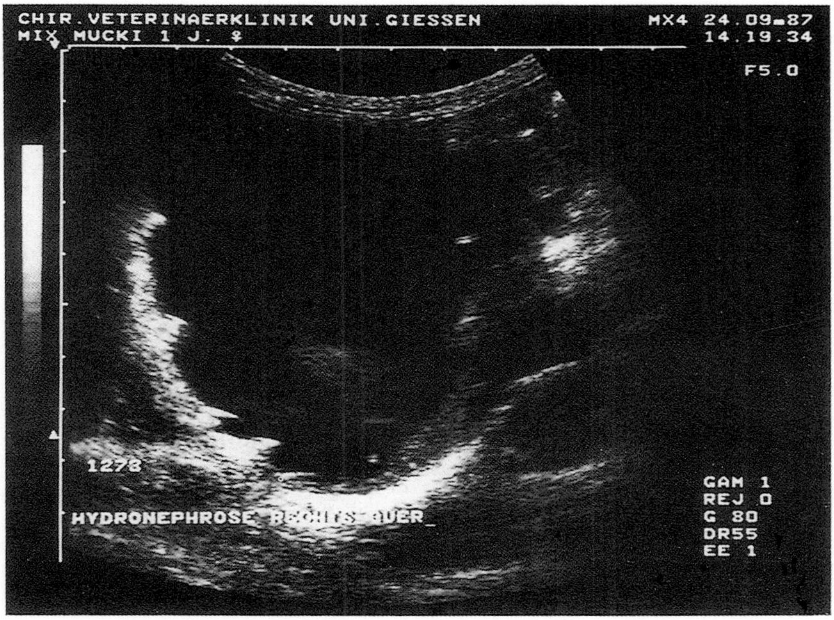

Fig. 79 Hidronefrosis.

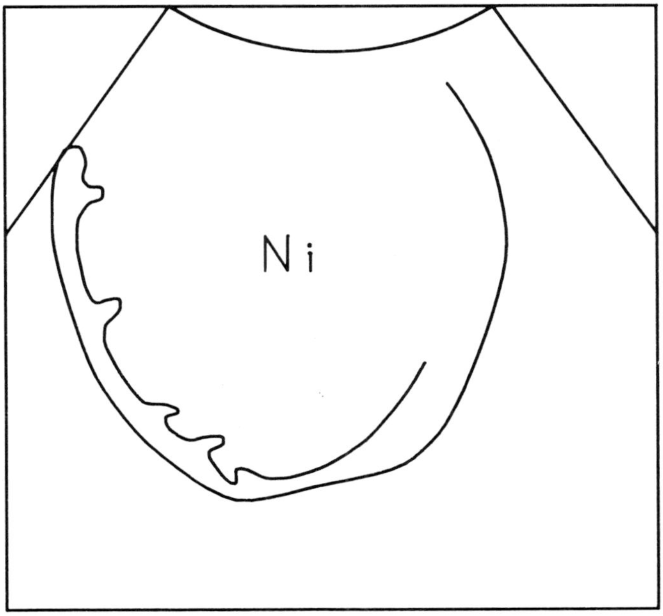

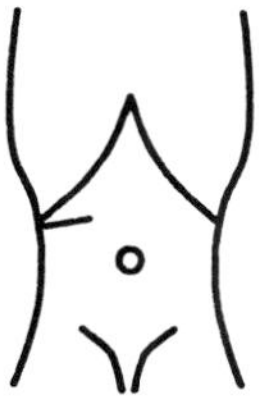

Ni = riñón, presenta una pequeña zona estrecha de parénquima con restos de septos

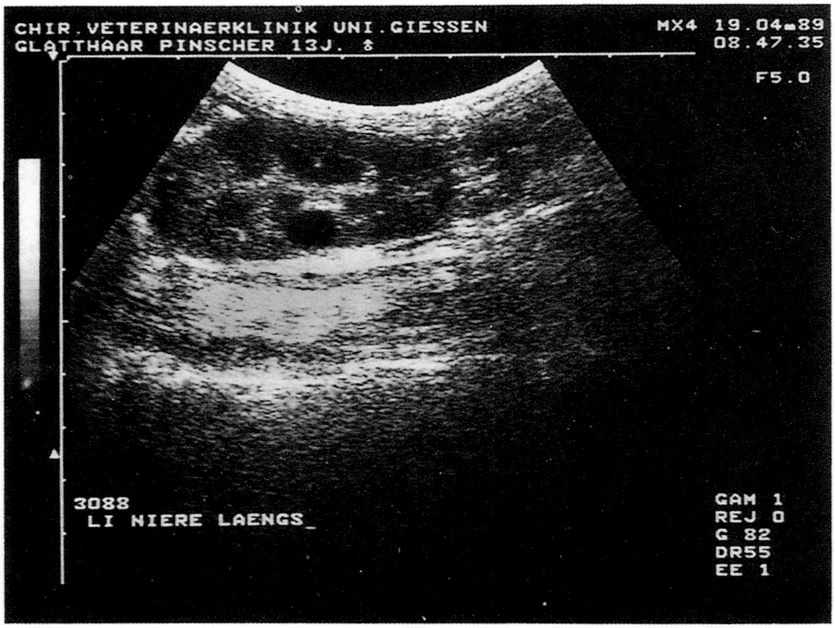

Fig. 80 Quiste renal.

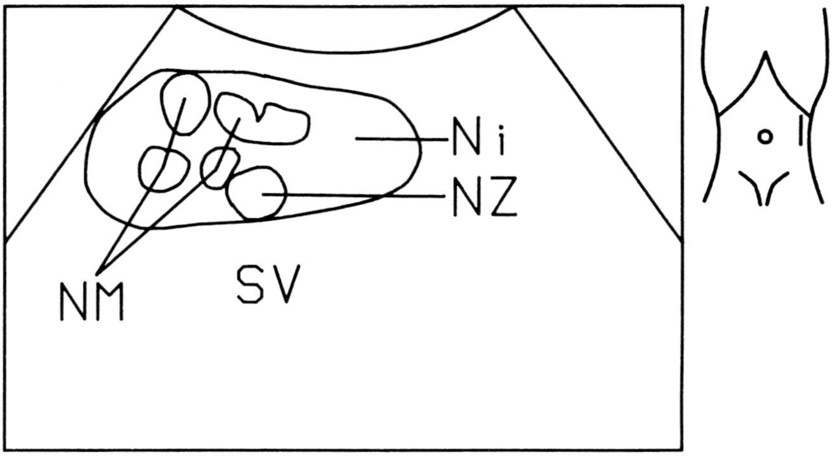

Ni = riñón, NM = médula renal, NZ = quiste, SV = refuerzo posterior

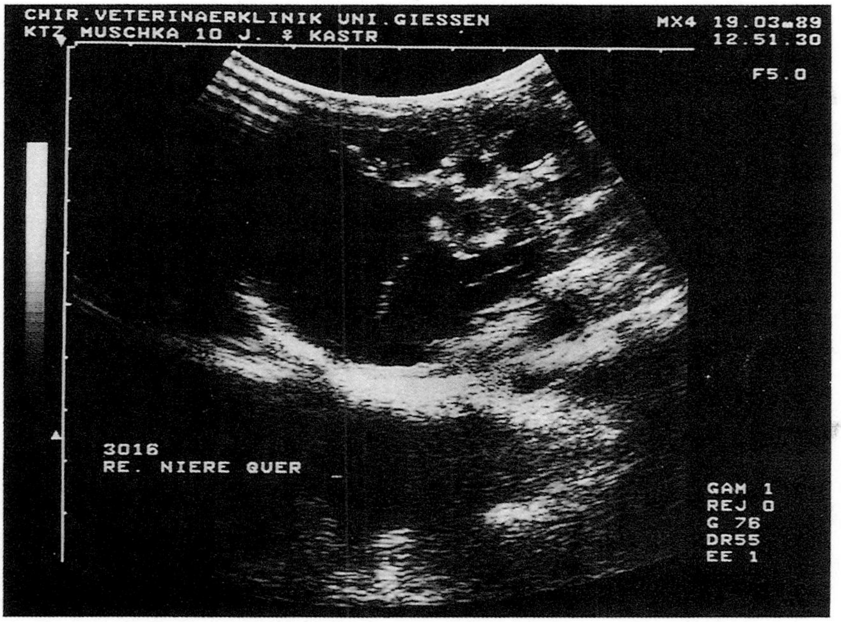

Fig. 81 Riñón poliquístico.

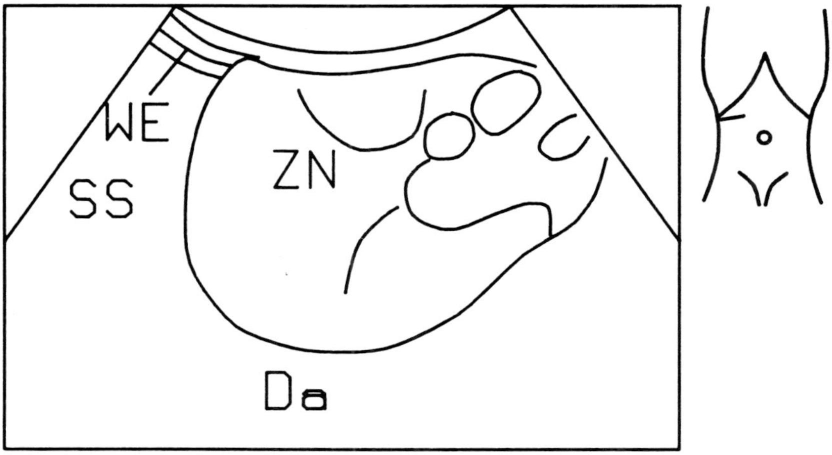

Da = intestino, SS = sombra acústica, WE = reverberación, ZN = riñón poliquístico con refuerzo posterior, escasos restos de parénquima

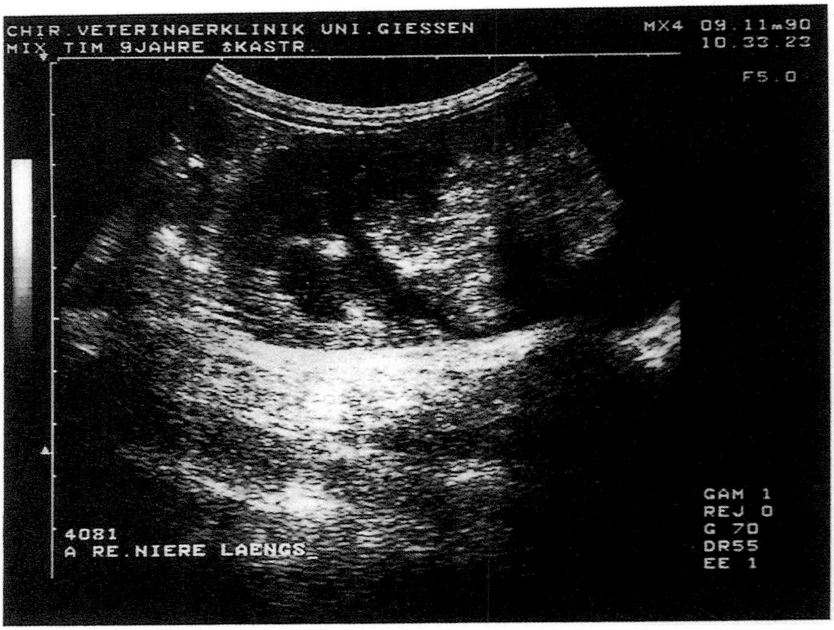

Fig. 82 Carcinoma papilar renal.

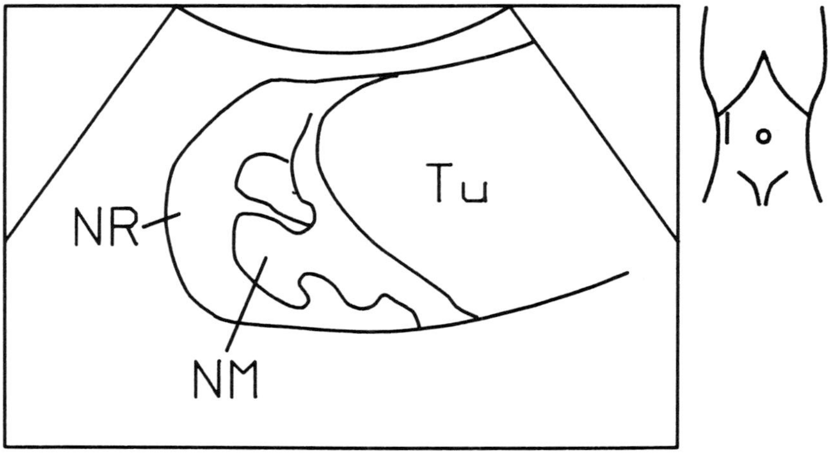

NM = médula renal, NR = corteza renal, Tu = tumor

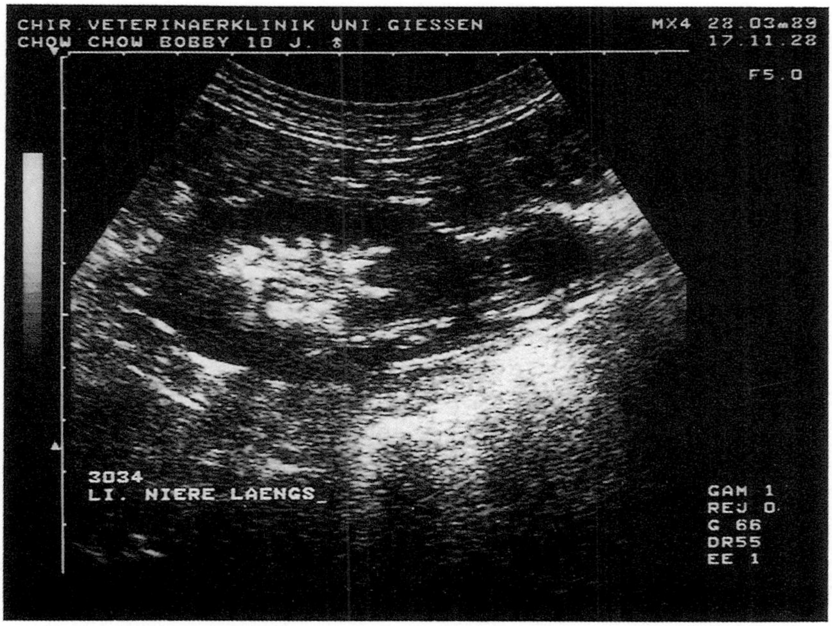

Fig. 83 Calcificación de la pelvis renal.

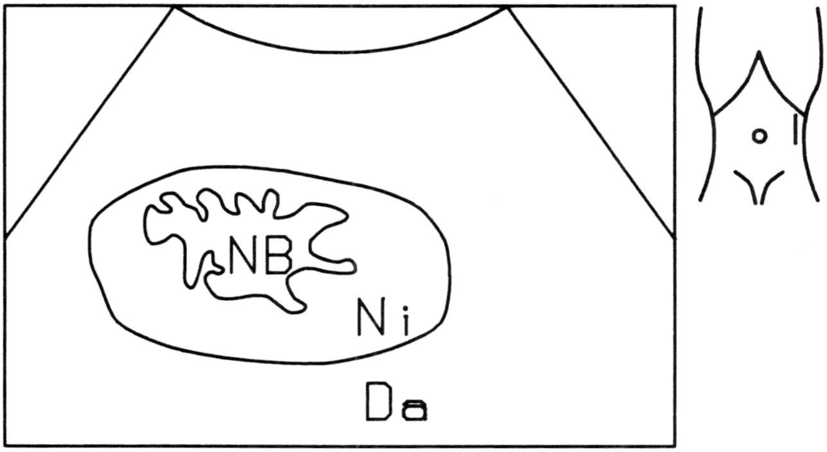

Da = intestino, NB = pelvis renal calcificada de forma difusa, Ni = riñón, corteza y médula no diferenciables

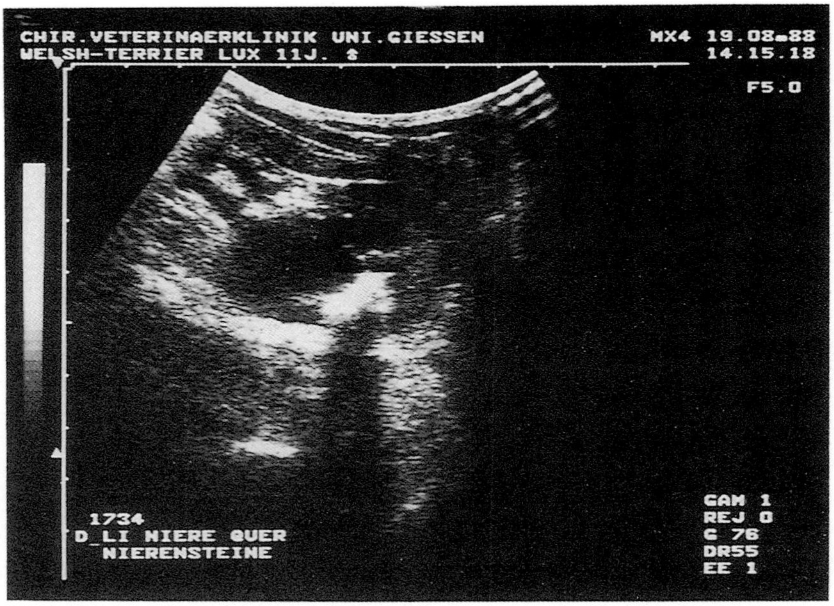

Fig. 84 Cálculo con dilatación de pelvis renal y uréter.

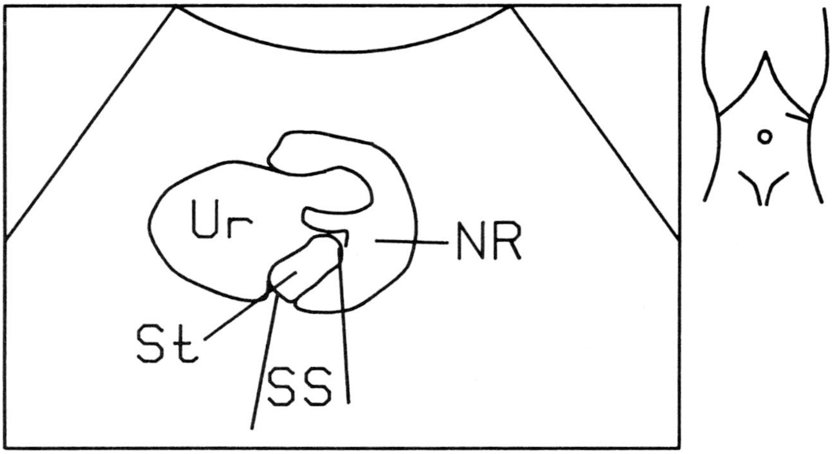

NR = corteza renal, SS = sombra acústica, St = cálculo a nivel de la pelvis, que aparece dilatada, Ur = uréter dilatado

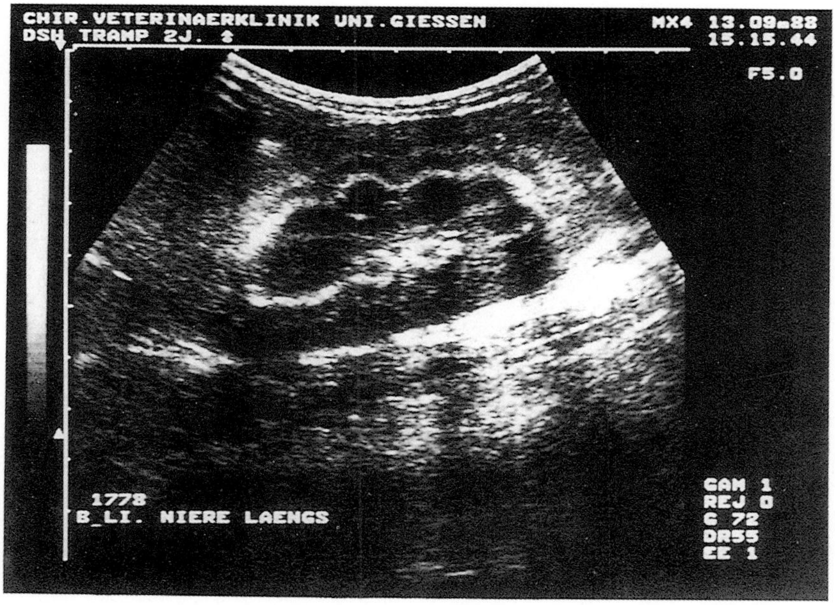

Fig. 85 Calcificación tubular renal.

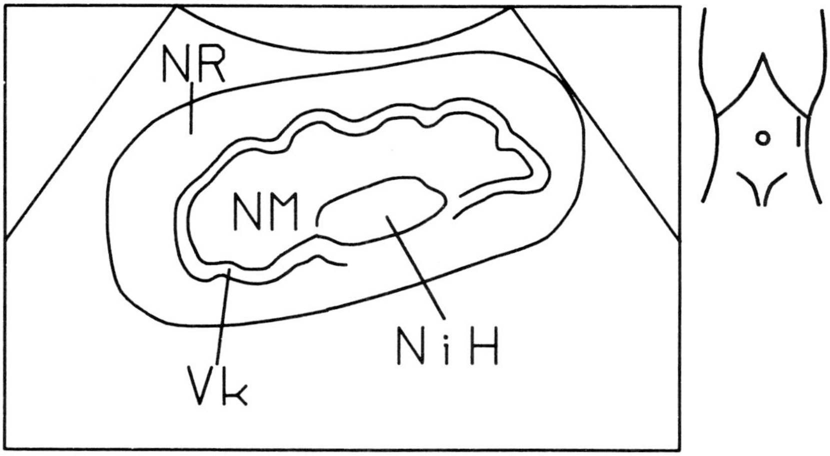

NiH = hilio renal, NM = médula, separada de la NR = corteza renal por la Vk = calcificación y por un halo hipoecogénico

Glándulas adrenales

La ecografía de las glándulas adrenales sólo es realizable por especialistas, debido a su pequeño tamaño, a su situación poco accesible craneal o craneomedial a los riñones (entre el riñón y la aorta, la izquierda, y entre el riñón y la vena cava caudal, la derecha) y a la frecuente superposición de gas gastrointestinal. Se pueden identificar con transductores de 5 MHz pero, para su correcta valoración, se requieren frecuencias de 7,5 MHz. Para estudiar las adrenales de menos de 2 cm de diámetro solamente son válidos los transductores de 7,5 MHz.

Indicaciones

Sospecha de alteraciones de las glándulas adrenales (por ej., en el síndrome de Cushing).

Posición y acoplamiento

Con el animal en decúbito supino se sitúa el transductor caudal al arco costal. Si existe superposición de otras estructuras se puede intentar el acceso lateral con el animal en decúbito lateral. Este acceso suele ser especialmente útil a la hora de valorar la glándula adrenal derecha.

Imagen normal

En el perro, la glándula adrenal normal es muy difícil o imposible de valorar ecográficamente, incluso en condiciones favorables, si no se posee una amplia experiencia. Presenta una ecogenicidad similar a la de la corteza renal, aunque depende del ángulo de incidencia de los ultrasonidos.

Alteraciones de las glándulas adrenales

Las distintas alteraciones de las glándulas adrenales que cursan con un aumento de su tamaño no son diferenciables ecográficamente entre sí. El aumento de tamaño puede ser mínimo (comparación con la contralateral) o puede llegar a superar el tamaño de un puño (Fig. 86). Las adrenales de poco tamaño suelen ser homogéneas hipoecogénicas, mientras que las mayores presentan una ecogenicidad mixta. En algunos casos pueden aparecer áreas de calcificación con sombra acústica. En dos casos producían un desplazamiento caudal y ventral del riñón izquierdo (Gerwing).

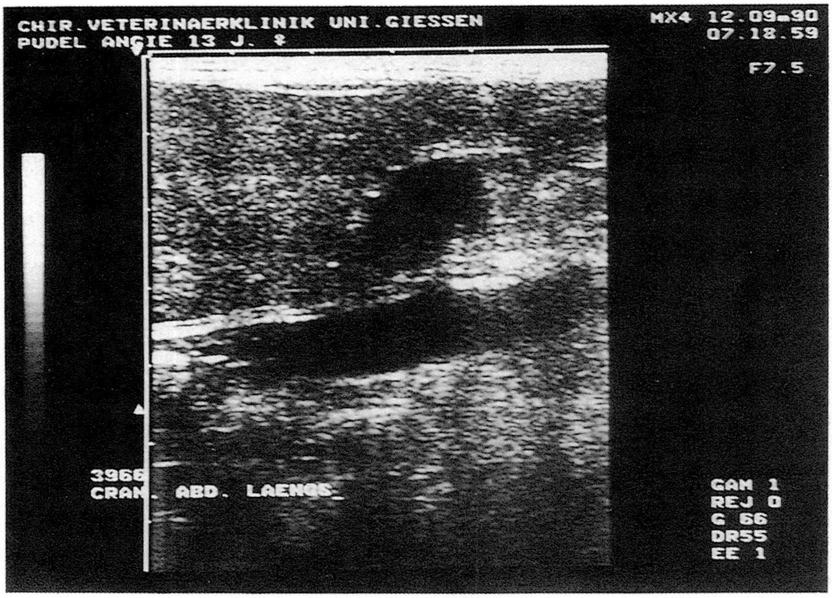

Fig. 86 Adenoma de glándula adrenal.

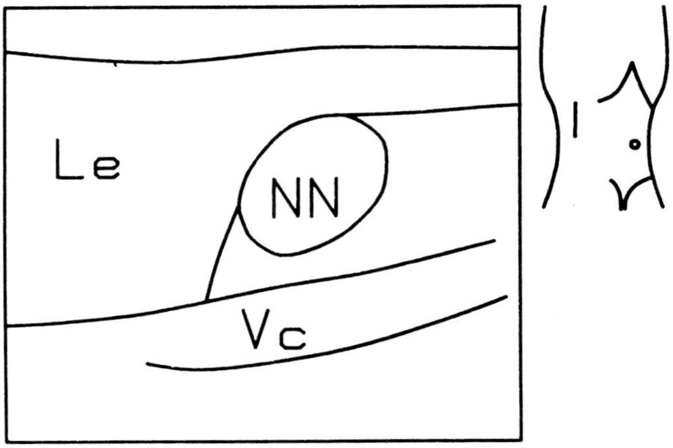

Le = hígado, NN = adrenal de 20 mm de diámetro, Vc = vena cava

Uréter

El uréter normal no es visible ecográficamente. Sin embargo, en casos de *ectasias ureterales* producidas por compresiones u obstrucciones, se puede visualizar el uréter en la zona del hilio renal, y a nivel de la desembocadura en la vejiga (Fig. 77). El *uréter dilatado* se observa como una estructura alargada de trayecto tortuoso y paredes bien definidas, que puede medir desde pocos milímetros hasta 2-3 cm de diámetro. Generalmente no se puede seguir ecográficamente todo su recorrido debido a superposiciones con gas intestinal. No se puede confundir con estructuras vasculares, debido a que el uréter presenta contracciones mucho más ligeras, y no sincronizadas con el pulso. Las causas más frecuentes de dilatación ureteral son las compresiones por tumores y las obstrucciones por ligaduras accidentales durante las ovariohisterectomías. Las malformaciones congénitas son más raras. Nosotros observamos un caso de dilatación ureteral de 15 mm, originada por adherencias a nivel de la desembocadura del uréter en la vejiga (producidas por ej., por cistitis).

Bibliografía (riñón, glándulas adrenales, uréter)

Adams, W. H., R. L. Toal, M. A. Breider (1991): Ultrasonographic Findings In Ethylene Glycol (Antifreeze) Poisoning In A Pregnant Queen And 4 Fetal Kittens. Vet. Radiol. 32, 60–62

Barr, F. J., M. W. Patteson, V. M. Lucke, C. Gibbs (1989): Hypercalcemic Nephropathy In Three Dogs: Sonographic Appearance. Vet. Radiol. 30, 169–173

Barr, F. J., P. E. Holt, C. Gibbs (1990): Ultrasonographic measurement of normal renal parameters. J. Small Anim. Pract. 31, 180–184

Barr, F. J. (1990): Evaluation of ultrasound as a method of assessing renal size in the dog. J. Small Anim. Pract. 31, 174–179

Biller, D. S., D. J. Chew, S. P. DiBartola (1990): Polycystic kidney disease in a family of Persian cats. J. Am. Vet. Med. Assoc. 196, 1288–1290

Cartee, R. E., B. A. Selcer, C. S. Patton (1980). Ultrasonographic Diagnosis of Renal Disease in Small Animals. J. Am. Vet. Med. Assoc. 176, 426–430

Heitz, F., B. Carlier, P. Guinet, J. J. Legrand, P. F. Viard (1980): Exploration Echotomographique Du Rein Normal Et Pathologique Du Chien Et Du Chat. Rec. Méd. vét. 156, 363–369

Kantrowitz, B. M., T. G. Nyland, E. C. Feldmann (1986): Adrenal Ultrasonography In The Dog. Vet. Radiol. 27, 91–96

Kantrowitz, B. M., D. Dimski, K. Swalec, D. S. Biller (1988): Ultrasonographic Detection of Jejunal Intussuception and Acute Renal Failure Due to Ethylene Glycol Toxicity in a Dog. J. Am. Anim. Hosp. Assoc. 24, 697–700

Knauff, P. S. (1987): Sonographische Darstellung von Nieren, Ureteren und Harnblase beim Hund unter besonderer Berücksichtigung der Messung ihrer Lage, Größe und ihres Inhaltes. Diss. Gießen

Konde, L. J., R. H. Wrigley, R. D. Park, J. L. Lebel (1984): Ultrasonographic Anatomy Of The Normal Canine Kidney. Vet. Radiol. 25, 173–178

Konde, L. J., R. H. Wrigley, R. D. Park, J. L. Lebel (1985): Sonographic Appearance Of Renal Neoplasia In The Dog. Vet. Radiol. 26, 74–81

Konde, L. J., R. D. Park, R. H. Wrigley, J. L. Lebel (1986): Comparison of radiography and ultrasonography in the evaluation of renal lesions in the dog. J. Am. Vet. Med. Assoc. 188, 1420–1425

Legrand, J. J., B. Carlier (1983): Apport De l'Échographie A L'Approche Diagnostique Du Syndrome De Cushing Chez Le Chien. Revue Méd. vét., 133, 457–460

Leib, M. S., T. A. Allen, L. J. Konde, M. P. Jokinen (1988): Bilateral hydronephrosis attributable to bilateral ureteral fibrosis in a cat. J. Am. Vet. Med. Assoc. 192, 795–797

Lijour, M. (1988): L'Échotomographie Rénale En Médecine Vétérinaire Canine Et Féline. Rec. Méd. Vét. 164, 157–170

Nickel, R., A. Schummer, E. Seiferle (1975): Lehrbuch der Anatomie der Haustiere, Band II, 3. Auflage, 295. Paul Parey Verlag, Berlin, Hamburg

Nyland, T. G., B. M. Kantrowitz, P. Fisher, H. J. Olander, W. J. Hornof (1989): Ultrasonic Determination Of Kidney Volume In The Dog. Vet. Radiol. 30, 174–180

Poffenbarger, E. M., D. A. Feeney, D. W. Hayden (1988): Gray-scale ultrasonography in the diagnosis of adrenal neoplasia in dogs: Six cases (1981–1986): J. Am. Vet. Med. Assoc. 192, 228–232 anatomy. Am. J. Vet. Res. 48, 596–599

Tidwell, A. S., S. L. Ullman, S. H. Schelling (1990): Urinoma (Para-Ureteral Pseudocyst) In A Dog. Vet. Radiol. 31, 203–206

Walter, P. A., D. A. Feeney, G. R. Johnston, T. P. O'Leary (1987): Ultrasonographic evaluation of renal parenchymal disease in dogs: 32 cases (1981–1986). J. Am. Vet. Med. Assoc. 191, 999–1007

Walter, P. A., D. A. Feeney, G. R. Johnston, T. F. Fletcher (1987): Feline renal ultrasonography: Quantitative analyses of imaged

Walter, P. A., G. R. Johnston, D. A. Feeney, T. D. O'Brien (1987): Renal ultrasonography in healthy cats. Am. J. Vet. Res. 48, 600–607

Walter, P. A., G. R. Johnston, D. A. Feeney, T. D. O'Brien (1988): Applications of ultrasonography in the diagnosis of parenchymal kidney desease in cats: 24 cases (1981–1986). J. Am. Vet. Med. Assoc. 192, 92–98

Hígado

Los transductores más indicados para el estudio ecográfico del hígado son los sectoriales y convexos de radio pequeño. Con transductores lineales es posible valorar algunos cortes hepáticos, pero no el órgano en su totalidad.

Se utilizan frecuencias de 5 MHz en general, y de 7,5 MHz en razas pequeñas y en gatos. En razas gigantes, los transductores de 3,5 MHz pueden complementar un estudio realizado con 5 MHz.

Indicaciones

Sospecha o verificación de hepatomegalia (difusa o parcial), relación anómala de los órganos a nivel de abdomen craneal detectada por palpación o radiología (por ej., sospecha de neoplasia, cuerpo extraño en el área hepática), traumatismos abdominales severos, sospecha de comunicación portosistémica, hernia diafragmática, insuficiencia cardiaca, control de tratamientos (por ej., de hematomas, quistes, insuficiencias cardiacas o neoplasias tratadas médicamente), ictericia.

Posición y acoplamiento

El animal se coloca en decúbito supino y, en ocasiones, en decúbito lateral para realizar un acceso intercostal. El transductor se sitúa sobre la piel rasurada caudal al xifoides y al arco costal, para realizar barridos longitudinales y transversales del hígado. Es necesario presionar ligeramente la pared abdominal con el transductor, y angularlo en dirección caudal. De esta forma se consigue que los ultrasonidos lleguen al hígado en un ángulo aproximado de 90°. Para poder valorar las áreas hepáticas situadas craneal al estómago es necesario que el animal esté en ayunas. El estómago puede contener agua ya que, como en el caso de la ascitis, actuaría como ventana acústica. En caso necesario se pueden introducir 200-1.000 ml de líquido a través de una sonda gástrica.

En hígados de pequeño tamaño (por ej., por comunicación portosistémica), o en perros de tórax profundo (como los galgos, dogos, dobermann), hay que complementar el estudio mediante un acceso intercostal. En estos casos, el animal se puede colocar en decúbito lateral.

Cuando se accede a través de la pared abdominal ventral, se debe tener en cuenta la constante aparición del artefacto especular (imagen del hígado craneal al diafragma), que puede conducir a un diagnóstico erróneo de hernia diafragmática.

Imagen normal

La situación del hígado dentro del arco costal varía considerablemente dependiendo de la la raza, y con ello de la conformación torácica y hepática del animal.

Al contrario que la radiología, la ecografía no es un método adecuado para determinar el *tamaño hepático* y, por tanto, para diferenciar entre tamaño hepático normal y aumentado.

Sin embargo, la ecografía es útil a la hora de valorar la *superficie hepática*, especialmente cuando existe ascitis o hidroperitoneo. En condiciones normales es lisa y regular. La superficie craneal está delimitada por una línea muy ecogénica que representa el diafragma. Los ecos producidos por la cápsula sólo se observan como una fina línea hiperecogénica en las áreas de contacto entre dos lóbulos.

El patrón ecográfico fisiológico del hígado es homogéneo, interrumpido solamente por el sistema vascular. Debido a la aparición de los vasos en todos los cortes del hígado, éste puede ser fácilmente diferenciado del bazo. La ecogenicidad hepática está influida por la ganancia, el ángulo de incidencia de los ultrasonidos y las características del parénquima. Solamente se puede determinar la ecogenicidad del hígado comparándola con la de órganos de referencia (bazo, corteza renal, grasa falciforme). El hígado es ligeramente hiperecogénico con respecto a la corteza renal, y ligeramente hipoecogénico con respecto al bazo (Fig. 87).

Sistema vascular hepático

Mediante ecografía se pueden distinguir dos sistemas vasculares diferenciados: el hepático venoso y el portal. Las arterias intrahepáticas no son visibles ecográficamente debido a su pequeño tamaño. La vena porta, situada ventral a la vena cava caudal a su entrada en el hígado, se distingue de otras venas a lo largo de todo su trayecto y ramificaciones, debido a la ecogenicidad de sus paredes (son visibles incluso en aquellos casos en los que los ultrasonidos no inciden en ángulo recto). En un corte transversal, las paredes laterales de las venas porta de pequeño diámetro no suelen ser visibles debido a la refracción de los ultrasonidos. Estos vasos quedan entonces representados en la imagen como dos pequeños puntos hiperecogénicos paralelos.

Por el contrario, las paredes de las venas hepáticas solamente son visibles en aquellos puntos en los que el haz de ultrasonidos incide en ángulo recto. Las venas de pequeño diámetro se observan como áreas redondeadas anecogénicas a nivel del parénquima hepático. Las paredes de las venas hepáticas de mayor diámetro pueden ser visibles cuando los ultrasonidos inciden en un ángulo de 90°.

Alteraciones patológicas del hígado

Neoplasias hepáticas

La mayoría de las neoplasias hepáticas aparecen en la imagen como *alteraciones focales del parénquima* (Fig. 88). Suelen ser visibles mediante ecografía cuando presentan un diámetro superior a 5 mm. La forma depende del tamaño de la lesión focal: cuando son pequeñas suelen ser redondeadas u ovaladas y, cuando son mayores, suelen presentar un contorno irregular. Las neoplasias, sobre todo las de gran tamaño, suelen deformar el contorno hepático. Ocasionalmente son pediculadas. Suelen ser hipoecogénicas o presentar una ecogenicidad mixta. Los focos neoplásicos rara vez son hiperecogénicos. Las lesiones «en diana» (target lesions) se caracterizan por presentar una zona central hiperecogénica, rodeada por un halo hipoecogénico. La necrosis central característica de muchos tumores, aparece en la imagen como una región hipo o anecogénica de contorno irregular, que puede presentar ecos internos que representen elementos corpusculares o restos de tejido. Generalmente no es posible establecer ecográficamente el tipo histológico del tumor, ni diferenciar un tumor de un nódulo de regeneración, ni de otras alteraciones focales que pueden afectar al hígado (por ej., absceso, hematoma, quiste, necrosis). Es necesario apoyarse en la exploración clínica y laboratorial, además de realizar una biopsia o punción, para poder confirmar el diagnóstico mediante estudios citológicos y bacteriológicos.

Absceso hepático

La imagen ecográfica de los abscesos es muy similar a la de los hematomas y las neoplasias. El contenido es hipo o anecogénico y suele presentar finos ecos internos. El tejido necrótico puede flotar en el interior como un foco o una banda hiperecogénica. Realizando una presión con el transductor se puede observar el movimiento del contenido. Cuanto más denso sea el pus, más ecogénico aparecerá en la imagen. La cápsula del absceso se puede observar como un halo externo más ecogénico que el contenido. La presencia de refuerzo posterior se considera un signo indirecto que demuestra la naturaleza líquida del contenido.

En el diagnóstico diferencial se deben incluir los hematomas, las neoplasias y los quistes. La diferenciación se realiza mediante un estudio clínico y laboratorial, y por punción.

Hematoma hepático

Como consecuencia de traumatismos o punciones se pueden formar hematomas (Fig. 89). No son diferenciables ecográficamente de los hemangiosarcomas, aunque la detección de lesiones focales múltiples en el hígado (asociadas a otras, por ej., a nivel de bazo o riñón), puede apoyar la sospecha de neoplasia.

El aspecto de los hematomas depende en gran medida de su tamaño, localización y antigüedad. La forma puede ser redondeada o, si está en localización subcapsular, alargada. El contenido es inicialmente hipo o anecogénico pero, a medida que va avanzando el proceso de coagulación, comienza a presentar una ecogenicidad heterogénea con áreas hiperecogénicas. Estas pueden a su vez contener otras zonas anecogénicas. Los elementos corpusculares que suelen ser visibles en estadíos iniciales, van desapareciendo con el tiempo. Un hematoma organizado puede ser hipoecogénico, hiperecogénico o de ecogenicidad mixta. Cuando son de gran tamaño y no han sido reabsorbidos totalmente suelen ser hiperecogénicos. Pueden llegar incluso a calcificarse.

Calcificaciones hepáticas

En perros mayores (> 8 años) aparecen ocasionalmente áreas hiperecogénicas de tamaño y forma variables, que producen una sombra acústica evidente (Fig. 90). El tamaño oscila entre 3-4 mm y 2-3 cm. La forma puede ser redondeada, alargada o irregular. Se pueden localizar de forma múltiple en un sólo lóbulo hepático o estar repartidas uniformemente por todo el parénquima, o sobre la superficie hepática. El parénquima que rodea estos focos es normal. Las calcificaciones son visibles radiológicamente.

El estudio histopatológico demuestra que se trata de calcificaciones masivas, cuyo origen se desconoce (en algunos casos podría tratarse de metaplasias producidas por una antigua parasitación por áscaris).

En el diagnóstico diferencial se deben incluir los aumentos de densidad del parénquima hepático, por ejemplo, en casos de fibrosis o neoplasias. Sin embargo, en estos casos los focos no son tan marcadamente hiperecogénicos y, además, el resto del parénquima suele estar también modificado.

La presencia de múltiples pequeños focos hiperecogénicos en el hígado puede deberse a gas producido por gérmenes anaerobios.

Cirrosis hepática

Las alteraciones difusas del parénquima hepático son generalmente difíciles de detectar mediante ecografía (Fig. 91). Se establecen comparando la ecogenicidad del hígado con la de otros órganos adyacentes (bazo, corteza renal) y/o biopsia, a ser posible guiada por ecografía.

La cirrosis hepática se caracteriza por un aumento de la ecogenicidad difusa del parénquima, debido a los procesos de fibrosis. Produce un patrón ecográfico heterogéneo por la presencia de múltiples áreas hipoecogénicas de 1-5 mm distribuidas por todo el parénquima.

La diferenciación definitiva de otros procesos que cursan con hiperecogenicidad difusa del parénquima hepático, como la esteatosis hepática, solamente se puede realizar mediante un estudio histológico.

Hepatitis crónica necrotizante

En la hepatitis crónica necrotizante el hígado presenta múltiples focos hipo o anecogénicos de 10-15 mm de diámetro. Al contrario que las lesiones focales metastásicas, estos focos no son redondeados ni presentan un contorno bien definido, sino que son irregulares y confluyen unos con otros. Además, focos de incluso 3-5 mm producen refuerzo posterior, que se observa en la zona donde confluyen el foco de necrosis, y el parénquima hepático situado distal a la lesión. El resto del hígado presenta una hiperecogenicidad difusa por fibrosis. El límite entre tejido fibroso y necrotizado es difícil de definir, de forma que los focos de unos 3 mm solamente se pueden intuir, mientras que aquellos de más de 5-6 mm aparecen claramente hipoecogénicos. En muchos casos el área más afectada es el hilio hepático; en otros casos, un solo lóbulo.

Esteatosis hepática

La esteatosis hepática se diagnostica fundamentalmente por comparación de la ecogenicidad del hígado con la del bazo, ya que estos órganos se pueden estudiar con frecuencia en una misma imagen. En estos casos, el hígado aparece hiperecogénico con respecto al bazo. Las áreas distales (o dorsales) del hígado solamente se pueden visualizar si se compensa la atenuación de los ultrasonidos aumentando la ganancia distal mediante el DGC. Las paredes vasculares aparecen menos definidas que en un hígado normal (Fig. 92). El hígado suele sobrepasar el arco costal de forma evidente y presenta un redondeamiento de los bordes. El diagnóstico definitivo requiere un estudio histológico.

Congestión hepática venosa

En la congestión hepática venosa *aguda*, las venas hepáticas presentan un diámetro mayor que en un hígado normal, especialmente a nivel de la desembocadura de las venas hepáticas mayores en la vena cava caudal (Fig. 92). El parénquima hepático es difusamente hipoecogénico. Los lóbulos presentan un contorno redondeado, especialmente visible cuando existe ascitis. La determinación ecográfica del tamaño del hígado resulta difícil. Las cantidades pequeñas de líquido libre se detectan con mayor facilidad en el área esplenorenal, con el animal ligeramente inclinado hacia su lado izquierdo.

La forma *crónica* se caracteriza por producir alteraciones del sistema portal (Fig. 93). Las paredes de las venas porta aparecen muy hiperecogénicas y engrosadas, destacando del parénquima hepático que presenta, a su vez, una granulación más gruesa de lo normal. Las paredes, que en condiciones normales aparecen como un línea hiperecogénica fina y lisa, adoptan un aspecto engrosado, irregular y de límites mal definidos. Incluso los vasos de menor diámetro resaltan en la imagen por su marcada ecogenicidad.

La forma aguda evoluciona gradualmente hacia la crónica, y lo mismo sucede con las alteraciones del parénquima hepático visibles mediante ecografía. El hígado, que inicialmente presenta una hipoecogenicidad difusa (por aumento del contenido en agua), se va transformando en un tejido heterogéneo, con aumento de la ecogenicidad de las paredes portales. Debido a fenómenos de fibrosis, el parénquima hepático se hace finalmente difusamente hiperecogénico. Mediante ecografía se detecta con facilidad la presencia de ascitis, que se asocia frecuentemente a este proceso.

Alteraciones vasculares

El hallazgo más llamativo en animales con comunicaciones portosistémicas es el pequeño tamaño del hígado. El patrón ecográfico es semejante al del bazo (Fig. 94). Las venas porta no son visibles o sólo de forma aislada. Con frecuencia sólo se puede acceder al hígado a través de los espacios intercostales. Es posible detectar la comunicación ecográficamente, dependiendo de la localización y del tamaño de la misma. A pesar de todo, la experiencia del operador tiene una influencia decisiva en el diagnóstico ecográfico de este proceso.

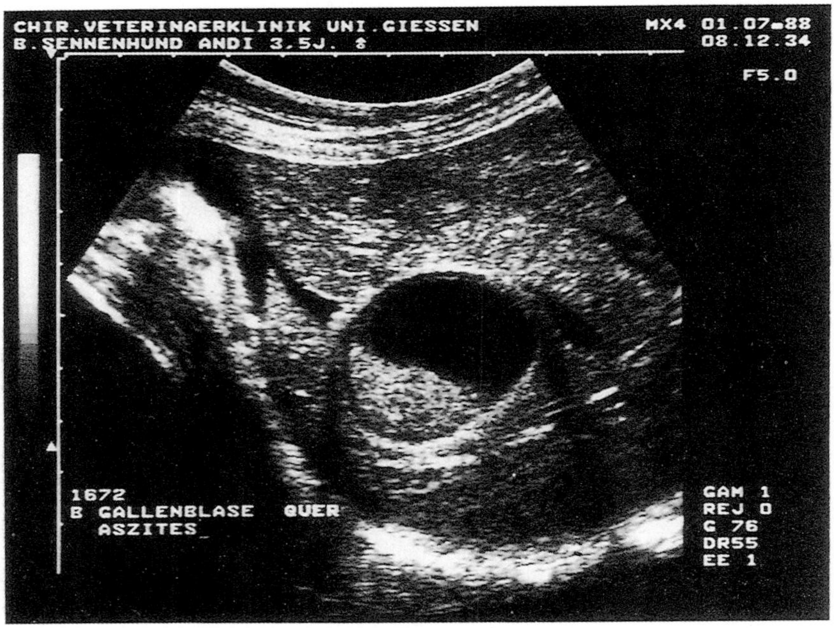

Fig. 87 Hígado normal, sedimento biliar, ascitis.

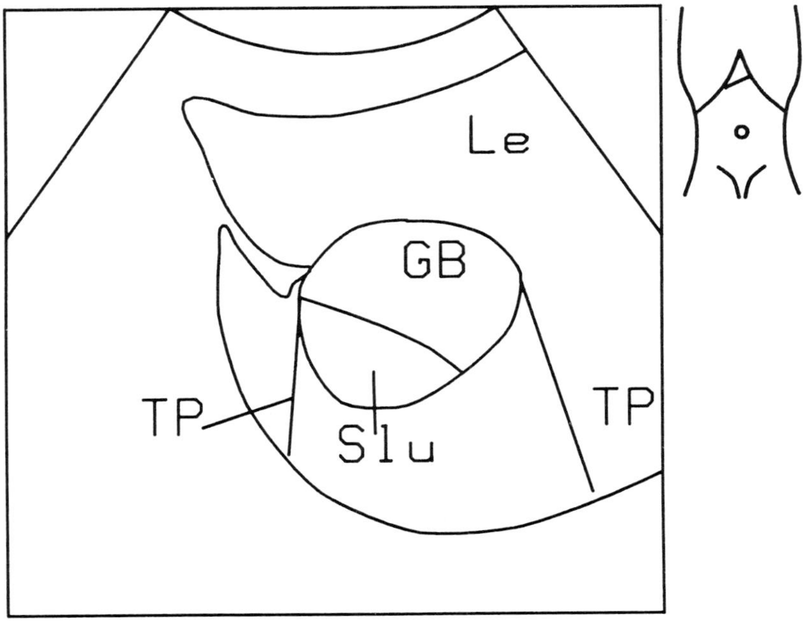

GB = vesícula biliar, Le = hígado rodeado por líquido ascítico, Slu = sedimento, TP = sombra lateral

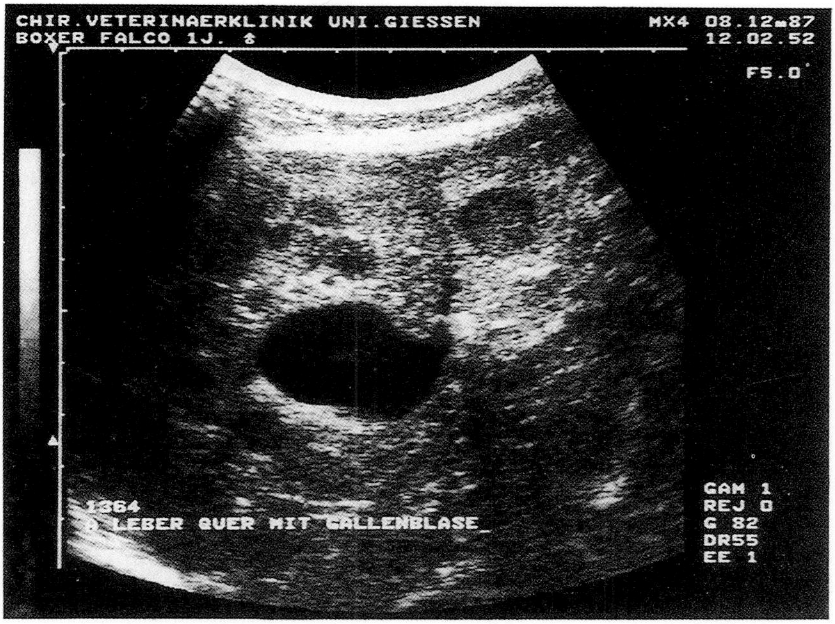

Fig. 88 Linfosarcoma con afectación hepática.

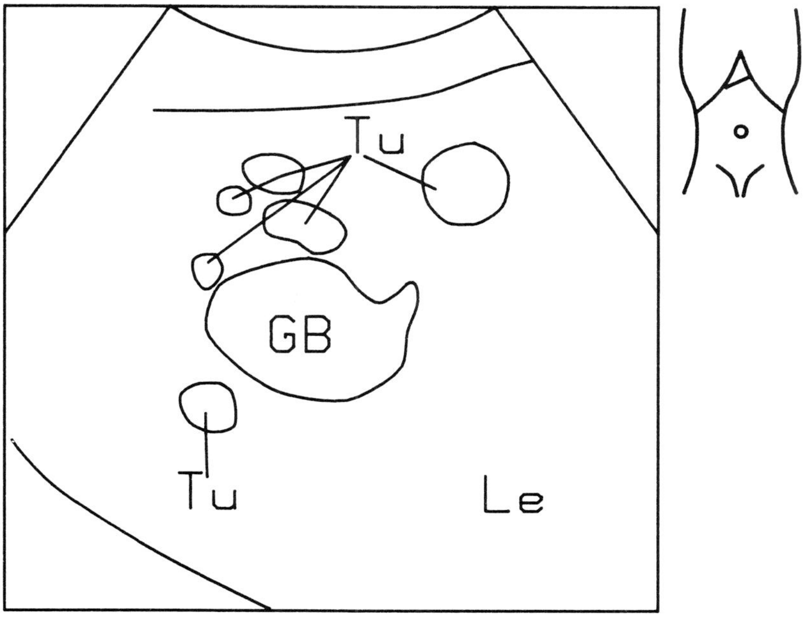

GB = vesícula biliar, Le = hígado, Tu = focos neoplásicos distribuidos de forma difusa

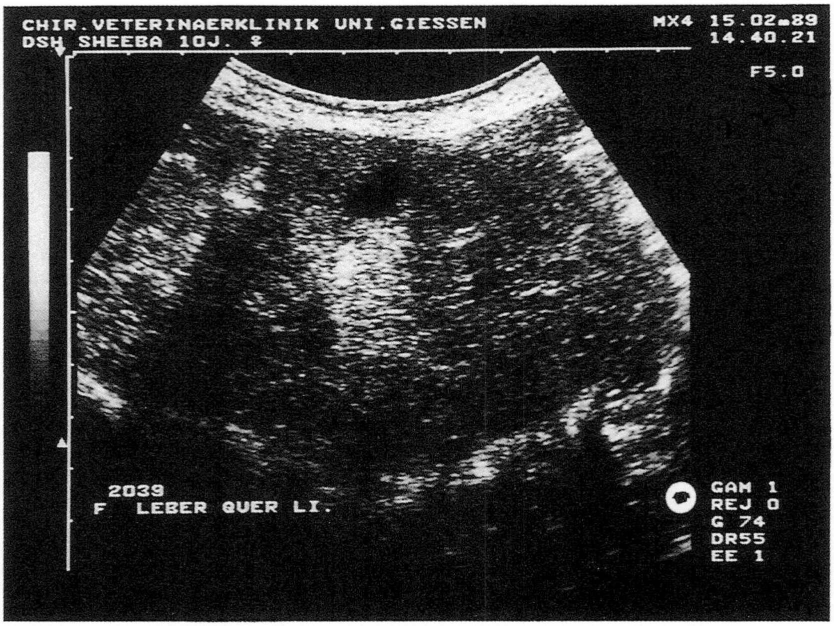

Fig. 89 Hematoma hepático (tras punción).

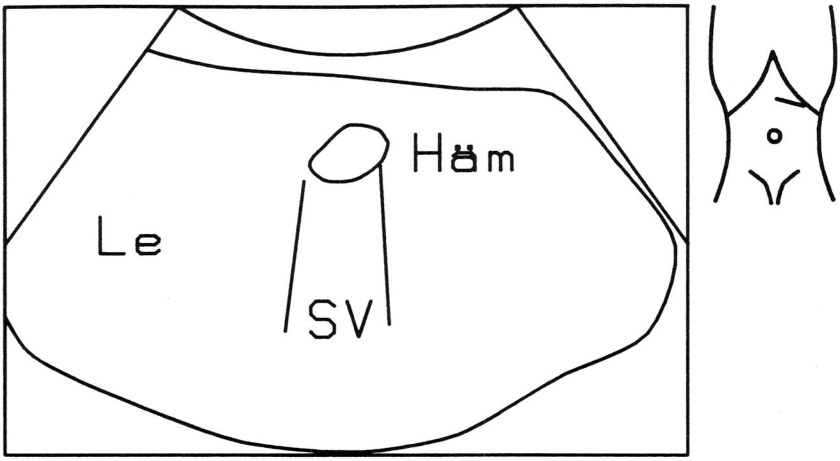

Häm = hematoma, Le = hígado, SV = refuerzo posterior

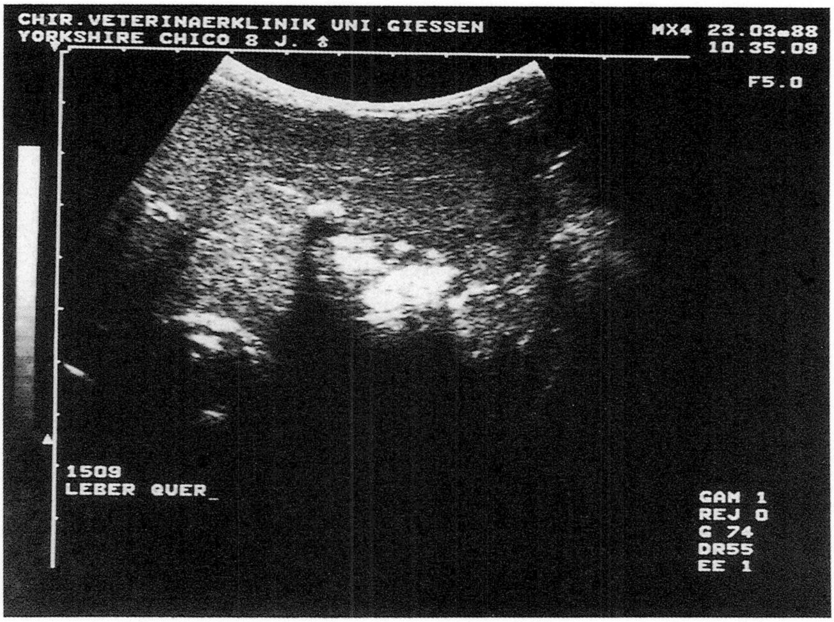

Fig. 90 Calcificaciones hepáticas.

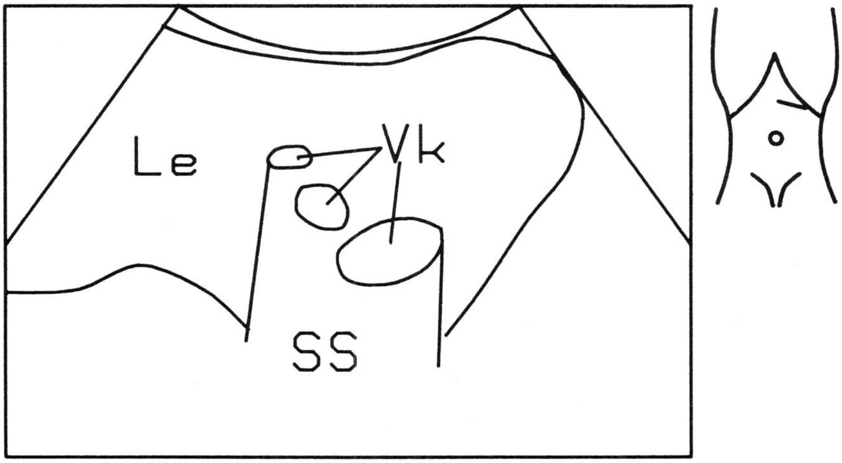

Le = hígado, SS = sombra acústica, Vk = calcificaciones

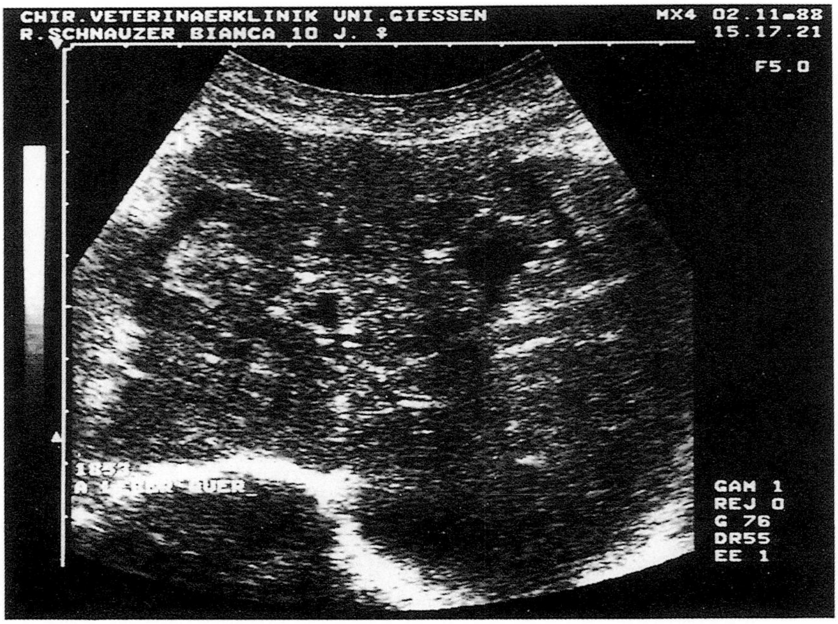

Fig. 91 Cirrosis hepática.

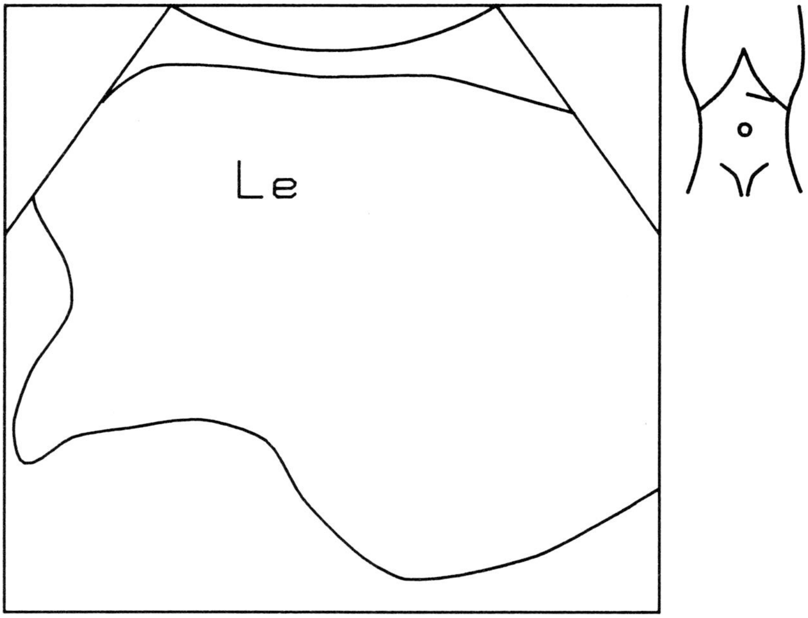

Le = hígado difusamente heterogéneo

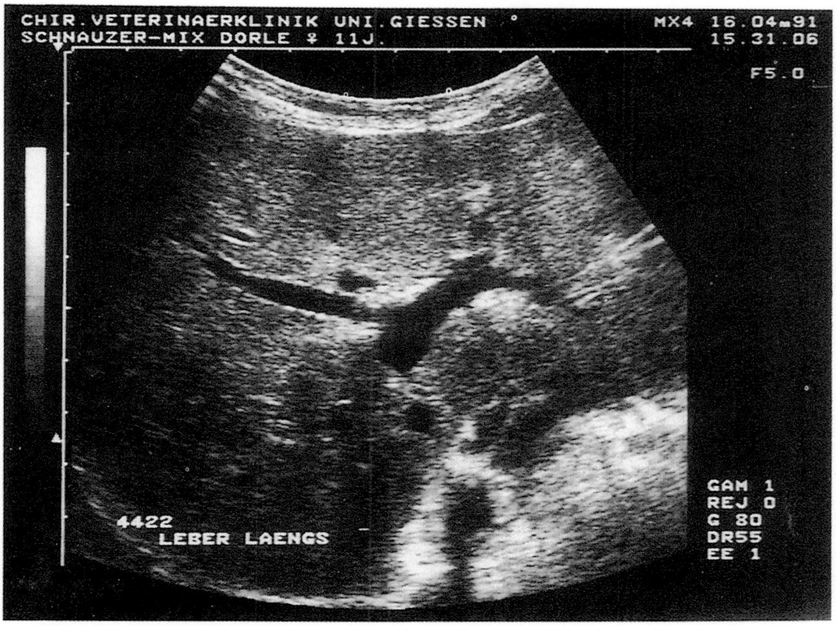

Fig. 92 Congestión hepática venosa aguda, esteatosis hepática.

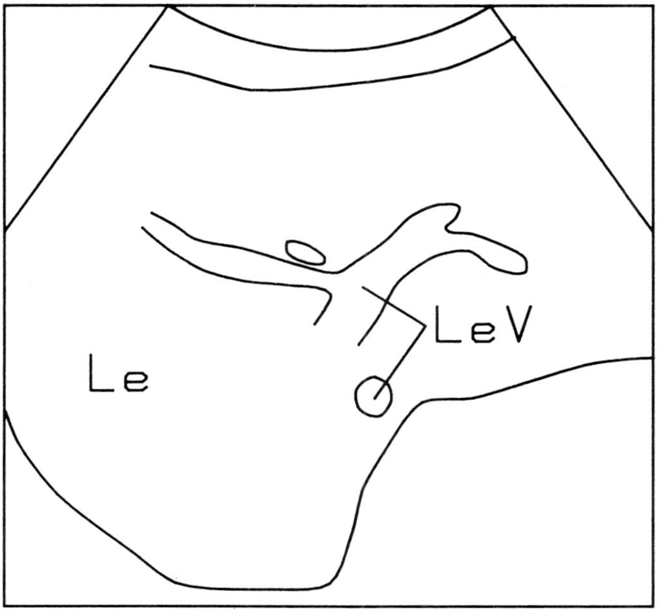

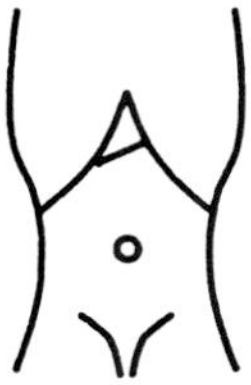

Le = hígado hiperecogénico (similar al bazo), LeV = venas hepáticas congestivas

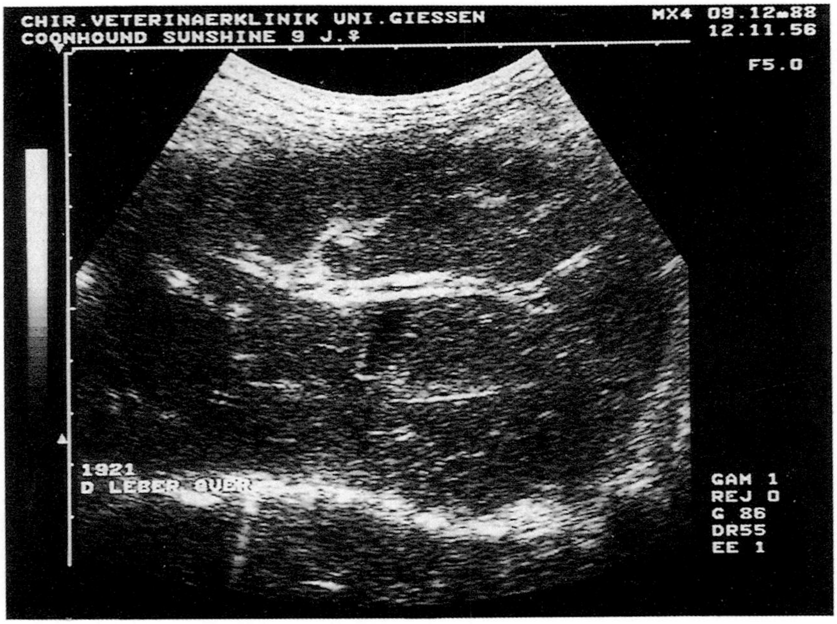

Fig. 93 Congestión hepática venosa crónica.

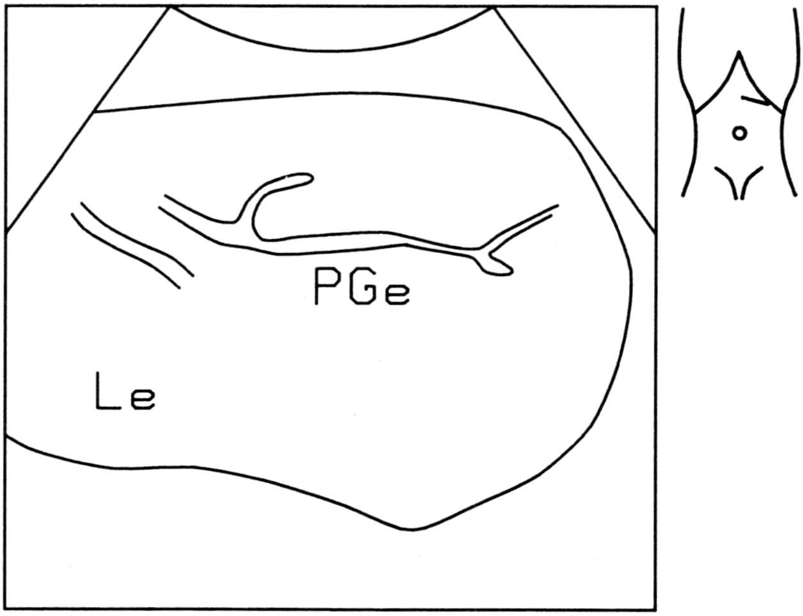

Le = hígado, PGe = venas porta, paredes hiperecogénicas irregulares

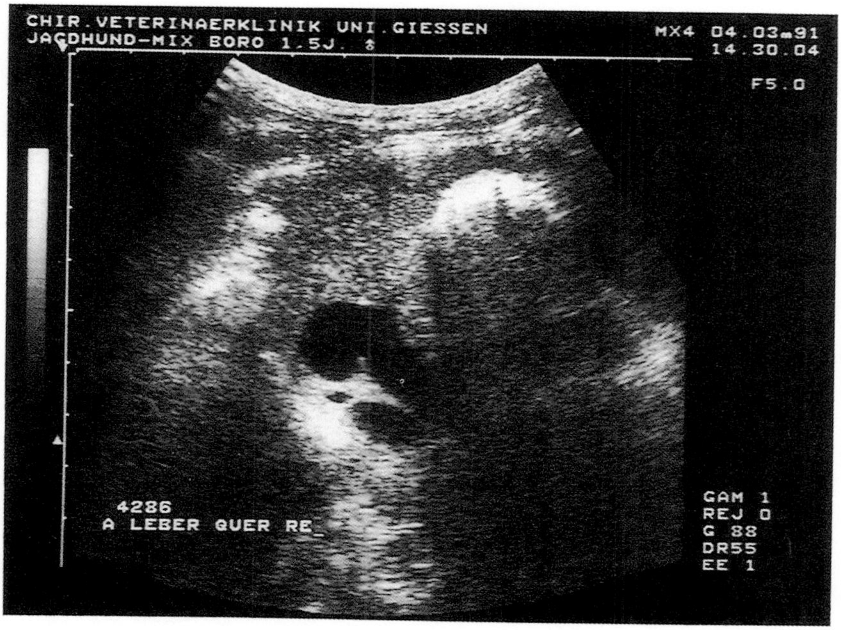

Fig. 94 Comunicación portosistémica intrahepática.

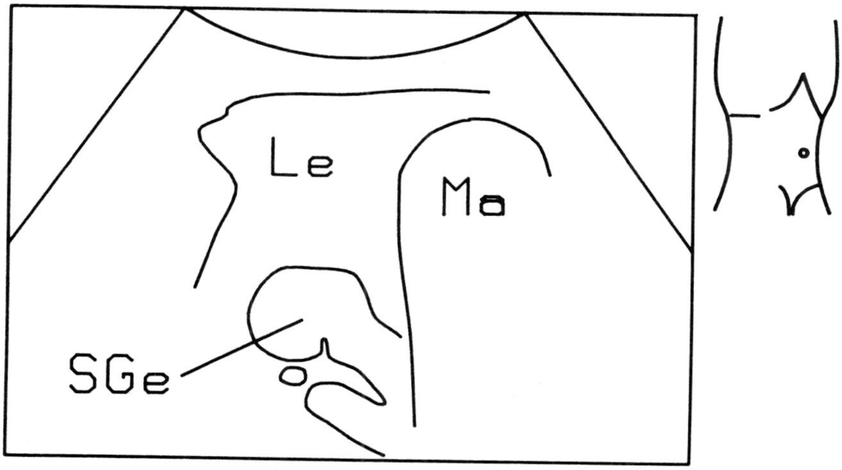

Le = hígado (similar al bazo) de pequeño tamaño, Ma = estómago, SGe = comunicación

Vesícula biliar

La vesícula biliar se localiza en la región paramedial derecha, entre el lóbulo hepático medial derecho y el lóbulo cuadrado, y sobre la superficie visceral del hígado. Para estudiar la vesícula biliar se utilizan los mismos principios básicos que para la ecografía del hígado.

Indicaciones

Ver indicaciones para la ecografía hepática.

Posición y acoplamiento

Ver ecografía hepática.

Imagen normal

La vesícula biliar aparece en la imagen como una estructura ovalada y de contenido anecogénico o muy hipoecogénico.

La bilis concentrada es hipoecogénica debido a la presencia de elementos corpusculares que sedimentan en reposo. Dependiendo de la viscosidad de este *sedimento o barro biliar (sludge),* y cambiando la posición del animal o ejerciendo cierta presión intermitente con el transductor, se puede llegar a observar un movimiento del mismo (Fig. 87). Incluso si está presente en grandes cantidades, el sedimento biliar se considera un hallazgo ecográfico normal. Se observa con frecuencia en animales que ingieren nula o escasa cantidad de alimento y, sólo ocasionalmente, asociado a lesiones inflamatorias.

El *tamaño de la vesícula* depende del momento de la última ingesta.

Generalmente, la *pared de la vesícula* se observa como una fina línea hiperecogénica en aquellos puntos en los que los ultrasonidos inciden en ángulo recto. Con equipos de gran calidad se puede observar toda la pared como una lámina doble. Como en el caso de los quistes, la vesícula produce también refuerzo posterior, pseudosedimentación, el artefacto de anchura de haz, sombra lateral y reverberación.

Los *conductos biliares* no son visibles en condiciones normales.

Alteraciones patológicas

El *aumento del tamaño de la vesícula biliar* se observa en casos de anorexia prolongada o de obstrucciones biliares extrahepáticas. En un estudio experimental, en el que se realizó una oclusión quirúrgica del conducto biliar común, se observó que a las 48 horas se detectaba ecográficamente una ligera dilatación de dicho conducto (Nyland 1982, Wrigley 1983). Tres días después la dilatación se hacía mucho más evidente y 7 días después se hacía visible la dilatación de las vías biliares intrahepáticas.

Los *cálculos biliares* son visibles ecográficamente, independientemente de si son radiolúcidos o radioopacos (Fig. 95). Si presentan un tamaño y un grado de mineralización suficiente, aparece una sombra acústica dorsal a la línea hiperecogénica que representa la superficie del cálculo. Generalmente es posible inducir su movimiento cambiando la posición del animal. La mayoría de los cálculos no producen sintomatología clínica. La migración de un cálculo a partir de la vesícula biliar sólo se puede diagnosticar ecográficamente mediante signos indirectos, como ocurre con los cálculos de la vejiga que pasan a la uretra (caudal a la próstata). Esto se debe a la ausencia de contraste alrededor del cálculo, lo que dificulta su identificación. Por otra parte, el éstasis biliar puede sugerir una causa obstructiva.

En el hombre se realizan *pruebas de funcionalidad* mediante alimentos grasos o colagogos, que determinan la capacidad de contracción de la vesícula biliar. Si se observa, además, una dilatación de las vías biliares, se puede sospechar de obstrucción biliar extrahepática. Estas pruebas no han sido estudiadas suficientemente en la especie canina (Bilger 1989).

En el *diagnóstico diferencial* hay que incluir los artefactos producidos por superposiciones del sistema gastrointestinal, y las neoplasias.

Las inflamaciones y el edema de la pared de la vesícula son sencillos de detectar ecográficamente (Fig. 96). La pared aparece engrosada y es visible en toda su extensión. En medicina humana, el engrosamiento de la pared de la vesícula biliar ha sido descrito en casos de colecistitis, contracción de la vesícula, ascitis, hipoalbuminemia, hepatitis aguda, insuficiencia cardiaca congestiva, plasmocitoma, hipertensión portal e insuficiencia renal (Bilger 1989). La estructura trilaminar de la pared (lámina interna hiperecogénica, lámina intermedia hipoecogénica, lámina externa hiperecogénica) puede desaparecer, o aparecer más resaltada.

Las *neoplasias de la vesícula biliar* son generalmente adenomas, papilomas y, con menor frecuencia, carcinomas (Fig. 97). Están adheridas a la pared, presentan una ecogenicidad inferior a la de los cálculos, y no producen sombra acústica. Los carcinomas de vesícula son difíciles de diferenciar ecográficamente de las neoplasias hepáticas.

La ruptura de la vesícula es difícil de detectar ecográficamente de forma directa. Sin embargo, junto a los signos clínicos, se pueden utilizar signos ecográficos indirectos, tales como la falta de (o mínima) distensión de la vesícula. La ruptura del conducto biliar común también se puede diagnosticar de forma indirecta por la presencia de partículas y estructuras alargadas hiperecogénicas en abdomen, que se observan en casos de peritonitis biliar.

Bibliografía (hígado, vesícula biliar)

Bailey, M. Q., M. D. Willard, M. A. McLoughlin, C. Gaber, J. Hauptman (1988): Ultrasonographic findings associated with congenital hepatic arteriovenous fistula in three dogs. J. Am. Vet. Med., Assoc. 192, 1099–1101

Bilger, R. (1989): Klinische abdominale Ultraschalldiagnostik. Gustav Fischer Verlag, Stuttgart, New York

Cartee, R. E. (1981): Diagnostic Real Time Ultrasonography of the Liver of the Dog and Cat. J. Am. Anim. Hosp. Assoc. 17, 731–737

Feeney, D. A., G. R. Johnston, R. M. Hardy (1984): Two-dimensional, gray-scale ultrasonography for assessment of hepatic and splenic neoplasia in the dog and cat. J. Am. Vet. med. Assoc. 184, 68–81

Godshalk, C. P., R. R. Badertscher, M. K. Rippy, A. W. Ghent (1988): Quantitative Ultrasonic Assessment Of Liver Size In The Dog. Vet. Radiol. 29, 162–167

Lamb, C. R. (1990): Abdominal ultrasonography in small animals: Examination of the liver, spleen and pancreas. J. Small Anim. Pract. 31, 6–15

Lamb, C. R., L. E. Hartzband, A. S. Tidwell, S. H. Pearson (1991): Ultrasonographic Findings In Hepatic And Splenic Lymphosarcoma In Dogs And Cats. Vet. Radiol. 32, 117–120

Nyland, T. G., N. A. Gillett (1982): Sonographic Evaluation Of Experimental Bile Duct Ligation In The Dog. Vet. Radiol. 23, 252–260

Nyland, T. G., R. D. Park (1983): Hepatic Ultrasonography In The Dog. Vet. Radiol. 24, 74–84

Nyland, T. G. (1984): Ultrasonic Patterns Of Canine Hepatic Lymphosarcoma. Vet. Radiol. 25, 167–172

Schmidt, S. (1987): Zur Ultraschalluntersuchung der Leber bei Hund und Katze. Tierärztl. Prax. 15, 57–62

Stowater, J. L., C. R. Lamb, S. H. Schelling (1990): Ultrasonographic Features Of Canine Hepatic Nodular Hyperplasia. Vet. Radiol. 31, 268–272

Walla jr., L. (1988): Sonographie der Leber und Gallenblase. DVG-Tagungsbericht Mannheim, 80–92

Wrigley, R. H., D. W. Macy, P. M. Wykes (1983): Ligation of ductus venosus in a dog, using ultrasonographic guidance. J. Am. Vet. Med. Assoc. 183, 1461–1464

Wrigley, R. H., L. J. Konde, R. D. Park, J. L. Lebel (1987): Ultrasonographic diagnosis of portocaval shunts in young dogs. J. Am. Vet. Med. Assoc. 191, 421–424

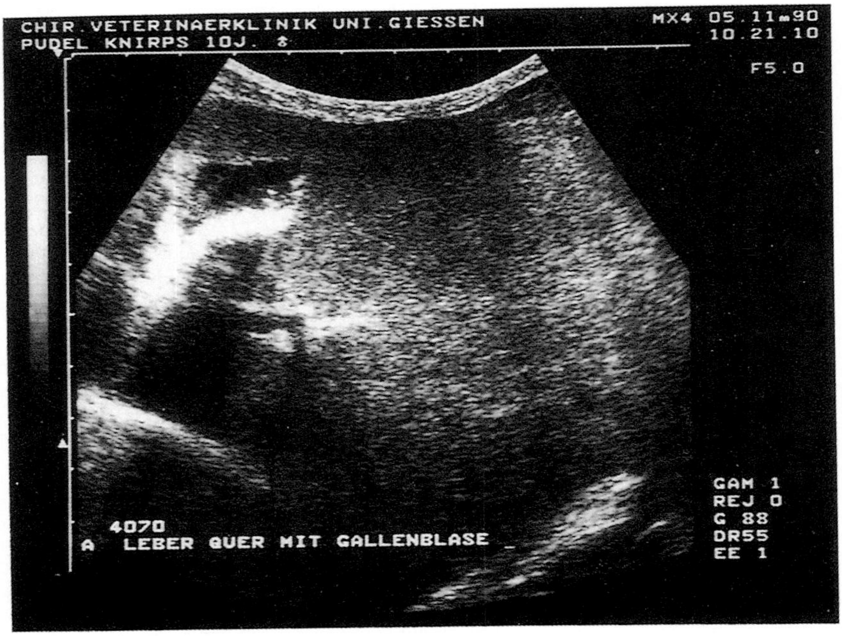

Fig. 95 Cálculos en la vesícula biliar, esteatosis hepática.

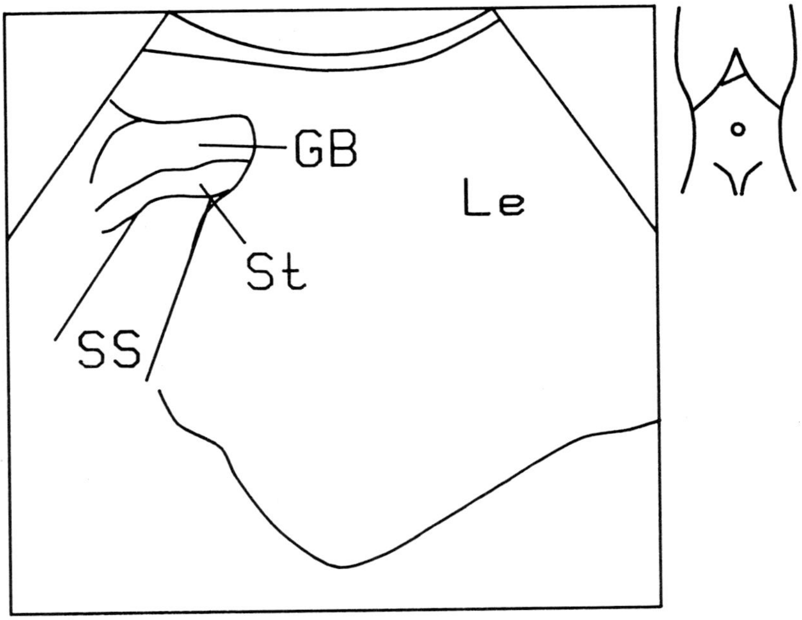

GB = vesícula biliar, Le = hígado hiperecogénico (similar al bazo), SS = sombra acústica, St = cálculos (capa de concrementos)

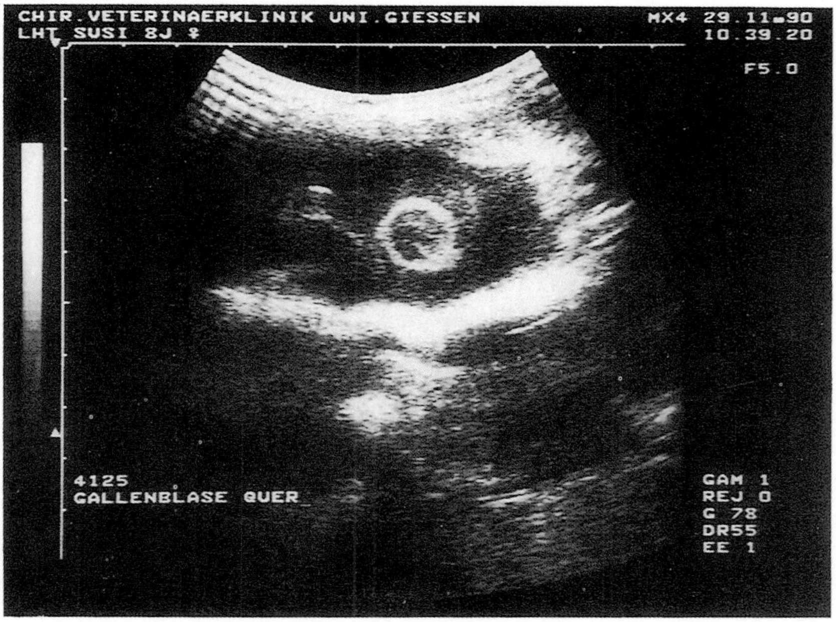

Fig. 96 Colecistitis.

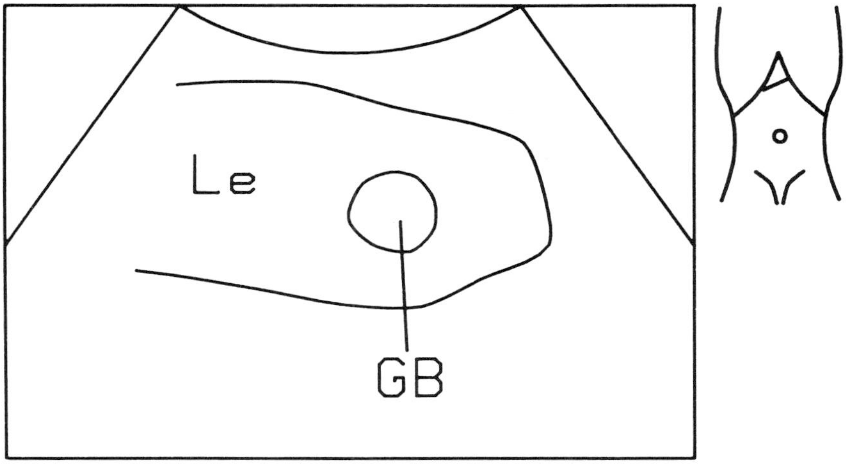

GB = vesícula biliar de pequeño tamaño, pared hiperecogénica mal definida, Le = hígado, corte periférico

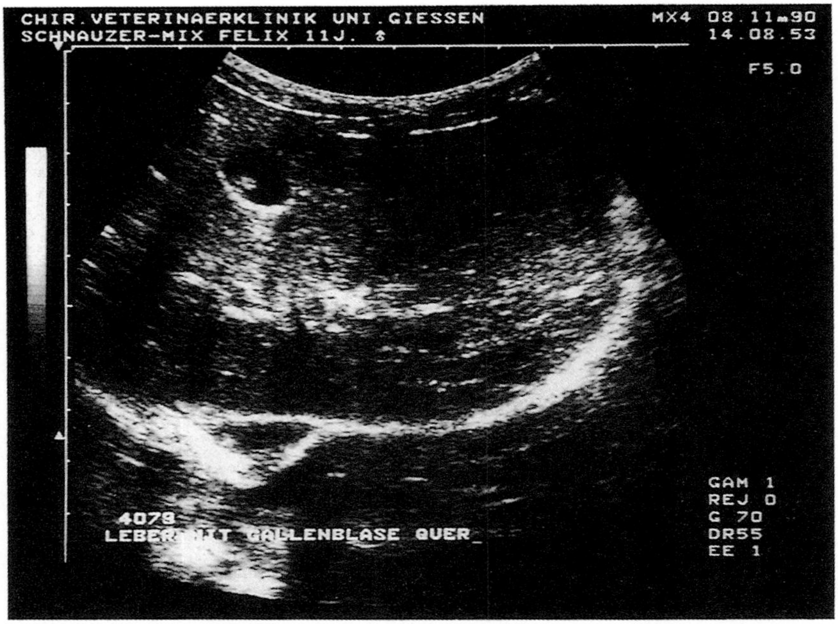

Fig. 97 Pólipo en la vesícula biliar.

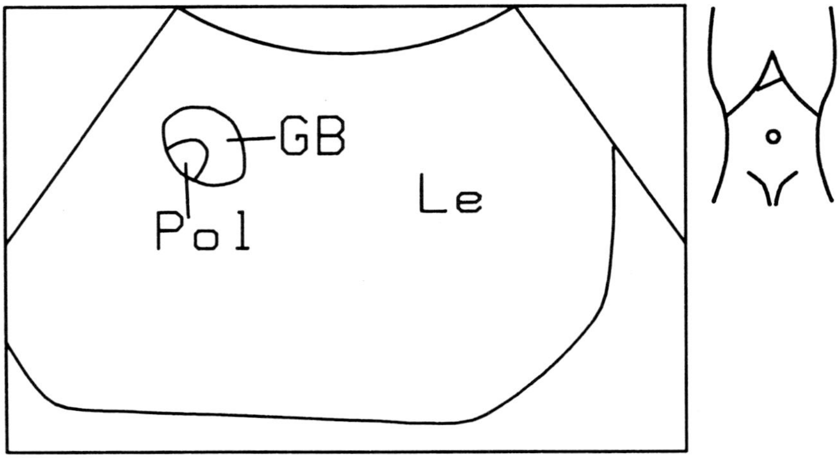

GB = vesícula biliar, pared normal, Le = hígado, Pol = pólipo

Sistema gastrointestinal - Intestino

A lo largo de los últimos años se ha demostrado que la ecografía del sistema gastrointestinal aporta información complementaria al estudio radiológico, no sólo en medicina humana, sino también en veterinaria.

Los transductores más adecuados son los de 5 y 7,5 MHz.

Indicaciones

Estudio general del abdomen, procesos intraabdominales no esclarecidos, control de la motilidad intestinal.

Ejemplos: neoplasias, gastritis y enteritis, íleo, invaginación, cuerpos extraños, perforaciones.

Posición y acoplamiento

El estudio ecográfico del sistema gastrointestinal se realiza con los animales en decúbito supino. Se rasura toda la superficie ventral del abdomen. En ocasiones, y para evitar superposiciones con gas o heces, se puede colocar al animal en decúbito lateral o en estación.

Se recomienda que el animal esté en ayunas de 12-14 horas para disminuir la cantidad de gas gastrointestinal. Los acúmulos de gas se pueden reducir mediante la administración de un carminativo. La introducción de líquido a través de una sonda gástrica facilita el estudio de la luz del estómago y de los primeros tramos del intestino. En casos de ascitis o hemoperitoneo mejora el contraste de la parte externa del sistema gastrointestinal, lo que también se puede conseguir creando un hidroperitoneo de forma artificial. Los contrastes iodados son anecogénicos, como los líquidos; por el contrario, el bario no se puede diferenciar en las primeras horas del gas o de las heces, por lo que dificulta el estudio. Por este motivo, los contrastes de bario se deben realizar una vez finalizado el estudio ecográfico.

Imagen normal

En condiciones normales, y al igual que en el hombre, la pared del intestino del perro consta ecográficamente de cinco capas (Fig. 98):

- línea hiperecogénica externa (eco de entrada): interfase serosa-cavidad abdominal
- línea hipoecogénica externa: muscular propia
- línea hiperecogénica media: submucosa
- línea hipoecogénica interna: mucosa
- línea hiperecogénica interna (eco de salida): interfase superficie de mucosa-luz (Schwerk, 1989).

En animales de pequeño tamaño generalmente se diferencian solamente tres capas: línea hiperecogénica externa, línea hipoecogénica, línea hiperecogénica interna. Esto viene determinado por la limitada capacidad de resolución, y por el escaso contraste entre la luz y la pared. En las asas que contienen heces o gas se suele observar una única banda hipoecogénica sobre la zona hiperecogénica que representa el contenido alimenticio. La imagen óptima generalmente se consigue cuando el intestino presenta contenido líquido y está rodeado por líquido libre. La superficie intestinal aparece fisiológicamente poco nítida cuando existe ascitis.

No es posible determinar con exactitud qué tramo intestinal se está estudiando en cada momento, excepto en el caso del duodeno y, aún así, de forma limitada. Se puede valorar el peristaltismo del intestino delgado y la progresión del contenido alimenticio, lo que aparece en un corte transversal como destellos intermitentes de luz. Por el contrario, el peristaltismo del intestino grueso no puede ser valorado ecográficamente. Además, la pared normal de éste es unilaminar.

Alteraciones patológicas del intestino

Las *neoplasias intestinales* aparecen en la imagen como formaciones hipoecogénicas de tamaño variable, y generalmente bien delimitadas (Fig. 99). Se diferencian de las neoplasias de otros orígenes por la presencia de una zona hiperecogénica que representa la luz intestinal. Esta zona puede ser central, o aparecer en cualquier punto de la masa, incluso en la superficie de la misma. La luz hiperecogénica se puede seguir ecográficamente en cortes transversales y longitudinales hasta zonas externas a la masa.

La neoplasia puede presentar una forma redondeada o alargada, y la superficie suele ser lisa. Se diferencia bien del resto de las estructuras abdominales debido a la hipoecogenicidad del tejido neoplásico. A nivel de la pared afectada no se reconocen las capas típicas del intestino normal.

Las perforaciones intestinales a nivel de la neoplasia se observan como trayectos hiperecogénicos que se extienden a partir de la luz del tramo de intestino afectado. Pueden aparecer ecos producidos por gas. Las características de la sombra acústica viene determinada por la cantidad de heces o de aire que contenga el intestino. Si el tumor produce un íleo, el acúmulo de gas o de heces preestenótico dificulta el estudio ecográfico.

Sólo el estudio histopatológico puede diferenciar los distintos tipos de neoplasia.

Los *carcinomas rectales* se observan como ensanchamientos alargadas del tubo digestivo en la entrada de la pelvis (Fig. 100). El tejido intraluminal presenta una ecogenicidad media, mientras que la pared puede ser hipoecogénica o relativamente hiperecogénica. Puede alcanzar un grosor de 1 cm, y ser muy irregular. La mejor imagen del carcinoma rectal se obtiene a través de la pared abdominal ventral. El acceso anal o perianal ofrece imágenes confusas y difíciles de interpretar.

En casos de *enteritis* se observan innumerables formaciones redondeadas o alargadas en abdomen, que presentan una pared hipoecogénica muy evidente, y una línea hiperecogénica central que se corresponde con la luz (Fig. 101). El grosor de la capa hipoecogénica interna puede ser de 3-4 mm. El mesenterio aparece como tejido hiperecogénico rodeando las asas intestinales, con lo que las capas intestinales externas se definen mejor. En un corte transversal se suelen apreciar múltiples formaciones redondeadas de este tipo en una misma imagen. En ocasiones se observa un aumento del peristaltismo, con lo que aparecen destellos de forma ininterrumpida en el monitor.

Las linfoadenopatías intestinales se pueden observar como estructuras redondeadas, hipoecogénicas, bien delimitadas, y situadas junto a las asas intestinales.

En el *diagnóstico diferencial* se deben incluir los linfosarcomas infiltrativos y el íleo por cuerpo extraño (Fig. 102).

El *íleo por cuerpo extraño* puede producir una imagen ecográfica muy variable. Viene determinada por el cuerpo extraño (forma, tamaño, composición, superficie, localización), por el contenido intestinal, y por la cantidad de gas o de líquido acumulados.

Los cuerpos extraños son más difíciles de diagnosticar cuando existen grandes acúmulos de heces o de gas. Sin embargo, sí resultan visibles si se localizan aislados en tramos de digestivo vacío, o caudal a una zona de acúmulo de líquido. Cuando se trata de cuerpos extraños muy densos (por ej., huesos, piedras, huesos de cereza), sólo se observa en la imagen la superficie de la estructura. Si presentan una densidad media (por ej., trozos de plástico o de goma), se puede apreciar todo el cuerpo extraño, sobre todo si existe perforación con colección de líquido en la luz. Cuando existe un íleo completo y, al igual que sucede con los vólvulos o las invaginaciones, se puede producir un acúmulo de líquido preestenótico. Se hace evidente cómo fluye el contenido intestinal hacia el punto de obstrucción durante una contracción, para retroceder cuando ésta cesa (flujo de líquido bidireccional) (Fig. 103).

Al contrario que el íleo mecánico, el *íleo paralítico* se caracteriza por la ausencia de motilidad intestinal normal. Aparecen dilatadas grandes extensiones de asas de intestino delgado. El estudio se ve frecuentemente dificultado por la presencia de gran cantidad de gas.

En los *vólvulos* se observan asas de intestino delgado repletas de líquido, con una luz de 2-4 cm de diámetro, y que presentan hipermotilidad. Están situadas junto a otras asas con cantidades masivas de gas. Salvo excepciones, el punto de torsión no es visible ecográficamente.

Las *invaginaciones* se diagnostican ecográficamente con un alto grado de fiabilidad (Figs. 104, 105). En un corte transversal, las asas afectadas presentan un aspecto de «cebolla» o «diana», debido a la imagen conjunta de todas las capas intestinales edematosas y alternativamente hiper e hipoecogénicas. Por este motivo, esta imagen también se denomina «diana» (target sign) u «ojo de buey» (bull's eye pattern). En un corte longitudinal también se puede apreciar claramente esta estructura multilaminar. El grosor de las capas hipoecogénicas (especialmente de las externas) puede ser de varios milímetros. En un corte longitudinal se puede valorar la extensión de tubo digestivo afectado. La imagen resulta completa cuando se observa, junto a los tramos invaginados, un acúmulo de líquido preestenótico y una hipermotilidad.

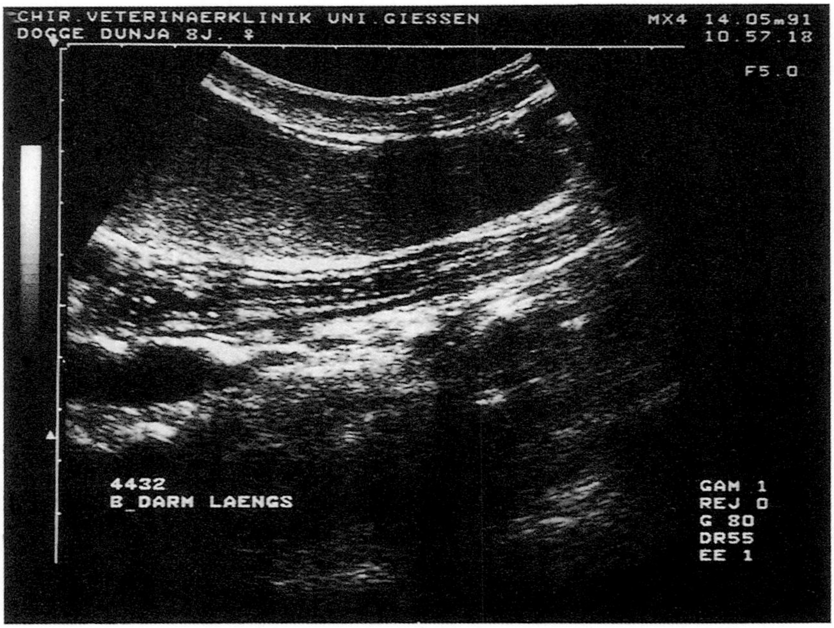

Fig. 98 Intestino normal, esplenomegalia.

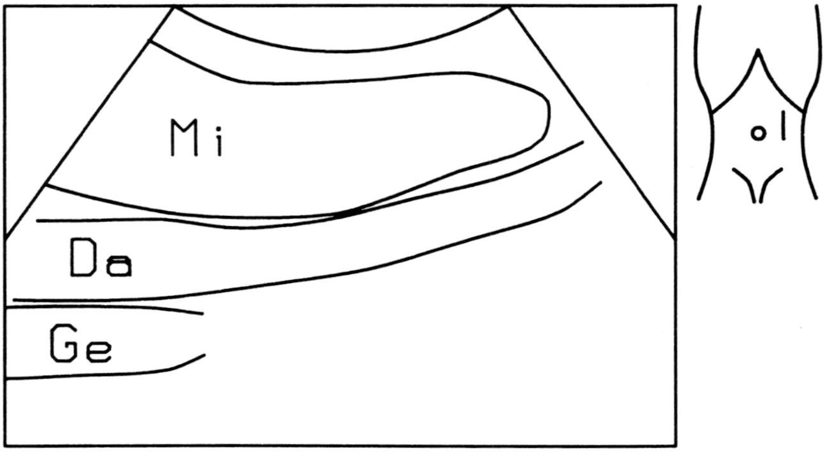

Da = intestino delgado, cinco capas, Ge = vaso, Mi = esplenomegalia, bordes redondeados

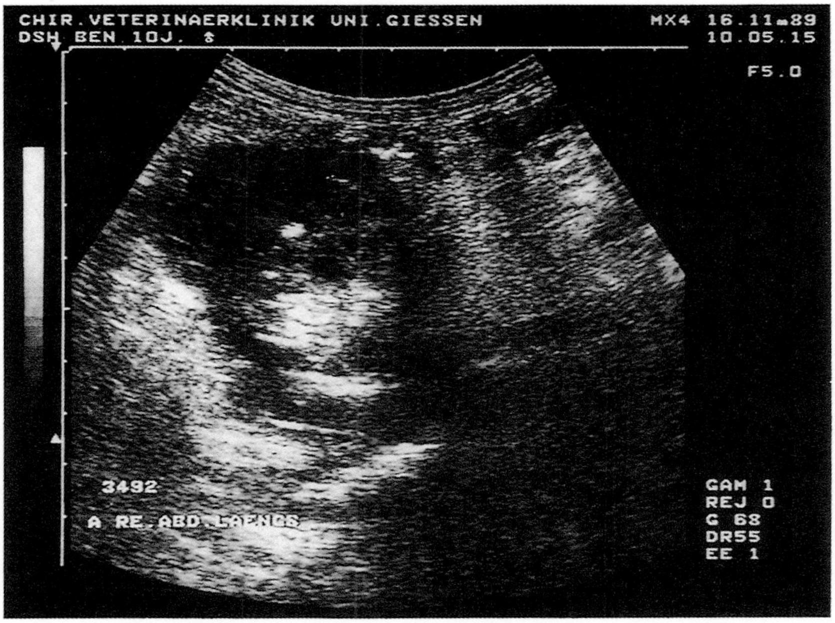

Fig. 99 Neoplasia de intestino delgado (leiomiosarcoma con áreas de mixosarcoma).

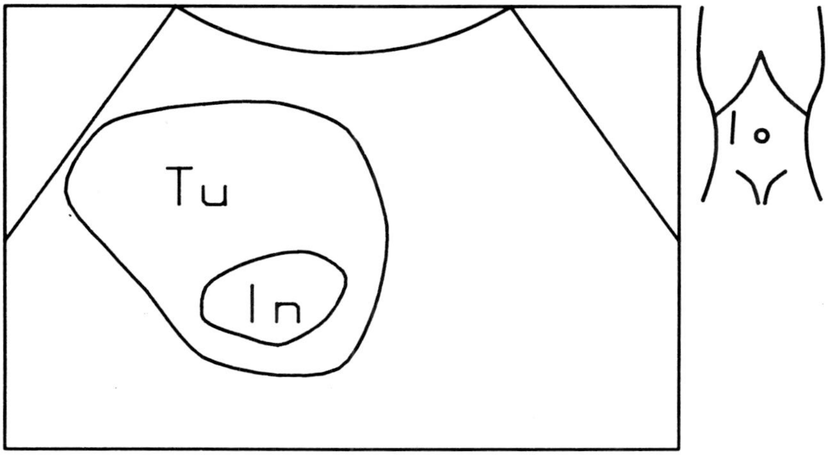

In = contenido alimenticio, Tu = tumor, no se observan las capas

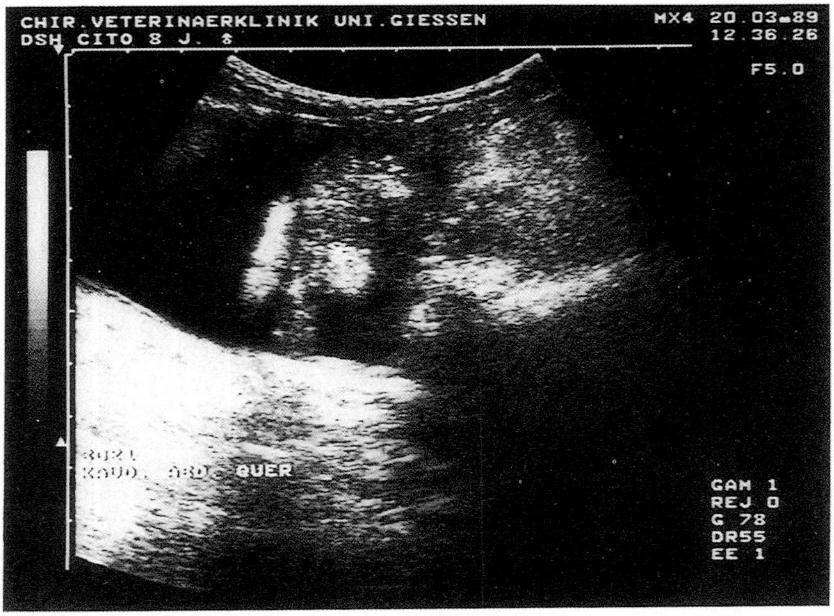

Fig. 100 Neoplasia de intestino grueso (carcinoma rectal escirro).

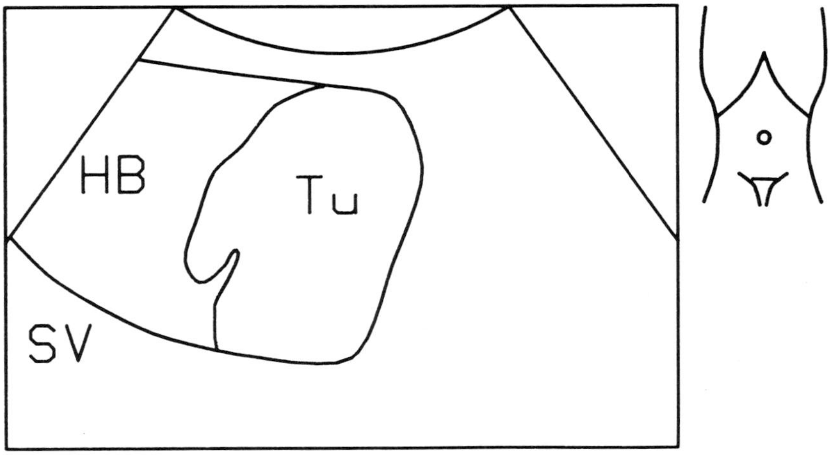

HB = vejiga, SV = refuerzo posterior, Tu = tumor, corte junto a vejiga

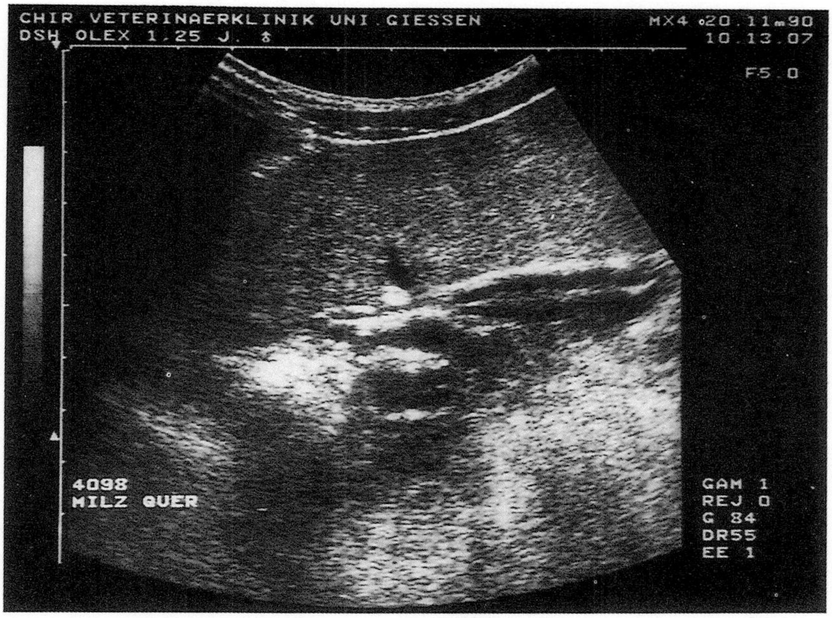

Fig. 101 Enteritis, esplenomegalia.

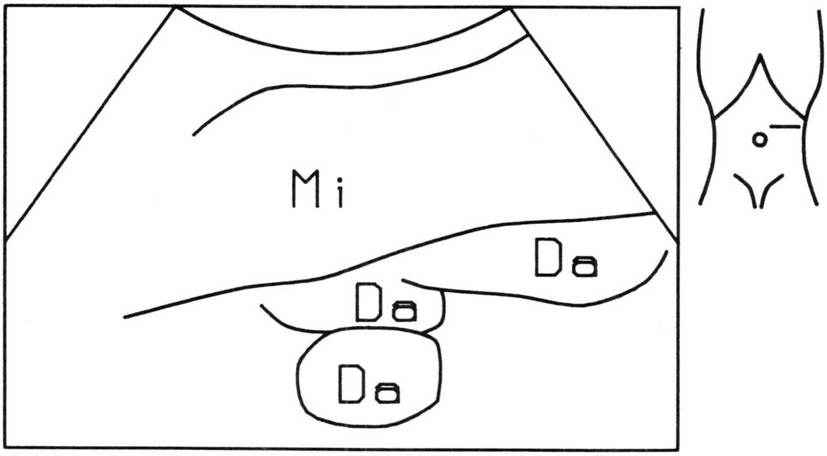

Da = intestino delgado, capas de la pared engrosadas, Mi = esplenomegalia, vena esplénica

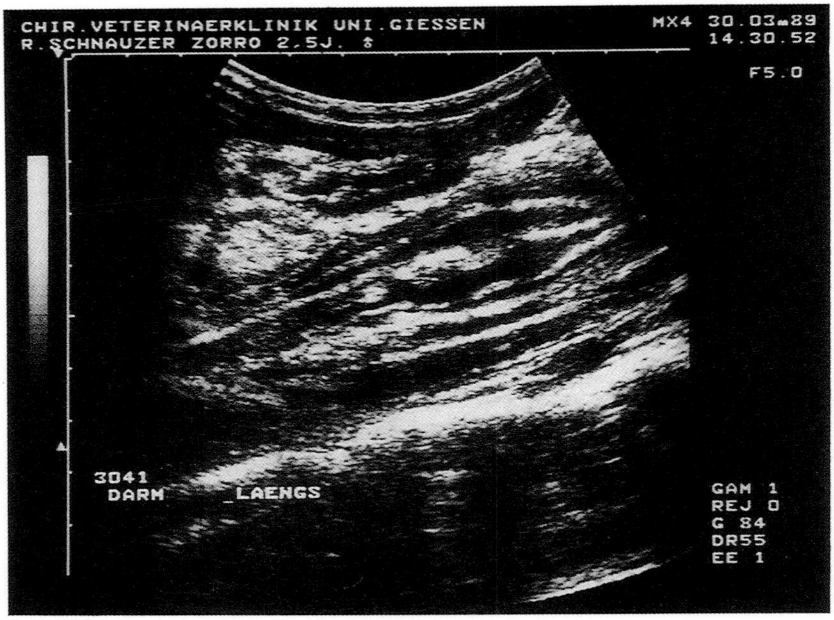

Fig. 102 Linfosarcoma intestinal.

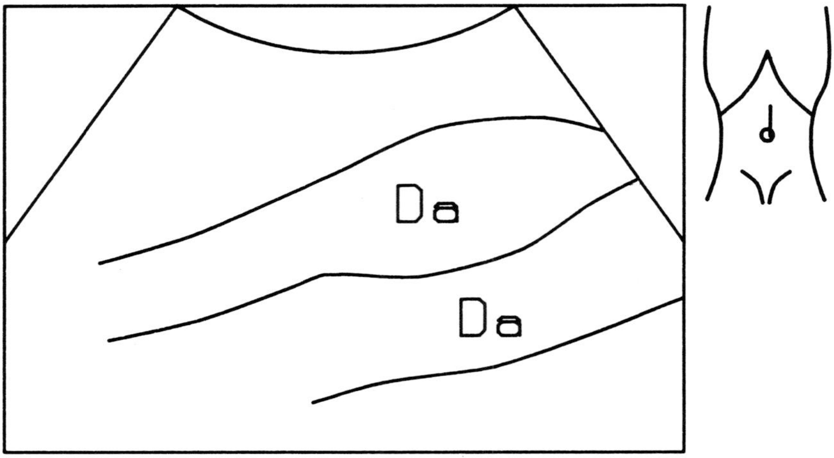

Da = intestino delgado, infiltración difusa, capas de pared engrosadas

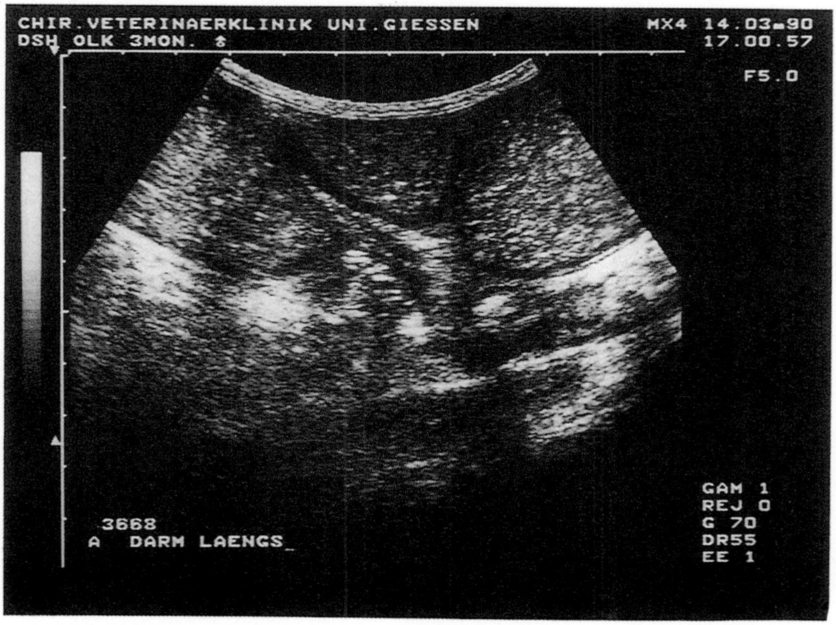

Fig. 103 Estasis retrógrado en un caso de íleo.

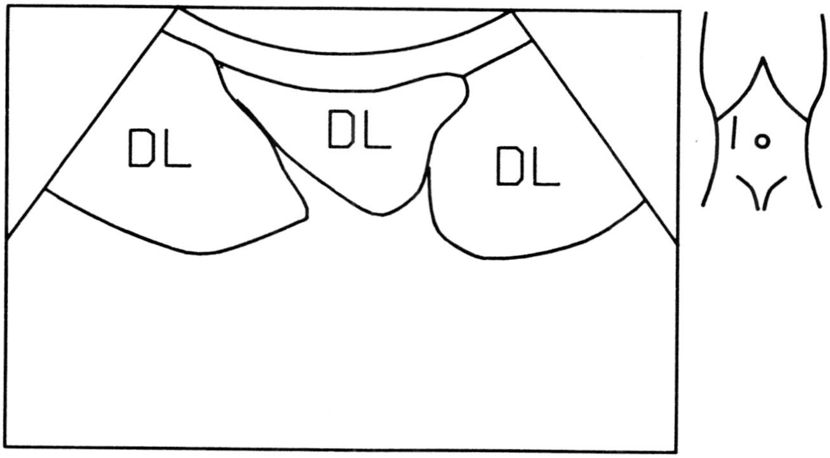

DL = luz intestinal muy dilatada y con contenido alimenticio

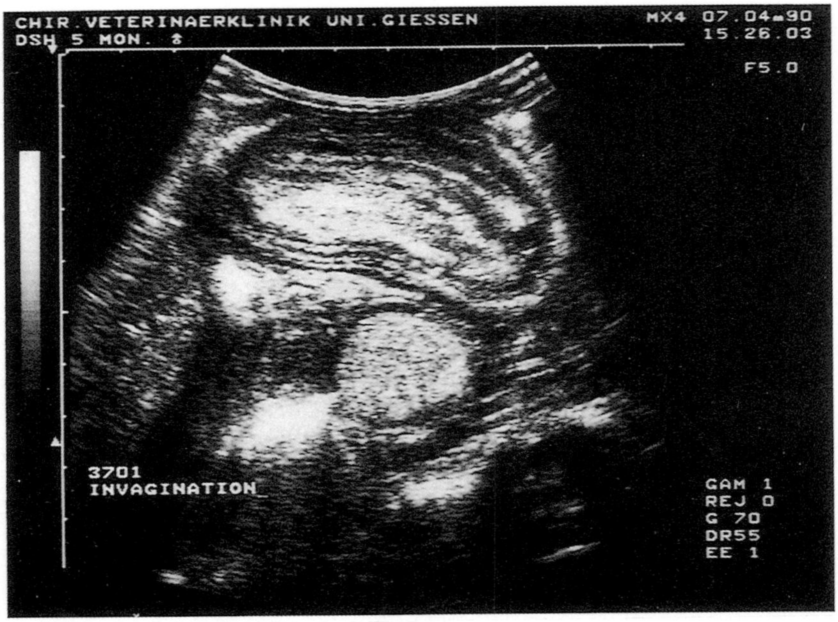

Fig. 104 Invaginación.

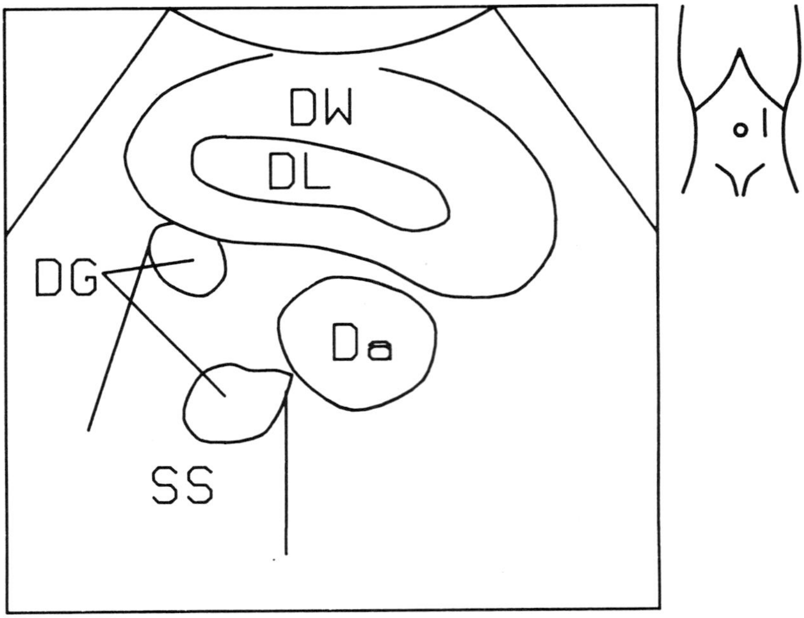

Da = intestino delgado con retención de contenido alimenticio, DG = intestino delgado repleto de gas, DL = luz intestinal, DW = pared intestinal con más de 5 capas.

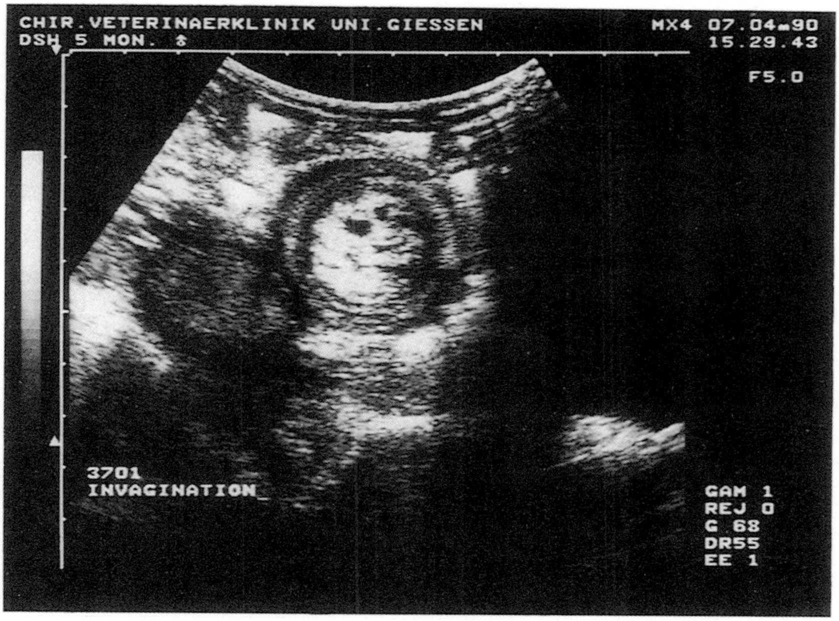

Fig. 105 Invaginación.

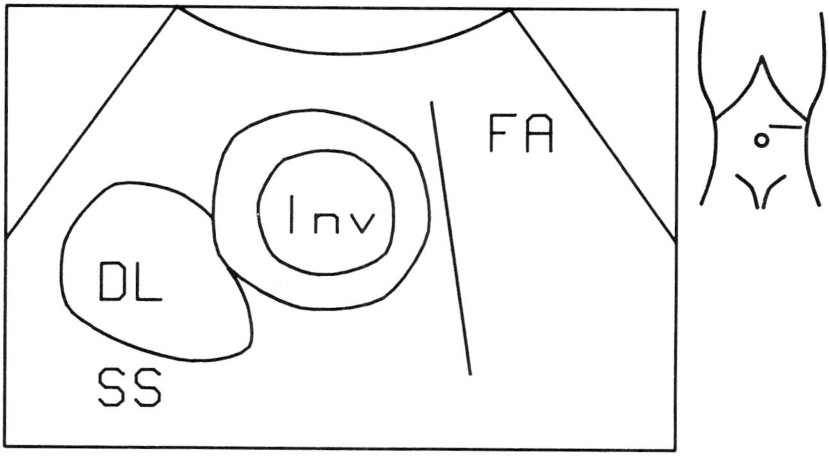

DL = luz intestinal con retención de contenido alimenticio, FA = mal acoplamiento del transductor, Inv = invaginación, pared multilaminar, externamente edematosa, SS = sombra acústica

Sistema gastrointestinal - Estómago

La ecografía del estómago se realiza con transductores de 5 y 7,5 MHz. Los pacientes requieren una preparación especial.

Indicaciones

Las indicaciones son las mismas que en ecografía intestinal. Es posible detectar neoplasias, gastritis crónica, úlceras, atrofia de los pliegues de la mucosa, cuerpos extraños.

Posición y acoplamiento

La ecografía de un estómago sin contenido líquido ofrece posibilidades diagnósticas limitadas. Por este motivo, los animales que van a ser sometidos a un estudio ecográfico gástrico deben estar en ayunas y sedados. Se debe rasurar el abdomen craneal e introducir 150-1.000 ml de líquido a través de una sonda gástrica. No es necesario administrar un espasmolítico para disminuir el peristaltismo. La exploración se realiza con el animal en decúbito supino a través de cortes transversales y longitudinales. Para evitar los acúmulos de gas que suele haber en las regiones próximas al transductor, puede ser necesario inclinar al animal, o utilizar un acceso lateral. Para estudiar el desplazamiento de cuerpos extraños puede ser útil colocar al animal en decúbito prono.

Imagen normal

A nivel de la pared gástrica normal son visibles de 3 a 5 capas según el tamaño del animal, y el tipo de transductor utilizado en el estudio. La detección de las cinco capas es más frecuente en la región del píloro. La valoración de la pared ventral puede resultar difícil debido a la aparición de múltiples artefactos, lo que puede intentar corregirse utilizando un «pad». El grosor de la pared no supera generalmente los 5-6 mm (dependiendo del grado de distensión del estómago). Los pliegues de la mucosa gástrica son visibles ecográficamente. La línea hipoecogénica externa (muscular) se ve especialmente bien en la región pilórica.

Alteraciones patológicas del estómago

Los *engrosamientos focales de la pared* son sencillos de reconocer mediante ecografía. Aparecen como ensanchamientos hipoecogénicos que afectan con mayor frecuencia a la región del píloro. En condiciones normales, la curvatura menor no es fácil de delimitar, pero en estos casos presenta un engrosamiento evidente. La estructura normal de la pared desaparece. En casos de úlceras o en los carcinomas de células de anillo de sello, se pueden observar defectos focales en la pared, junto con irregularidades de la misma en zonas adyacentes (Fig. 106). La línea hiperecogénica interna discurre de forma irregular, y en algunos tramos aparece ramificada. La mayor parte de la pared gástrica presenta una capa hipoecogénica de 1-2 cm, que va disminuyendo de grosor hasta confluir con los tramos de pared normales. Se puede determinar exactamente el grado de afectación, así como la localización de estas alteraciones. Ecográficamente no es posible diferenciar el origen neoplásico o inflamatorio de estas lesiones. Se considera patológico el hecho de observar que la pared gástrica presenta un grosor constante, independientemente del grado de distensión del estómago.

Los *engrosamientos difusos de la pared* del estómago con mantenimiento de las capas se observan en casos de gastritis (Fig. 107). La superficie interna aparece irregular.

La detección ecográfica de *cuerpos extraños en estómago* puede, en algunos casos, sustituir a la radiología de contraste. La presencia de líquido en el estómago facilita la determinación del tamaño, del número y de la localización de los cuerpos extraños. Se han observado ecográficamente huesos, trozos de madera, tricobezoares, pelotas de goma, restos de alimentos, etc. Los cambios de posición del paciente (por ej., decúbito supino o prono, cabeza levantada o bajada) permiten observar el desplazamiento del cuerpo extraño. También es posible determinar si un cuerpo extraño puntiagudo (por ej., madera, aguja) se localiza parcial o completamente en el estómago y/o fuera del mismo. Se deben valorar los tejidos adyacentes (por ej., valorar si el hígado ha sido afectado). Las pelotas situadas en el antro pilórico son más difíciles de detectar debido a la ausencia de contraste.

El estudio ecográfico del estómago se debe realizar antes que las radiografías de contraste con bario. En caso contrario, el estómago se debe vaciar y lavar para eliminar los restos de contraste.

Bibliografía (sistema gastrointestinal)

Flückinger, M., P. Arnold (1986): Die Darminvagination beim Hund – ihr sonographisches Bild. Kleintierprax. 31, 379–382

Kantrowitz, B. M., D. Dimski, K. Swalec, D. S. Biller (1988): Ultrasonographic Detection of Jejunal Intussusception and Acute Renal Failure Due To Ethylene Glykol Toxicity in a Dog. J. Am. Anim. Hosp. Assoc. 24, 697–700

Kleine, L. J., C. R. Lamb (1989): Comparative Organ Imaging: The Gastrointestinal Tract. Vet. Radiol. 30, 133–141

Penninck, D. G., T. G. Nyland, P. E. Fisher, L. Y. Kerr (1989): Ultrasonography Of The Normal Canine Gastrointestinal Tract. Vet. Radiol. 30, 272–276

Penninck, D. G., T. G. Nyland, L. Y. Kerr, P. E. Fisher (1990): Ultrasonographic Evaluation Of Gastrointestinal Diseases In Small Animals. Vet. Radiol. 31, 134–141

Schwerk, W. B. (1989): in: Braun, B., R. Günther, W. B. Schwerk: Ultraschalldiagnostik, Lehrbuch und Atlas, Gastrointestinaltrakt.

Spaulding, K. A., L. A. Cohn, R. T. Miller, E. M. Hardie (1990): Enteric Duplication In Two Dogs. Vet. Radiol. 31, 83–88

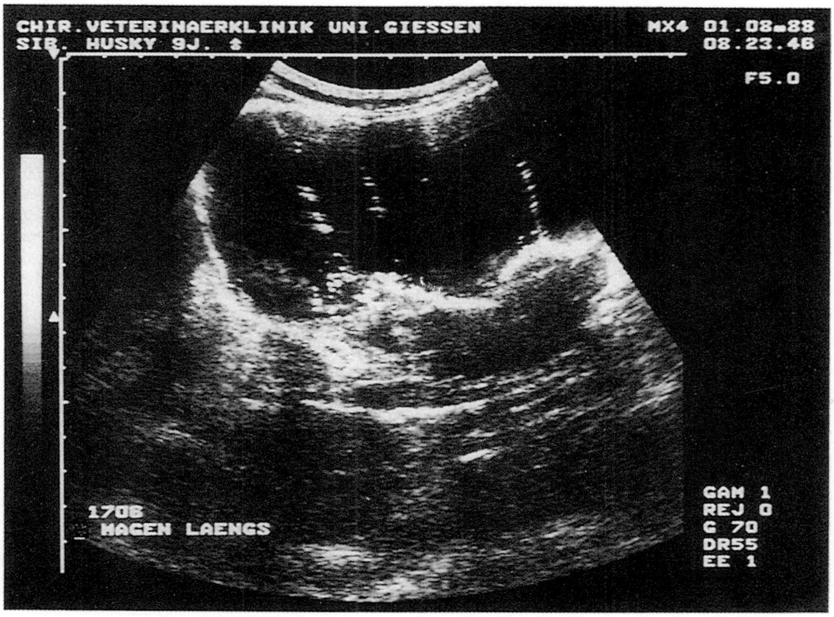

Fig. 106 Carcinoma gástrico de células de anillo de sello.

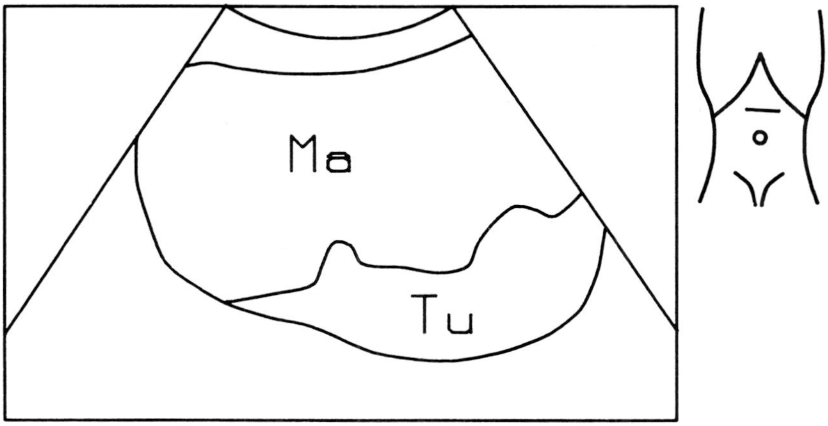

Ma = estómago, Tu = tumor, pared muy engrosada con ausencia de diferenciación de capas

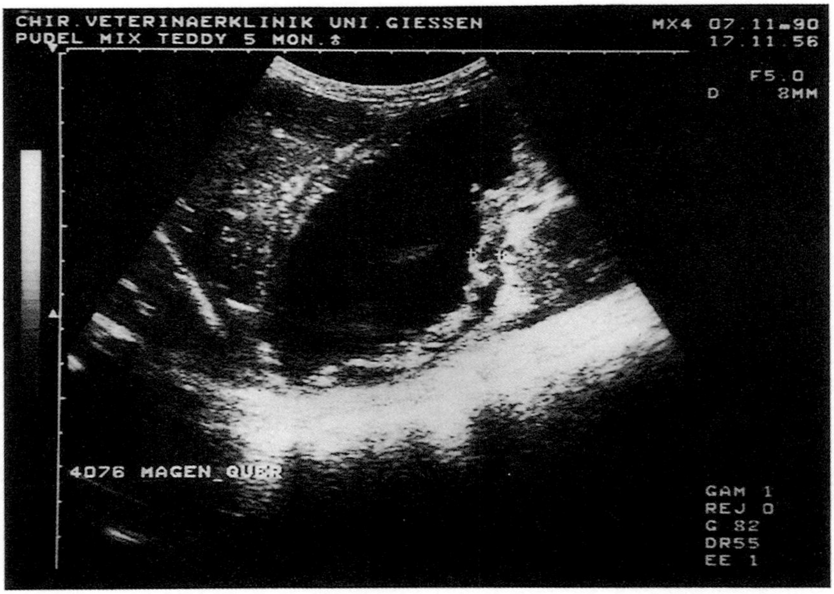

Fig. 107 Gastritis.

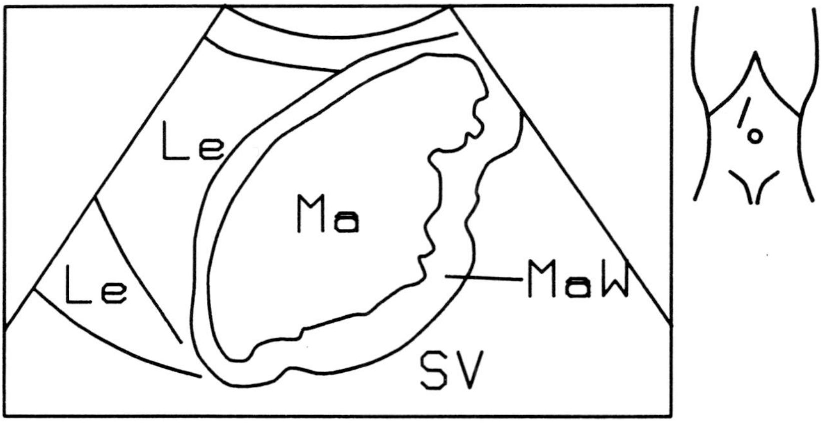

Le = hígado, Ma = estómago, MaW = pared gástrica engrosada, irregular, ausencia de diferenciación de capas, SV = refuerzo posterior

Páncreas

Indicaciones

Patologías a nivel de abdomen craneal y páncreas. Se han detectado: pancreatitis, neoplasia, absceso, necrosis, pseudoquiste, dilatación del conducto pancreático (ver bibliografía).

Posición y acoplamiento

El paciente se coloca en decúbito supino o lateral. También se puede utilizar el acceso lateral a través del 9º ó 10º espacio intercostal para valorar el lóbulo pancreático derecho. El animal debe estar en ayunas, pero puede beber agua. La administración de un carminativo antes de realizar la ecografía puede disminuir la cantidad de gas gastrointestinal y facilitar el estudio. El páncreas se valora mejor en cortes transversales que longitudinales.

Imagen normal

Generalmente, el páncreas normal no es visible ecográficamente, o sólo indirectamente. No es posible establecer los límites pancreáticos con exactitud, debido a que presenta una ecogenicidad muy similar a la de la grasa abdominal, y a que el gas gastrointestinal se superpone con frecuencia. La localización de este órgano sólo se puede determinar utilizando órganos regionales como referencia.

El lóbulo derecho es más fácil de identificar. Este lóbulo está rodeado lateroventralmente por el duodeno, dorsalmente por el polo craneal del riñón derecho y dorsomedialmente por la vena porta. El cuerpo pancreático se sitúa ventral a la vena porta, y el lóbulo pancreático izquierdo entre el bazo, el riñón izquierdo y la curvatura mayor del estómago (Murtaugh 1985).

Alteraciones patológicas del páncreas

La mayoría de las patologías pancreáticas se observan como formaciones hipoecogénicas en la localización descrita anteriormente (Fig. 108). Cuanto mayor es el contenido líquido de la lesión, más hipoecogénica será la misma. Presentan una ecogenicidad heterogénea y límites mal definidos, que pueden ser nodulares. No es posible delimitar la cápsula.

Según nuestra experiencia, la detección de neoplasias pequeñas de aproximadamente 1-2 cm sólo es factible en casos excepcionales, debido a la imposibilidad de valorar todo el órgano. Mediante ecografía no se puede diferenciar una necrosis de un tumor, o de un absceso.

Bibliografía

Edwards, D. F., M.-S. Bauer, M. A. Walker, A. D. Pardo, M. D. McCracken, T. L. Walker (1990): Pancreatic Masses in Seven Dogs Following Acute Prostatitis. J. Am. Anim. Hosp. Assoc. 26, 189–198

Freudiger, U. (1989): Krankheiten des exokrinen Pankreas bei der Katze. Berl. Münch. Tierärztl. Wschr. 102, 37–43

Lamb, C. R. (1989): Dilation of the pancreatic duct: An ultrasonographic finding in acute pancreatitis. J. Small Anim. Pract. 30, 410–413

Lamb, C. R. (1990): Abdominal ultrasonography in small animals: Examination of the liver, spleen and pancreas. J. Small Anim. Pract. 31, 6–15

Murtaugh, R. J., D. S. Herring, R. M. Jacobs, W. D. DeHoff (1985): Pancreatic Ultrasonography In Dogs With Experimentally Induced Acute Pancreatitis. Vet. Radiol. 26, 27–32

Nyland, T. G., M. H. Mulvany, D. R. Strombeck (1983): Ultrasonic Features Of Experimentally Induced, Acute Pancreatitis In The Dog. Vet. Radiol. 24, 260–266

Rutgers, C., D. S. Herring, E. C. Orton (1984): Pancreatic Pseudocyst Associated with Acute Pancreatitis in a Dog: Ultrasonographic Diagnosis. J. Am. Hosp. Assoc. 21, 411–416

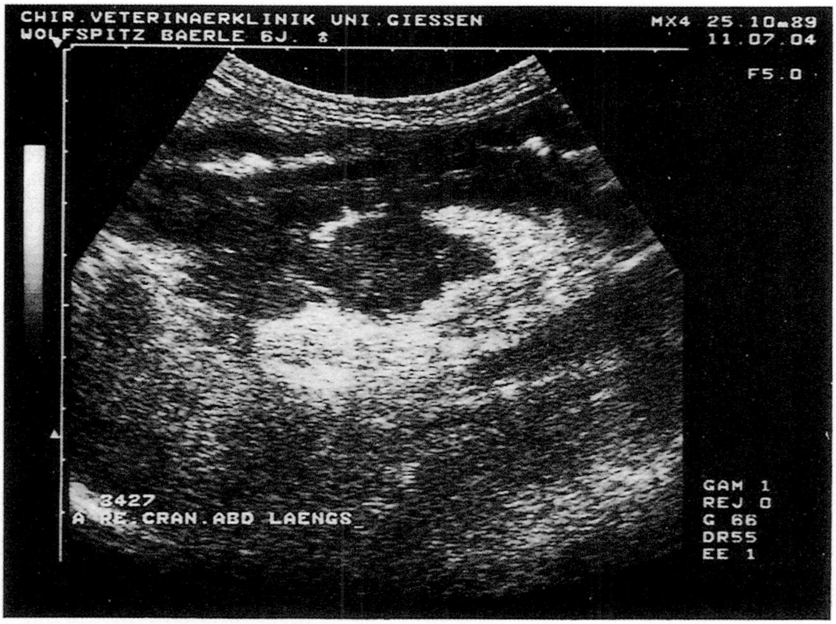

Fig. 108 Pancreatitis crónica necrotizante supurativa.

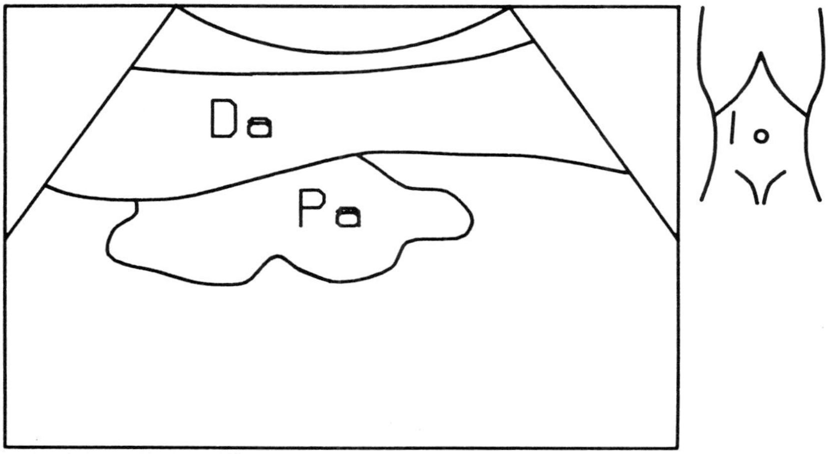

Da = duodeno, pared muy engrosada, Pa = páncreas hipoecogénico, engrosado e irregular

Mesenterio, omento

Imagen normal

El mesenterio y el omento son tejidos muy ecogénicos (ricos en grasa) que son muy difíciles de valorar en condiciones normales. Sin embargo, el estudio se ve facilitado cuando existe ascitis o hidroperitoneo.

Alteraciones patológicas

Las alteraciones patológicas son muy difíciles de reconocer ecográficamente (Fig. 109). En casos de adherencias (por ej., en casos de peritonitis) o de neoplasias (por ej., mesoteliomas o metástasis), se observa una capa tisular superficial muy ecogénica, que dificulta o impide la visualización de zonas más profundas. Existe una escasa penetración de los ultrasonidos por absorción y dispersión de los mismos, lo que conduce a una pérdida gradual de la imagen bajo la superficie hiperecogénica, y que se debe diferenciar de la sombra acústica clásica. En las neoplasias de mesenterio, las áreas cercanas al transductor son de un gris homogéneo, pero predomina en la imagen una sombra acústica más o menos anecogénica. La superficie suele ser nodular y difícil de delimitar. En la zona afectada no se observa la presencia de asas intestinales. Si existe ascitis o hidroperitoneo, se observa una estructura ecogénica irregular, que resulta difícil de seguir ecográficamente en dirección lateral y distal. No se pueden determinar uniones con órganos abdominales.

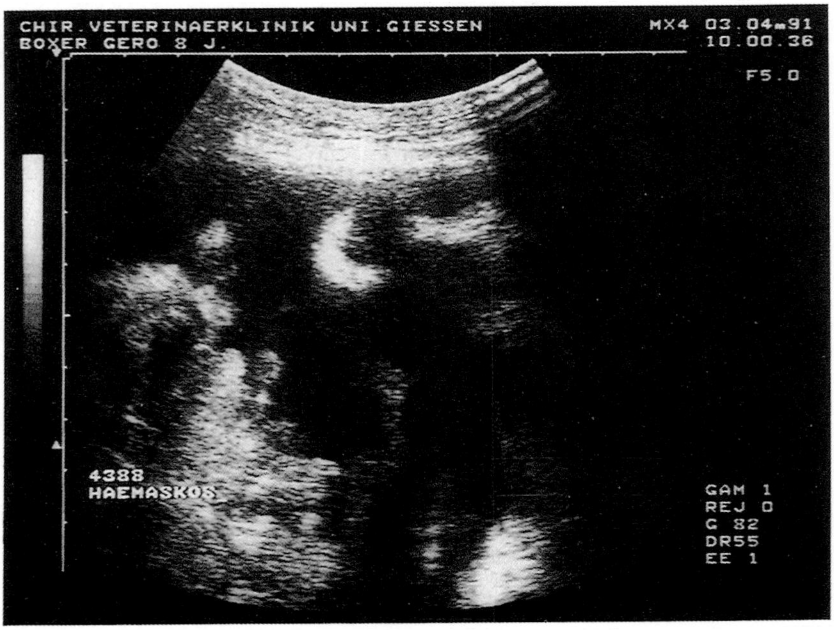

Fig. 109 Fibrosarcoma del mesenterio.

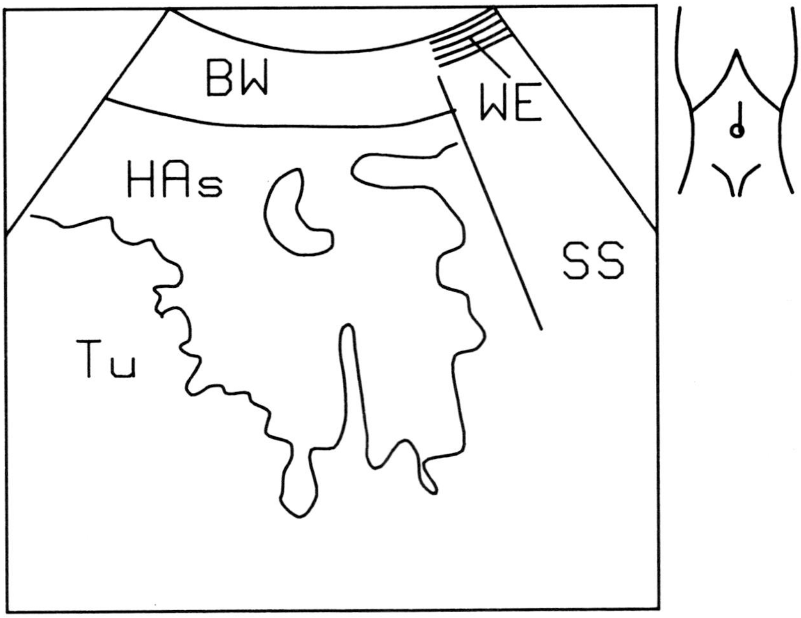

BW = pared abdominal, HAs = hemoperitoneo, SS = sombra acústica, WE = reverberación, Tu = masa tumoral (mesenterio)

Ganglios linfáticos

En pequeños animales, los ganglios linfáticos normales generalmente no son visibles mediante ecografía. Los ganglios periféricos se pueden visualizar dependiendo de su tamaño y del grado de resolución del equipo (por ej., ganglios mandibulares y poplíteos).

Indicaciones

Patologías del sistema linfático, sospecha de metástasis.

Imagen normal

Los ganglios linfáticos se observan como formaciones hipoecogénicas (los intraabdominales casi anecogénicas), de forma redondeada u ovalada. Generalmente se localizan junto a estructuras vasculares. La cápsula no suele ser visible. El patrón ecográfico es homogéneo y de grano fino.

Alteraciones de los ganglios linfáticos

El origen de las alteraciones de los ganglios no puede ser determinada exclusivamente mediante ecografía, sino que es necesario apoyarse en la exploración clínica y laboratorial.

La alteración más frecuente es el *aumento de tamaño* de ganglios aislados o pertenecientes a una determinada región. A medida que se produce un incremento de su tamaño va disminuyendo su ecogenicidad y se redondean los bordes. La granulación de estos ganglios, que en condiciones normales es apenas visible, se hace más gruesa y evidente, sin que se pierda la homogeneidad de su estructura. Las linfoadenopatías pueden aparecer más nítidamente representadas en la imagen si se aumenta la ganancia. Según el tamaño y la ecogenicidad del ganglio afectado, se puede llegar a producir refuerzo posterior (generalmente menos evidente que en el caso de líquidos).

En casos de linfoadenopatía severa se puede producir necrosis central, que aparece en la imagen como un área anecogénica de contorno irregular en el centro del ganglio. Esta zona puede presentar ecos internos.

Los *ganglios abscesados* que pueden aparecer en el curso de infecciones o de neoplasias linfoproliferativas se observan como áreas heterogéneas multicéntricas. El tejido presenta múltiples pequeños focos hipoecogénicos, que van disminuyendo de ecogenicidad a medida que el contenido se licúa, y que pueden llegar a confluir. Estas estructuras pueden ser reconocidas como ganglios linfáticos por su localización, por su forma, y por la presencia de una zona de parénquima hipoecogénico (área ganglionar no afectada por el absceso), y ser así diferenciadas de abscesos intraabdominales de origen no ganglionar.

En las *metástasis ganglionares* se observan ganglios que presentan unas áreas de ecogenicidad homogénea, junto con otras de ecogenicidad mixta.

En las linfoadenopatías paraaórticas (por metástasis o linfosarcomas) se distinguen paquetes de ganglios de tamaño variable, ordenados en línea, y parcialmente superpuestos unos a otros (Fig. 110). Pueden llegar a comprimir órganos abdominales (digestivo, vejiga, próstata).

En el *diagnóstico diferencial* se deben incluir los abscesos, las neoplasias y los bazos accesorios. Los abscesos suelen presentar una cápsula bien definida y refuerzo posterior. Se puede observar movimiento de los ecos internos. La mayoría de las neoplasias intestinales presentan un área hiperecogénica (contenido alimenticio en la luz), y un contorno menos regular que los ganglios. Las neoplasias de localización periférica se pueden diferenciar por su topografía, por su contorno irregular, y por presentar con frecuencia un patrón ecográfico heterogéneo. Los bazos accesorios se distinguen por su localización.

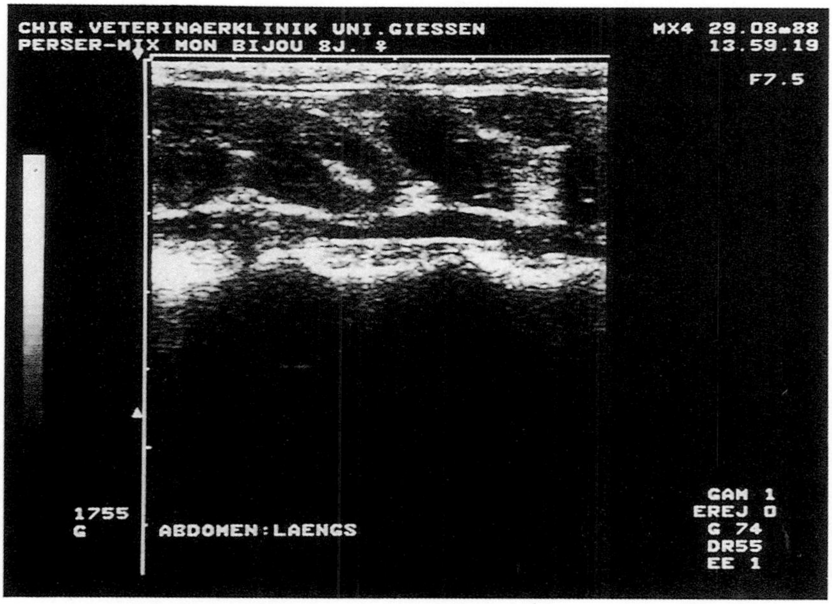

Fig. 110 Linfosarcoma (afectando ganglios abdominales).

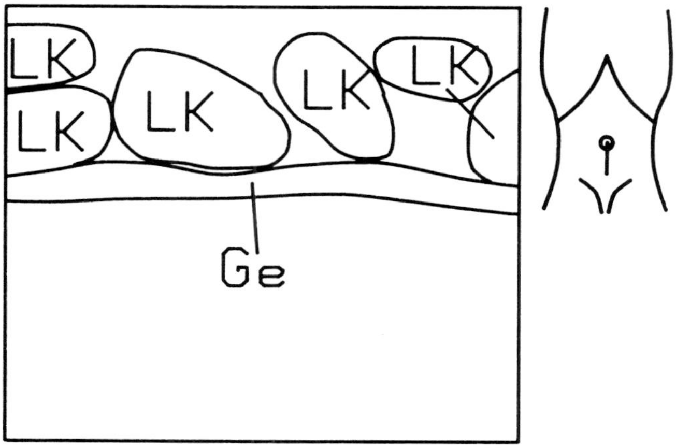

Ge = vaso abdominal, Lk = ganglios formando cadenas

Líquido libre abdominal

El líquido libre en abdomen es detectable mediante ecografía incluso cuando está presente en cantidades muy pequeñas. Como el líquido se acumula en las zonas declives, el punto donde mejor se visualiza es en el área esplenorenal, con el animal en decúbito supino, y ligeramente inclinado. De esta forma se observa un halo anecogénico de espesor variable junto al bazo y/o riñón izquierdo. La cápsula esplénica resalta más de lo habitual, incluso en aquellas zonas donde los ultrasonidos inciden de forma oblicua.

La ecogenicidad del líquido puede orientar hacia su composición. Utilizando una ganancia correcta, la *ascitis* debe ser completamente anecogénica. Si el contenido proteico del líquido es muy elevado (exudado peritoneal), pueden aparecer ecos internos muy finos. Los ecos internos que se observan en líquidos con elementos corpusculares celulares son más ecogénicos. Estas partículas (eritrocitos, leucocitos, descamaciones epiteliales), aunque son de tamaño inferior que el haz de ultrasonidos, se hacen visibles por dispersión de los ultrasonidos a nivel de la superficie irregular que presentan. Se puede apreciar el movimiento de estas partículas, hecho que se hace más evidente si se agita el líquido (por ej., por presión discontinua con el transductor sobre la pared abdominal). Generalmente no es posible diferenciar ecográficamente un *hemoperitoneo* de un acúmulo severo de pus en abdomen (*pioperitoneo*), por ejemplo por ruptura de un absceso o por peritonitis debido a un cuerpo extraño (Fig. 111). La punción de este líquido bajo control ecográfico (con el fin de no dañar órganos abdominales, especialmente el bazo) permite establecer un diagnóstico definitivo.

La *peritonitis biliar* por ruptura de la vesícula o de las vías biliares se distingue por la gran ecogenicidad que presenta el líquido (como en el caso del pioperitoneo), y por las estructuras hiperecogénicas, irregulares, finas y alargadas, que se observan flotando en el líquido. Las asas intestinales forman una masa compacta adherida al mesenterio.

La presencia de líquido libre actúa como ventana acústica, favoreciendo la valoración del abdomen. Sin embargo, las paredes fisiológicamente finas de algunos órganos (como la vejiga, el intestino y el estómago), aparecen más engrosadas e irregulares. En el capítulo de hidroperitoneo se ofrecerán otros detalles.

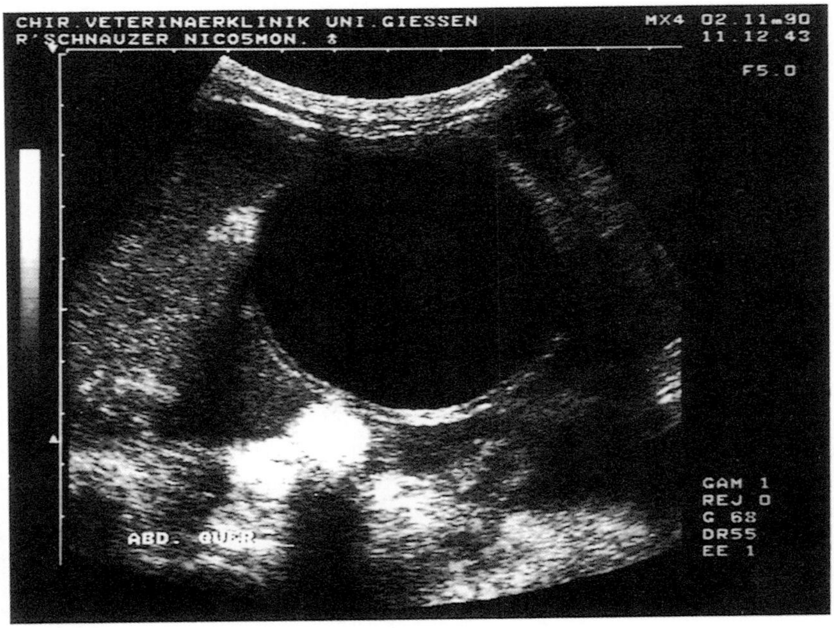

Fig. 111 Pioperitoneo (Nocardiosis, E. coli, Proteus).

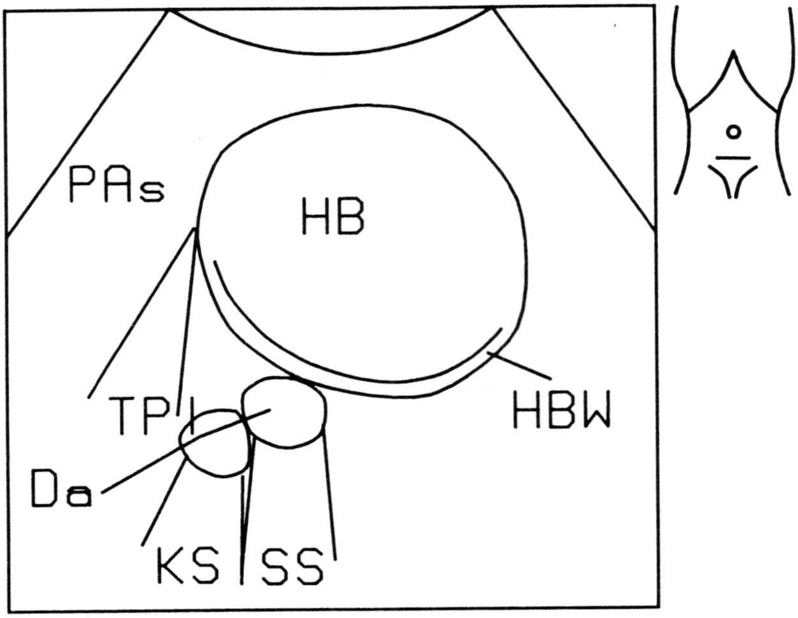

Da = intestino, HB = vejiga, HBW = pared vejiga, KS = artefacto en cola de cometa, PAs = pioperitoneo, líquido muy ecogénico, SS = sombra acústica, TP = sombra lateral

Hidroperitoneo (artificial)

Se denomina hidroperitoneo a la colección de líquido en el abdomen. El líquido se comporta en ecografía como un contraste que favorece la valoración de los órganos parenquimatosos (Figs. 61, 66, 69).

La ascitis y el hemoperitoneo son hidroperitoneos naturales. Sin embargo, mediante instilación de diversos líquidos, como por ejemplo, suero fisiológico o soluciones electrolíticas, también se puede producir un hidroperitoneo de forma artificial.

Se realiza una punción bajo control ecográfico con un catéter venoso grueso, en la línea media entre el bazo y la vejiga de la orina. Según el tamaño del perro se introducen entre 300 y 2.500 ml de líquido, previamente calentado a temperatura corporal. Para que el líquido no encuentre resistencia a su paso, al comenzar el proceso se retrae ligeramente el pliegue de la pared abdominal donde está introducida la cánula.

Cuando no existen alteraciones intraabdominales, la introducción de líquido no mejora, o sólo mínimamente, la calidad de la imagen. Sin embargo, su utilidad a la hora de estudiar alteraciones patológicas resulta manifiesta. La presencia de líquido libre entre órganos abominales favorece la valoración de su contorno. De esta manera se facilita la determinación del órgano de origen de una alteración concreta. El parénquima hepático y el esplénico aparecen más contrastados, de forma que es más sencillo detectar variaciones de su patrón ecográfico.

Las ventajas y desventajas de este procedimiento quedan reflejadas en la Tabla 4.

Bibliografía

Gerwing, M. (1988): Das Liquidoperitoneum – Ein Kontrastmittelverfahren in der Sonographie. Kleintierprax. 33, 117–123

Gerwing, M. (1989): Sonographische Darstellung von Milz und Prostata des Hundes unter besonderer Berücksichtigung der Messung ihrer Lage und Größe sowie des sonographischen Bildes der pathologischen Veränderungen – Das Hydroperitoneum zur besseren Differenzierung abdominaler Organe. Diss. Gießen

Tabla 4 Ventajas y desventajas del hidroperitoneo.

Ventajas
prácticamente libre de efectos secundarios indeseables
punción bajo control visual
mejor identificación del órgano de origen de neoplasias pequeñas o medianas
mejor visualización de alteraciones patológicas
bajo coste
fácil de realizar
en ocasiones evita laparotomías exploradoras
Desventajas
dificulta la interpretación de radiografías posteriores
no realizable en caso de pneumoperitoneo
necesidad de amplia experiencia
el líquido puede entorpecer una cirugía posterior
pueden ser necesarios transductores con gran poder de penetración

Bibliografía ecografía abdominal (general)

Cartee, R. E. (1980): Diagnostic Ultrasonography. Mod. Vet. Pract, 61, 744–747

Cartee, R. E. (1980): Ultrasonography: a new diagnostic technique for veterinary medicine. Vet. Med. / Small Anim. Clin. 75, 1524–1533

Fritsch, R., M. Gerwing, P. Knauff (1985): Ultraschalldiagnostik chirurgischer Erkrankungen von Abdominalorganen – Alternative oder Ergänzung zur Röntgendiagnostik. DVG-Tagungsbericht Fellbach, 19–28

Gerwing, M. (1988): Das Liquidoperitoneum – Ein Kontrastmittelverfahren in der Sonographie. Kleintierprax. 33, 117–123

Henley, R. K., D. A. Hager, N. Ackermann (1989): A Comparison Of Two-Dimensional Ultrasonography And Radiography For The Detection Of Small Amounts Of Free Peritoneal Fluid In The Dog. Vet. Radiol. 30, 121–124

Konde, L. J., J. L. Lebel, R. D. Park, R. H. Wrigley (1986): Sonographic Application In The Diagnosis Of Intraabdominal Abscess In The Dog. Vet. Radiol. 27, 151–154

Legrand, J. J., B. Carlier, I. Bertrand, P. F. Viard (1982): Images échographique de lánatomie abdominale des carnivores domestiques. Bull. Acad. Vét. de France 55, 223–228

Nyland, T. G., R. D. Park, J. C. Lattimer, J. L. Lebel, C. W. Miller (1981): Gray-Scale Ultrasonography Of The Canine Abdomen. Vet. Radiol. 22, 220–227

Nyland, T. G., W. V. Bernard (1982): Application of Abdominal Ultrasound. Cal. Vet. 36, 21–25

Schmidt, S. (1986): Die Ultraschalldiagnostik in der inneren und gynäkologischen Kleintierpraxis. Berl. Münch. Tierärztl. Wschr. 99, 300–308

Ecografía del contenido escrotal - Testículos y epidídimo

En pequeños animales, la ecografía de los testículos y del epidídimo se realiza preferentemente con transductores lineales de 7,5 y 10 MHz. La capacidad de resolución de los transductores de 5 MHz no es suficiente para identificar y valorar los testículos de pequeño tamaño (gatos, razas pequeñas, criptórquidos, atrofia testicular). Las alteraciones focales de más de 2 mm de diámetro se identifican con facilidad.

Indicaciones

Localización de testículos abdominales e inguinales, estudio del contenido escrotal, fundamentalmente de los testículos. Es posible detectar: distopias testiculares, neoplasias, quistes, metaplasias, infecciones y edemas, presencia de gas, torsiones.

Posición y acoplamiento

Con el animal en decúbito supino se coloca el transductor sobre los testículos, bien directamente, o por medio de un «pad». No es necesario rasurar la zona, excepto en animales con gran densidad de pelo a nivel del escroto.

Imagen normal

En condiciones normales, el parénquima testicular presenta una ecogenicidad media y un patrón homogéneo y de grano fino (Fig. 112). En un corte longitudinal se observa en el centro una línea hiperecogénica que se corresponde con el mediastinum testis. En transversal aparece como un punto hiperecogénico, más o menos evidente, según su grado de desarrollo. La forma de los testículos es ovalada; la superficie es lisa y está en estrecho contacto con el escroto. Éste se observa como una banda gruesa hiperecogénica. Entre los testículos aparece el septum testis. El epidídimo sólo resulta parcialmente visible en cortes individuales. Con frecuencia se observa una sombra lateral entre los testículos y el epidídimo. La ecogenicidad de este último puede ser igual o notablemente inferior que la de los testículos (dependiendo del ángulo de incidencia de los ultrasonidos). El patrón ecográfico de testículo y epidídimo es idéntico. Los vasos testiculares y el conducto deferente generalmente no son visibles mediante ecografía.

Distopia testicular

Los *testículos abdominales* o *inguinales* se diferencian de los normales por su menor tamaño e hipoecogenicidad (Figs. 113, 114). La forma ovalada permanece inalterada. La visualización del mediastinum testis es patognomónica para poder diferenciar los testículos atróficos de otros tejidos (por ej., ganglios linfáticos, musculatura).

Los testículos inguinales se identifican fácilmente, incluso en animales con gran cantidad de tejido adiposo. Se deben realizar primero cortes longitudinales y, a continuación, transversales.

Los testículos abdominales resultan más difíciles de identificar, ya que se trata de estructuras pequeñas, muy hipoecogénicas, situadas junto a la pared abdominal, y de localización muy variable.

Neoplasias testiculares

Las neoplasias testiculares representan la alteración focal y difusa más frecuente a nivel testicular. En estadíos iniciales aparecen generalmente como áreas hipoecogénicas de tamaño variable (Fig. 115). Pueden presentar una forma redondeada u ovalada. El aspecto focal de la lesión va desapareciendo a medida que el tumor aumenta de tamaño, observándose áreas heterogéneas de extensión variable, que confieren al parénquima testicular un aspecto de ecogenicidad mixta (Fig. 116). Estas áreas están formadas por zonas hipo e hiperecogénicas, que van sustituyendo gradualmente el parénquima sano. Aparecen zonas focales de fibrosis y calcificación que pueden producir sombra acústica, rodeadas por áreas hipoecogénicas que pueden producir, a su vez, refuerzo posterior. Es frecuente observar irregularidades a nivel del mediastinum testis. Generalmente no es posible diferenciar ecográficamente los tumores de Sertoli de los de Leydig, o de los seminomas. Sin embargo, los seminomas suelen presentar un patrón ecográfico muy homogéneo, similar al del testículo normal (Fig. 117). En ocasiones, la única alteración detectable mediante ecografía en esta neoplasia es la ausencia parcial o completa del mediastinum testis.

Quistes

Los quistes (quistes de retención o espermatoceles) aparecen en la imagen como focos hipo o anecogénicos de forma redondeada a nivel de los testículos o del epidídimo (Fig. 115). El resto del tejido es normal.

Metaplasias

En ocasiones se identifican en el parénquima testicular pequeños focos hiperecogénicos de 1-2 mm y que se consideran hallazgos sin significación clínica (Fig. 118). Se trata de focos de fibrosis o de mineralización. Producen sombra acústica dependiendo de su densidad y tamaño (> 2 mm). Se forman, sobre todo, como consecuencia de procesos inflamatorios.

Infecciones de testículo, epidídimo y escroto

Las alteraciones inflamatorias del contenido escrotal se caracterizan por producir un aumento de tamaño del órgano afectado. Primero se observa una hipoecogenicidad del parénquima pero, a medida que avanza el proceso, éste se va haciendo cada vez más heterogéneo (Fig. 119). El escroto aparece engrosado y presenta una superficie irregular, por lo que resulta difícil de delimitar con respecto al testículo. Con el tiempo aumenta el número de áreas hiperecogénicas. Sin embargo, cuando comienza la formación de abscesos, predominan las zonas de menor ecogenicidad. Dependiendo de la viscosidad del contenido de los abscesos, éste puede ser, desde anecogénico con ecos internos, hasta presentar la ecogenicidad de una neoplasia. A diferencia de los tumores, es posible deformar los abscesos mediante presión, bien con el transductor, o con la mano. Cuando el pus es poco viscoso se puede detectar el movimiento de los ecos internos. Los abscesos producen refuerzo posterior.

En un caso observamos una orquitis con formación de gas por *E. coli.* Estos acúmulos de aire, también visibles radiológicamente, aparecen como múltiples pequeños ecos hiperecogénicos que pueden producir sombra acústica (Gerwing).

A medida que se resuelve el proceso de orquitis/epididimitis, el órgano se atrofia y las áreas anecogénicas desaparecen (Fig. 120). La fibrosis produce un patrón ecográfico heterogéneo e hiperecogénico. Las metaplasias se observan como puntos hiperecogénicos a nivel del parénquima. Los focos fibrosos producen sombra acústica cuando presentan un diámetro superior a 3-4 mm. El escroto puede permanecer engrosado e irregular durante años.

Torsión testicular

Las torsiones afectan a los testículos abdominales y, con menor frecuencia, a los inguinales. Generalmente se acompañan de infartación hemorrágica. Las hipertrofias producidas por neoplasias testiculares aumentan el riesgo de torsión.

En la imagen ecográfica se observa un testículo ligera o notablemente aumentado de tamaño, muy hipoecogénico y de grano grueso (Fig. 121). El epidídimo ofrece el mismo aspecto. El cordón testicular aparece como una formación hipo o anecogénica de hasta 15 mm, situada en la región de la cola del epidídimo (distal al punto de torsión). Inicialmente el patrón ecográfico es homogéneo, pero se va haciendo heterogéneo a medida que se organiza el tejido. También pueden aparecer áreas anecogénicas de varios milímetros de diámetro.

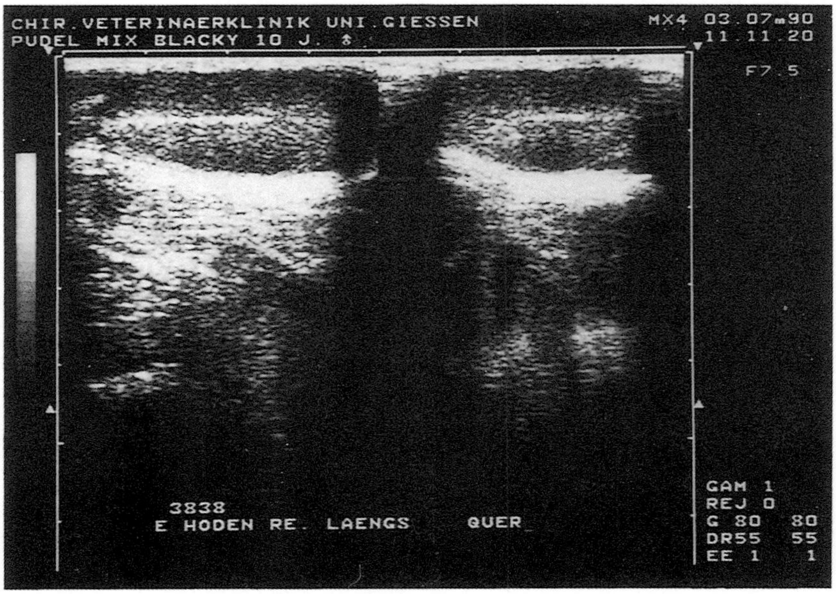

Fig. 112 Testículo normal, epidídimo.

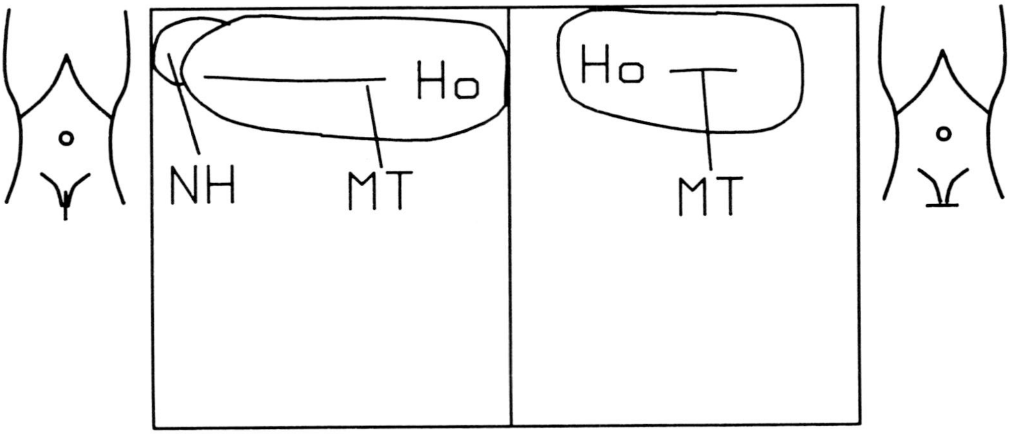

Ho = testículo, MT = mediastinum testis, NH = epidídimo

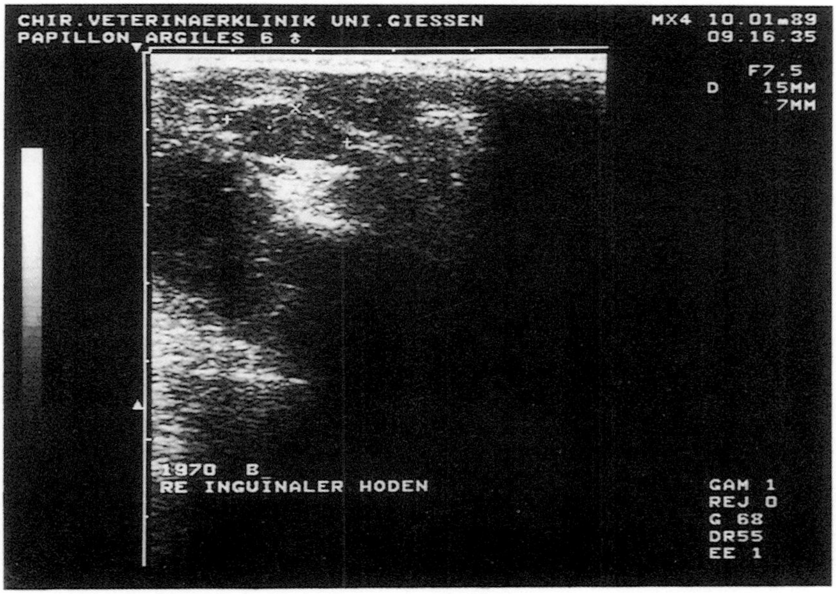

Fig. 113 Testículo inguinal.

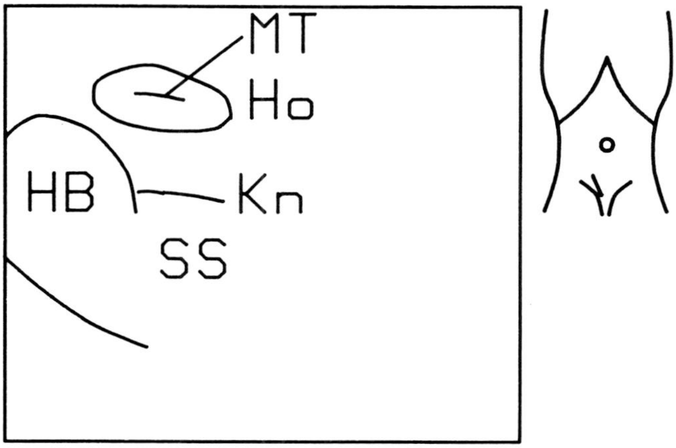

HB = vejiga, Ho = testículo inguinal, Kn = hueso (pelvis), MT = mediastinum testis, SS = sombra acústica

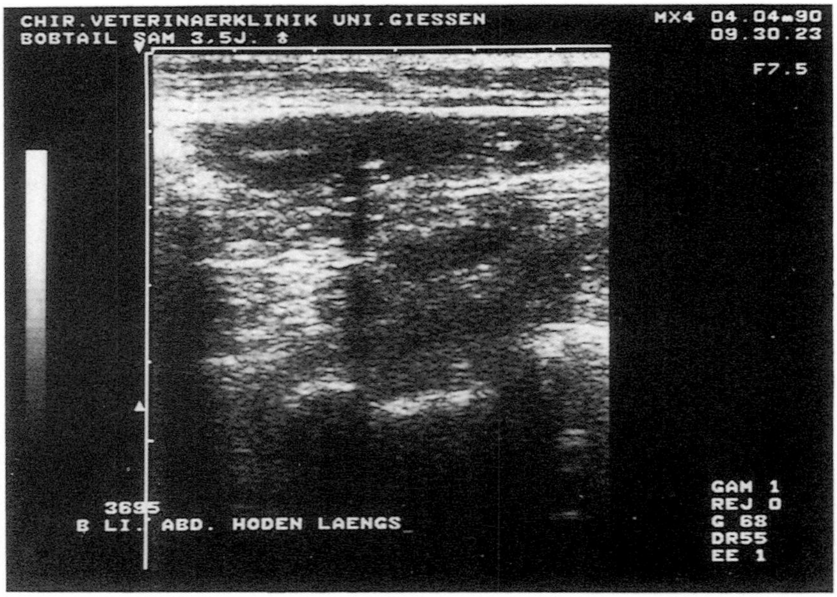

Fig. 114 Testículo abdominal.

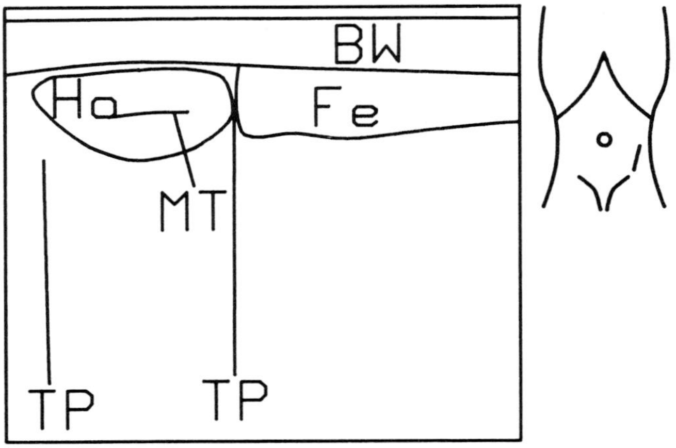

BW = pared abdominal, Fe = grasa, Ho = testículo abdominal, MT = mediastinum testis, TP = sombra lateral

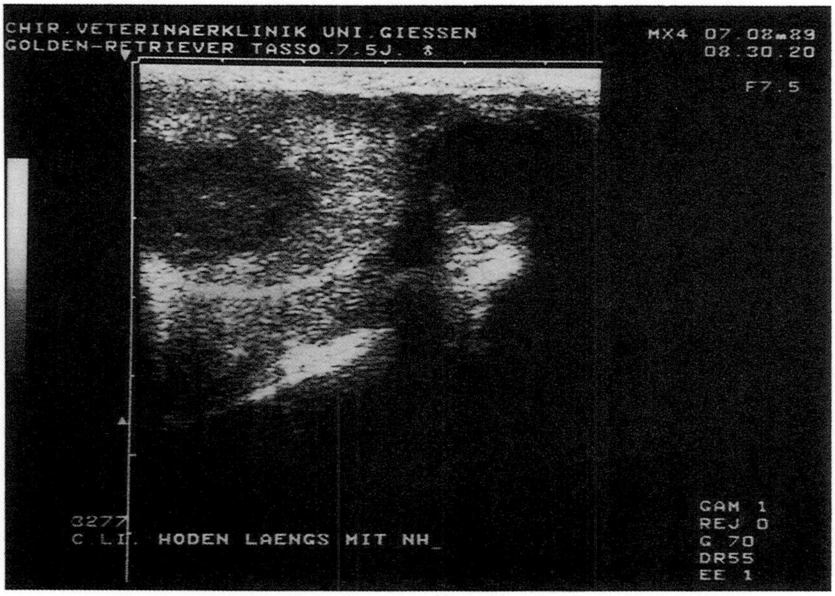

Fig. 115 Quiste en epidídimo, seminoma.

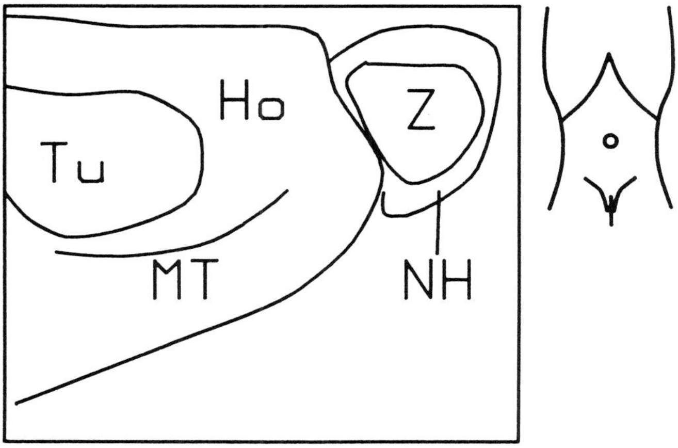

Ho = testículo, MT = mediastinum testis desplazado, NH = epidídimo, Tu = tumor (seminoma), Z = quiste con refuerzo posterior

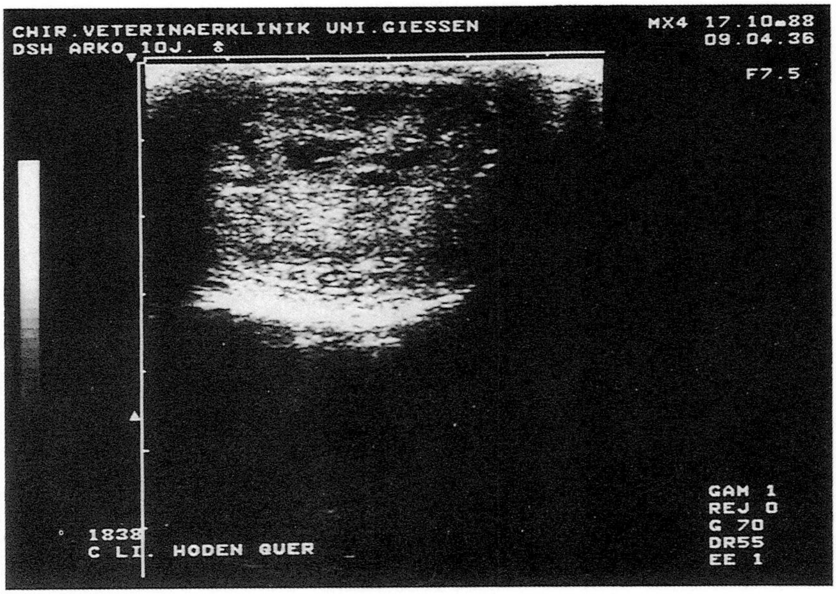

Fig. 116 Tumor de células de Leydig.

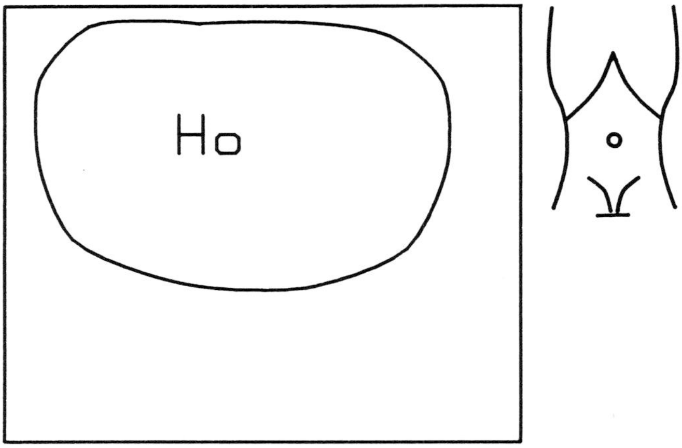

Ho = testículo difusamente heterogéneo

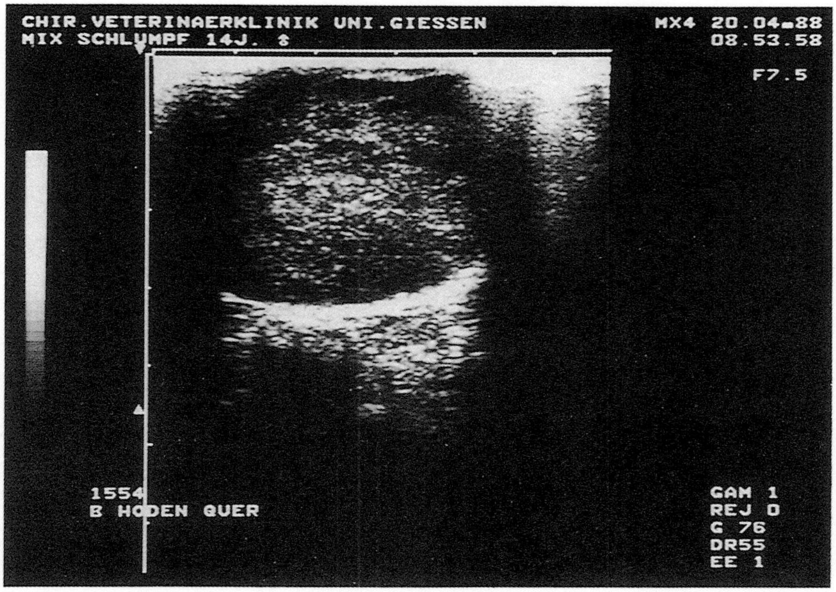

Fig. 117 Seminoma.

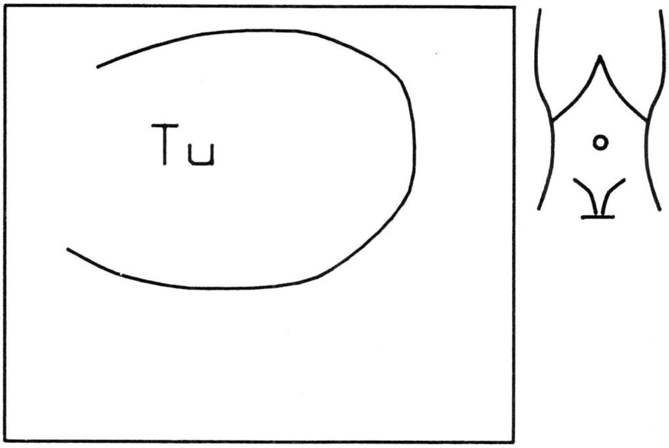

Tu = tumor

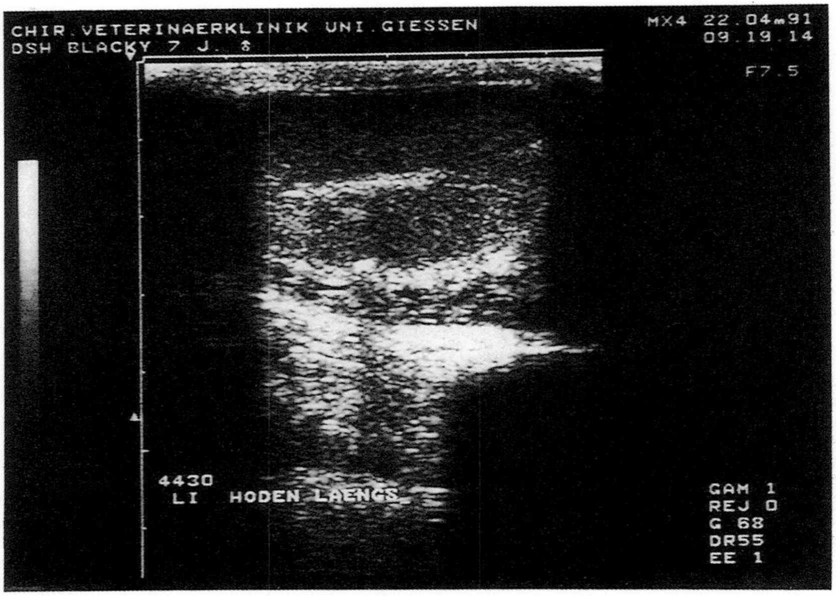

Fig. 118 Metaplasia testicular.

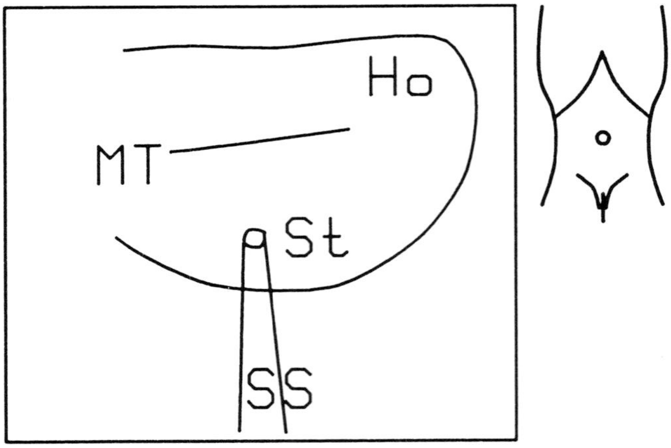

Ho = testículo, MT = mediastinum testis, SS = sombra acústica, St = «cálculo», metaplasia

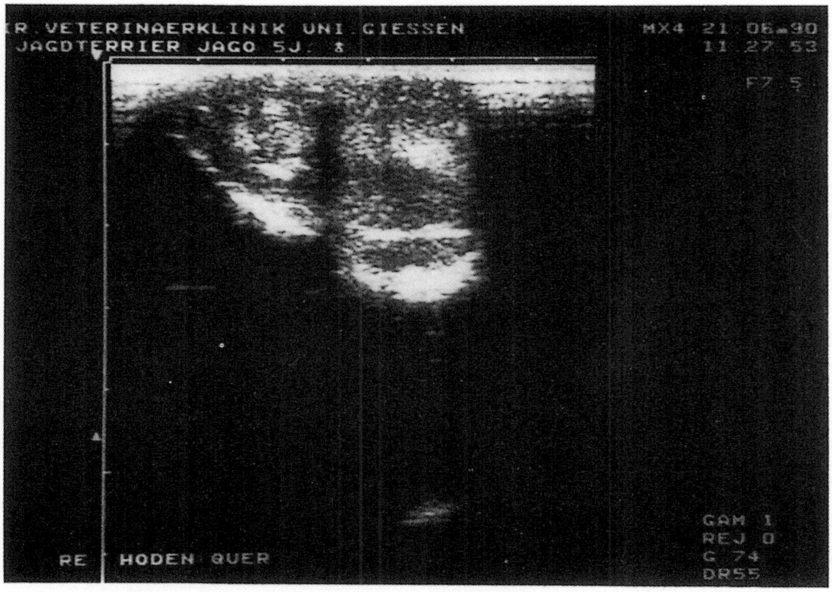

Fig. 119 Orquitis crónica, periorquitis, epididimitis.

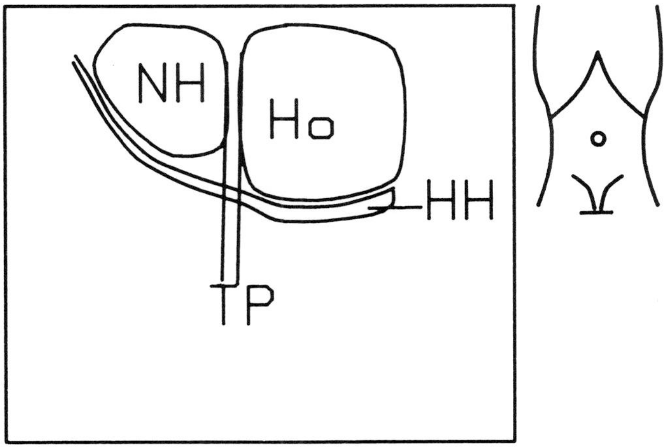

Ho = testículo heterogéneo, HH = escroto engrosado e irregular, NH = epidídimo heterogéneo, TP = sombra lateral

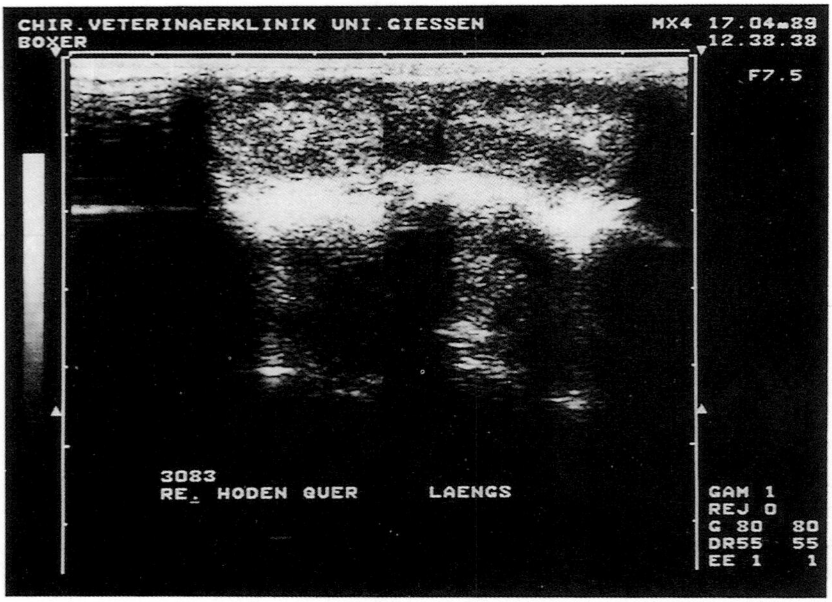

Fig. 120 Orquitis (en fase de resolución).

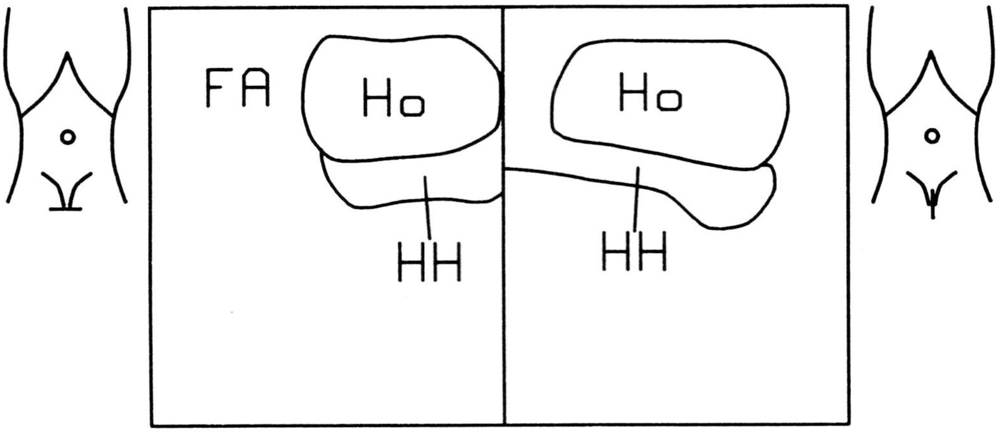

FA = defecto de acoplamiento, Ho = testículo pequeño y heterogéneo, HH = escroto engrosado e irregular

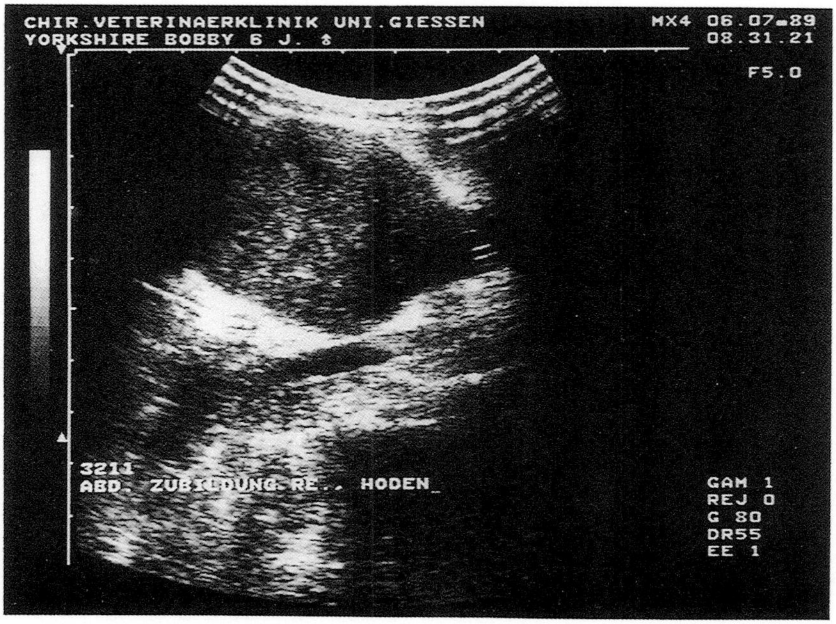

Fig. 121 Infartación hemorrágica de testículo y epidídimo (tras torsión).

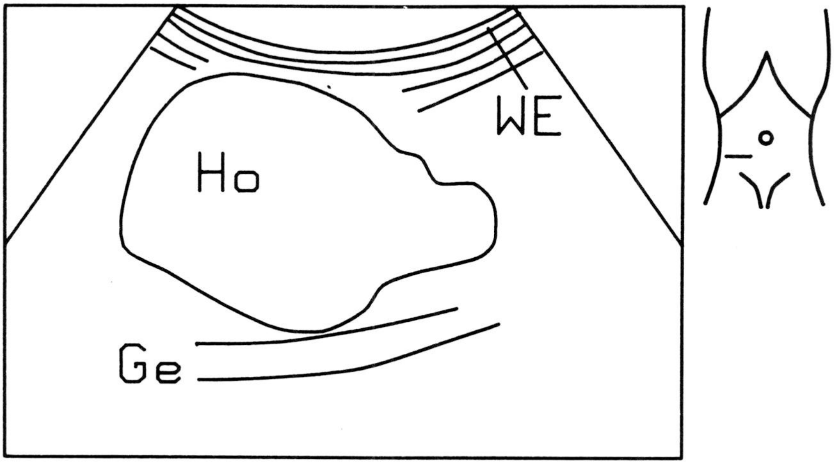

Ge = vaso abdominal, Ho = testículo homogéneo, hipoecogénico; cordón testicular, WE = reverberación

Alteraciones del tejido peritesticular

Las patologías abdominales pueden extenderse hasta el escroto vía processus vaginalis. Ejemplos típicos son los mesoteliomas y las metástasis de los carcinomas de *neoplasias intestinales*. Los mesoteliomas pueden conducir a la formación de un halo hipo o anecogénico entre los testículos, o entre el epidídimo y el escroto. El grosor de este halo oscila entre uno y varios milímetros. Las metástasis de carcinomas producen lesiones hiperecogénicas del contenido escrotal, que pueden extenderse en dirección proximal y distal.

El *edema escrotal* se puede producir en casos de insuficiencias cardiacas severas o en procesos inflamatorios (por ej., tras castraciones, decúbito prolongado, dermatitis de lamido). Se observa una pared engrosada de hasta varios centímetros de espesor. Puede existir o no líquido escrotal asociado. El testículo y el epidídimo son ecográficamente normales (Fig. 122).

Bibliografía

Brass, K. E. (1987): Die Sonographie in der andrologischen Untersuchung bei verschiedenen Haussäugetierarten. Diss. Hannover

Eilts, B. E., R. D. Pechman, C. S. Hedlund, J. M. Kreeger (1988): Use of ultrasonography to diagnose Sertoli cell neoplasia and cryptorchidism in a dog. J. Am. Vet. Med. Assoc. 192, 533–534

England, G. C. W. (1991): Relationship between ultrasonographic appearance, testicular size, spermatozoal output and testicular lesions in the dog. J. Small Anim. Pract. 32, 306–311

Gerwing, M. (1989): Die Sonographie des Hodens. DVG-Tagungsbericht Gießen, 246–257

Johnston, G. R., D. A. Feeney, S. D. Johnston, T. D. O'Brien (1991): Ultrasonographic features of testicular neoplasia in dogs: 16 cases (1980–1988). J. Am. Vet. Med. Assoc. 198, 1779–1784

Mitchener, K. L., R. L. Toal, J. P. Held, A. S. Dorn (1990): Use of ultrasonographic and nuclear imaging to diagnose scrotal hernia in a dog. J. Am. Vet. Med. Assoc. 196, 1834–1835

Miyabayashi, T., D. S. Biller, A. J. Cooley (1990): Ultrasonographic appearance of torsion of a testicular seminoma in a cryptorchid dog. J. Small Anim. Pract. 31, 401–403

Pugh, C. R., L. J. Konde, R. D. Park (1990): Testicular Ultrasound In The Normal Dog. Vet. Radiol. 31, 195–199

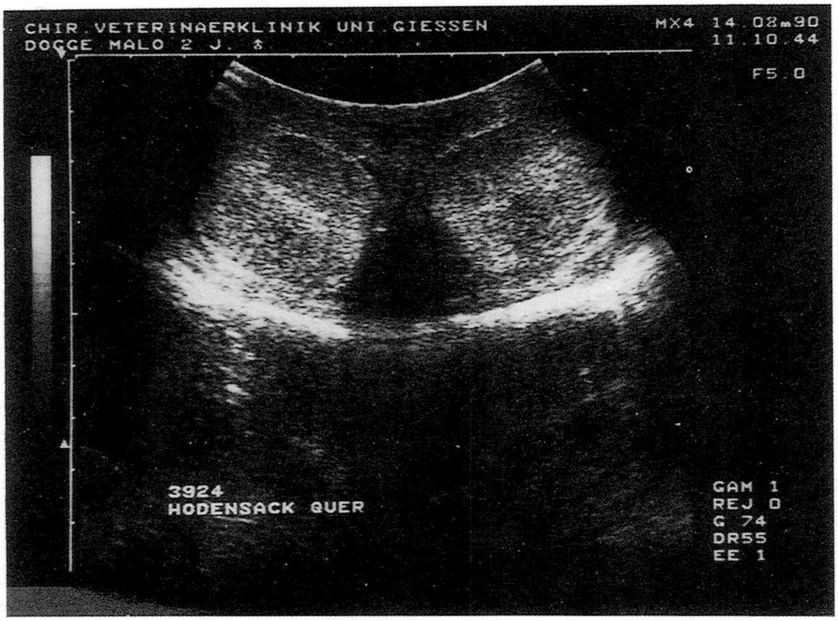

Fig. 122 Edema escrotal (insuficiencia cardiaca).

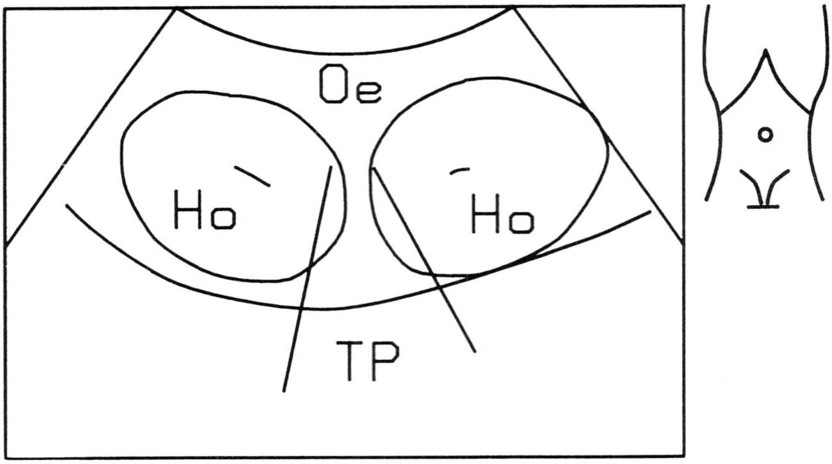

Ho = testículo con metaplasia, Oe = edema, TP = sombra lateral

Hidrotórax

Al igual que el hidroperitoneo, el líquido libre en el tórax facilita la valoración de los órganos torácicos. En el quilotórax aparecen múltiples ecos internos, como ocurre en el hemoperitoneo. Es posible identificar cuerpos extraños como origen de la presencia de líquido, si se localizan fuera del parénquima pulmonar y no aparecen superpuestas otras estructuras. El líquido amplía la ventana acústica para estudiar el corazón. El mediastino se observa como una estructura ecogénica flotando en el líquido. La superficie pulmonar queda representada por una banda hiperecogénica con sombra acústica. Al contrario que en radiología, las cantidades severas de líquido facilitan la valoración del diafragma, y así descartar o confirmar la existencia de una hernia (Fig. 123).

Es posible *diferenciar* el tipo de líquido presente en el tórax por su ecogenicidad y por la presencia de elementos corpusculares (en el quilo y hemotórax). La punción guiada mediante ecografía posibilita la aspiración de líquido para su estudio o, en caso de existir una gran cantidad del mismo, como medida terapéutica.

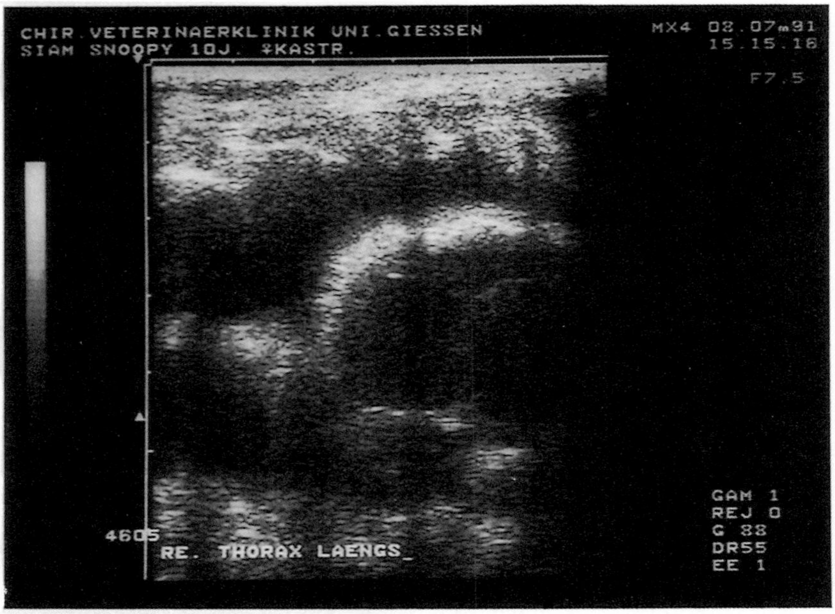

Fig. 123 Hidrotórax.

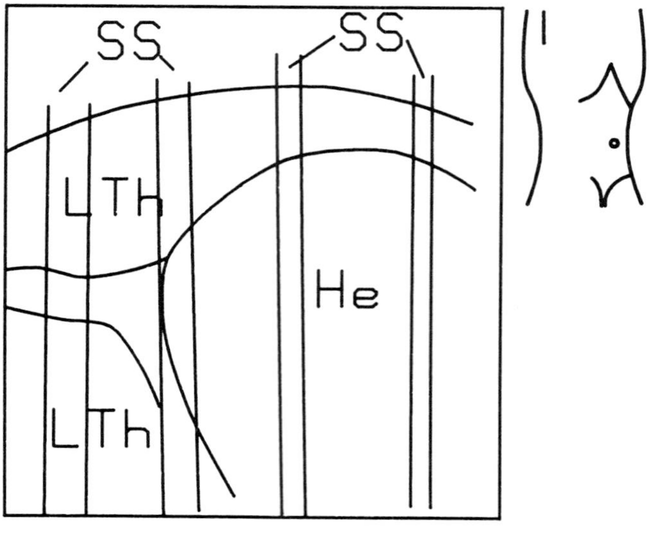

He = corazón, LTh = hidrotórax, SS = sombra acústica producida por las costillas

Tórax y diafragma

La valoración del diafragma mediante ecografía en pequeños animales está condicionada por su situación profunda dentro del arco costal. Además, la dificultad se ve incrementada por su estructura en forma de doble cúpula, y su superficie altamente reflectante. Se producen múltiples artefactos, especialmente el artefacto especular.

El estudio se debe realizar con transductores sectoriales o convexos de 5 ó 7,5 MHz. Las sondas lineales tienen en este caso escasa utilidad.

Indicaciones

Hallazgos no esclarecidos a nivel torácico y/o diafragmático.

La ecografía es útil en casos de: hidrotórax, hernia o ruptura diafragmática, punción guiada por ecografía, masas intratorácicas, alteraciones de la pared torácica (por ej., fístulas, abscesos, tumores), alteraciones pulmonares superficiales.

Posición y acoplamiento

El animal se coloca en decúbito prono, supino o lateral. ¡Cuidado con la posición de decúbito supino en animales disneicos o con sospecha de ruptura diafragmática! Se rasura el abdomen craneal y la superficie torácica afectada. Para visualizar el diafragma desde el abdomen hay que presionar con fuerza el transductor y angularlo caudalmente, sobre todo en razas de tórax profundo (galgo, boxer, dogo). El acceso intercostal es más sencillo (ventana acústica).

Diafragma - Imagen normal

En condiciones normales, el diafragma aparece como una línea hiperecogénica craneal al hígado. Se debe valorar en cortes longitudinales y transversales. La gran reflexión que produce conduce a la aparición del artefacto especular. Por su estructura de doble cúpula, la zona media no es valorable mediante un acceso lateral, sino solamente abdominal, a través del estómago. Para evitar superposiciones puede ser necesario introducir líquido en el estómago.

Hernia o ruptura diafragmática

Con experiencia es posible diagnosticar las rupturas diafragmáticas de forma indirecta (Figs. 124, 125).

La radiología presenta limitaciones a la hora de diagnosticar este proceso cuando el estómago o el intestino no han pasado a la cavidad torácica, y especialmente si está asociado a contusiones pulmonares severas o a la presencia de un hidrotórax. En estos casos, la ecografía resulta de gran utilidad para detectar la presencia de los órganos herniados.

La exploración se realiza con el animal en estación, en decúbito prono o en decúbito lateral. Se deben incluir tanto el acceso lateral derecho, como el izquierdo, a veces incluso el abdominal. En algunos casos es necesario repetir la ecografía bajo sedación o anestesia. De esta forma, la respiración se hace más pausada y resulta más sencillo manipular al paciente, por lo que el estudio se ve facilitado.

Generalmente no es posible identificar la ruptura diafragmática directamente (los ultrasonidos no inciden en ángulo recto), pero sí los órganos o una parte de ellos a nivel del tórax. El bazo y el hígado (en ocasiones junto con la vesícula biliar) son los órganos más sencillos de detectar junto al corazón. En el acceso abdominal hay que tener en cuenta el artefacto especular, pero no si se utiliza el acceso intercostal. El estómago, el intestino y el omento se identifican con facilidad si existe un derrame pleural asociado. En caso contrario resultan difíciles de diferenciar del pulmón. Es importante determinar qué lado del diafragma presenta la ruptura para facilitar la intervención quirúrgica.

En algunos casos es posible detectar ecográficamente *hernias pericardiodiafragmáticas* en el perro y en el gato (Fig. 126). Mediante un acceso lateral y/o abdominal se determina qué órganos se localizan en la hernia (generalmente el hígado).

Alteraciones intratorácicas

El pulmón normal aparece en la imagen como una banda hiperecogénica que produce sombra acústica, lo que impide la valoración ecográfica del parénquima pulmonar. Las áreas atelectásicas presentan una ecogenicidad media.

El diagnóstico de neoplasias pulmonares sigue siendo dominio de la radiología, ya que mediante ecografía solamente son visibles si se localizan en la superficie del pulmón. Si no existe derrame pleural asociado, se detectan neoplasias superficiales a partir de 4 mm de diámetro. La presencia de líquido permite diagnosticar nódulos de un tamaño inferior.

En ocasiones se pueden valorar ecográficamente los ganglios linfáticos esternales a través de la entrada de la caja torácica. El acceso lateral generalmente no permite su estudio.

El linfosarcoma tímico en el gato se identifica ecográficamente como una masa hipoecogénica de localización pre y pericárdica, con frecuencia asociada a la presencia de líquido libre.

Bibliografía

Hay, W. H., J. A. Woodfield, M. A. Moon (1989): Clinical, echocardiographic, and radiographic findings of peritoneopericardial diaphragmatic hernia in two dogs and a cat. J. Am. Vet. Med. Assoc. 195, 1245–1248

Schulman, A. J., R. Lusk, C. L. Lipincott, S. J. Ettinger (1985): Congenital Peritoneopericardial Diaphragmatic Hernia in a Dog. J. Am. Anim. Hosp. Assoc. 21, 655–662

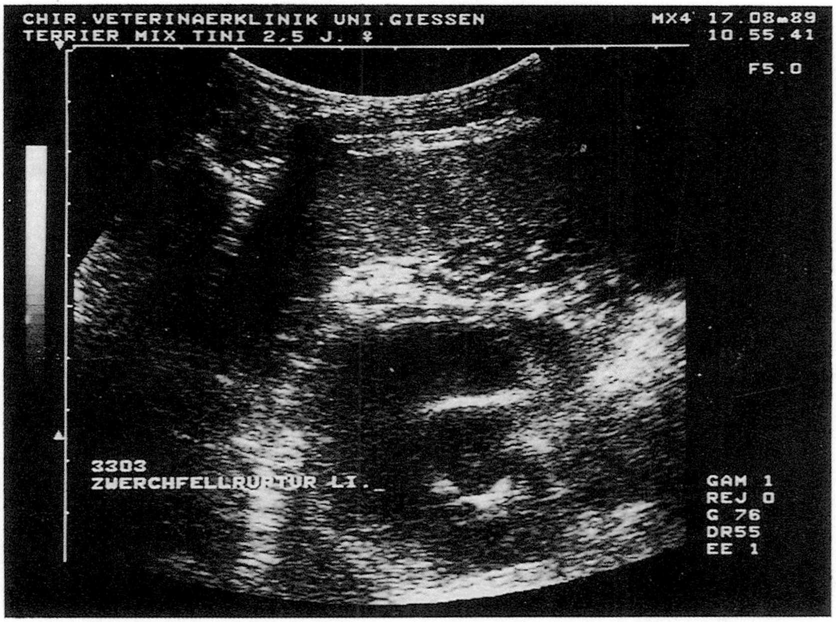

Fig. 124 Hernia diafragmática (bazo).

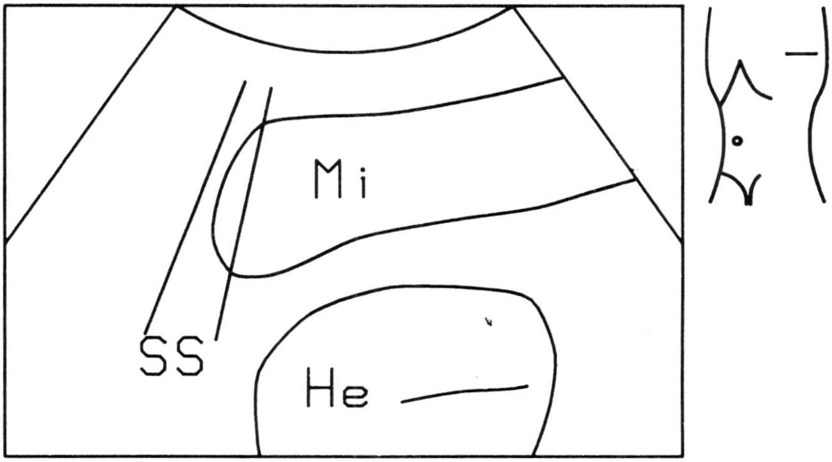

He = corazón, Mi = bazo, SS = sombra acústica producida por una costilla

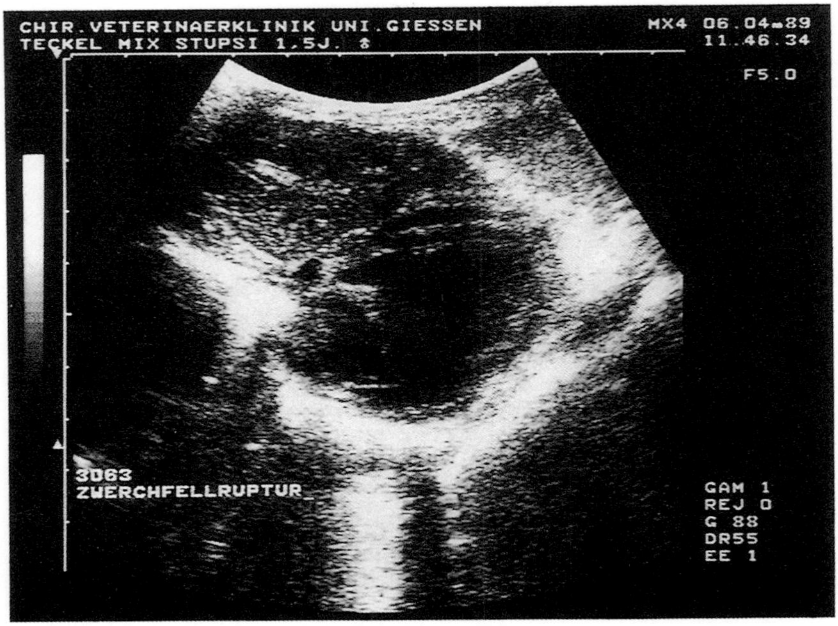

Fig. 125 Hernia diafragmática (bazo e hígado).

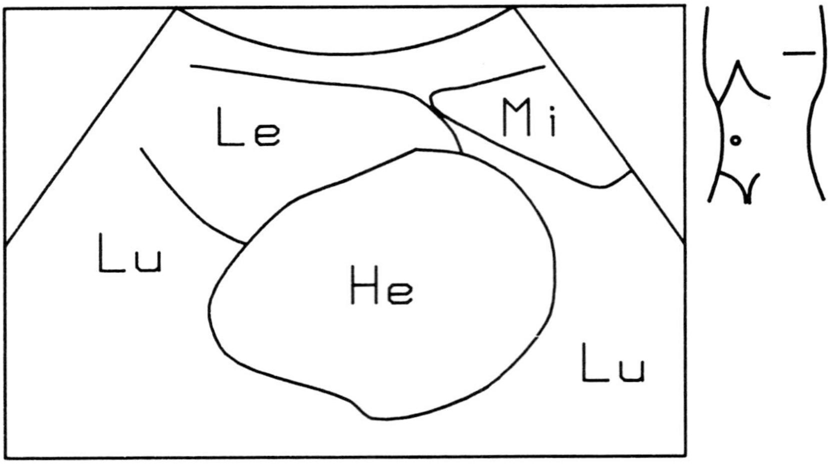

He = corazón, Le = hígado, Lu = pulmón, Mi = bazo

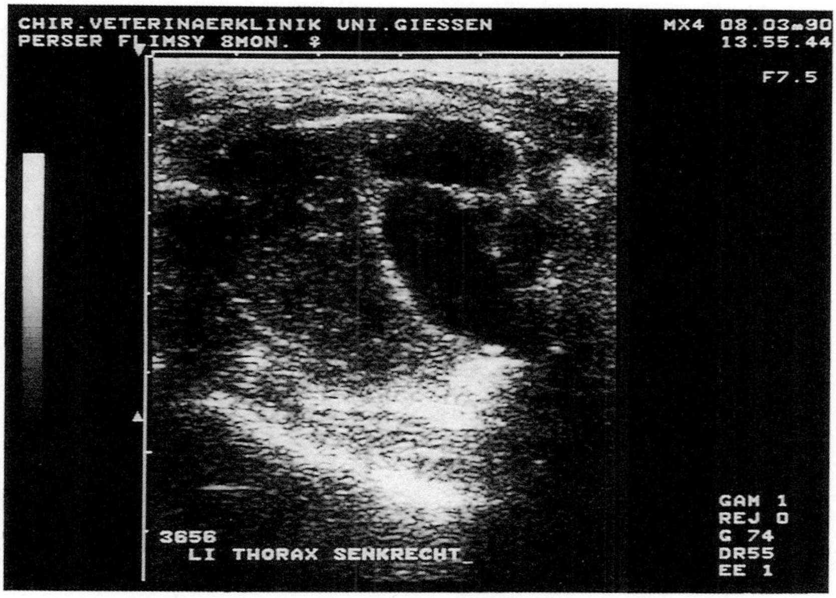

Fig. 126 Hernia pericardio-diafragmática.

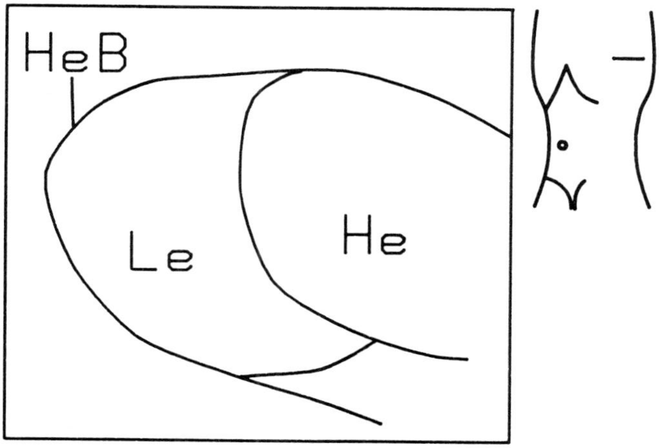

He = corazón, HeB = saco pericárdico, Le = hígado en el saco pericárdico

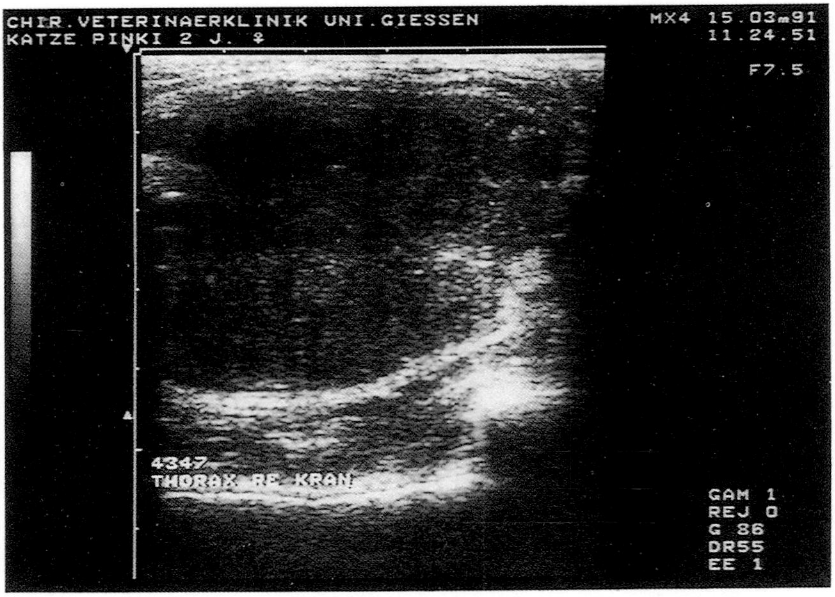

Fig. 127 Linfosarcoma tímico.

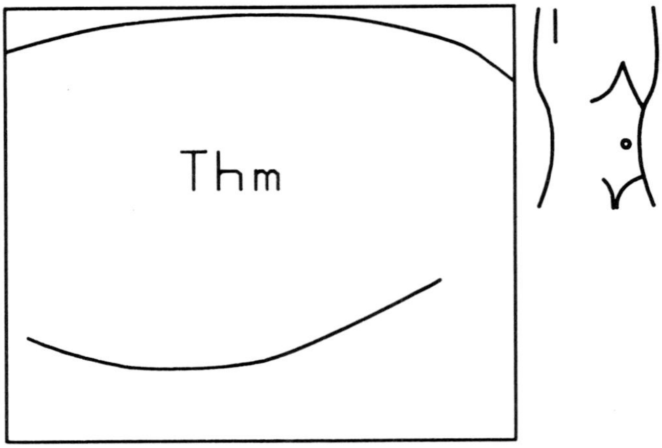

Thm = timo

Diagnóstico ecográfico de cuerpos extraños

Es posible detectar cuerpos extraños mediante ecografía. La gran diferencia de impedancia (resistencia al paso de los ultrasonidos) que existe entre la musculatura o el parénquima, y la superficie del cuerpo extraño, conduce a una gran reflexión de ultrasonidos, con lo que se observa en la imagen una banda hiperecogénica.

Los cuerpos extraños que producen mayor grado de reflexión de ultrasonidos son, con diferencia, los metales, y producen múltiples artefactos. Les siguen las piedras o los trozos de vidrio (incluso los radiotransparentes). Los trozos de madera presentan una ecogenicidad inferior (Figs. 128, 130). También es posible detectar la presencia de cuerpos extraños intraabdominales. Las gasas o compresas olvidadas tras una cirugía son inicialmente difíciles de identificar debido a su localización entre el omento y el mesenterio (Fig. 129). A medida que transcurre el tiempo se forma una zona central hiperecogénica (el cuerpo extraño), rodeada de una zona hipoecogénica (el tejido reactivo). Según la duración del proceso y la reacción del tejido, la imagen final puede ser variable (por ej., en forma de aros de cebolla). Con frecuencia se observa asociada la presencia de líquido libre en abdomen, con múltiples ecos internos.

Un criterio importante a tener en cuenta en el diagnóstico ecográfico de los cuerpos extraños es la aparición del halo hipoecogénico rodeando a los mismos por reacción del tejido circundante (salvo por ej., los perdigones, que no inducen ninguna reacción).

Realizando diferentes cortes con el transductor se puede determinar la localización exacta, el tamaño y la profundidad a la que se halla el objeto por ejemplo, a nivel de los tejidos blandos. Mediante una inyección guiada por ecografía de una sustancia coloreante se puede marcar su localización y facilitar así su identificación quirúrgica. Al contrario que la radiología, la ecografía permite localizar también trayectos fistulosos, y abscesos o áreas de necrosis asociadas (ver Fig. 130).

En el *diagnóstico diferencial* con respecto a cuerpos extraños pequeños, no metálicos (por ej., pequeños trozos de madera, material de sutura), hay que incluir las estructuras vasculares. Estas pueden ofrecer una imagen muy similar, aunque generalmente se distinguen por su trayecto rectilíneo y su pulsación. Las áreas de fibrosis pueden presentar también una ecogenicidad similar a la de los cuerpos extraños. Si estas formaciones de tejido conjuntivo aparecen rodeadas por áreas de necrosis, resultan difíciles de diferenciar de los cuerpos extraños. Aunque también es posible que estas zonas sean las responsables de que no se resuelva la fístula.

Hay casos en los que se utilizan «cuerpos extraños» de forma intencionada para poder localizar cuerpos extraños reales. Ejemplos: sondas metálicas en las fístulas, sondas urinarias, catéteres abdominales.

Bibliografía

Fornage, B. D., S. Nasca, A. Durville (1987): Sonographic Detection And Three-Dimensional Localization Of A Metallic Foreign Body In Soft-Tissue In A Dog. Br. vet. J. 143, 278–281

Gerwing, M., M. Kramer (1989): Harnabsatzbeschwerden durch eine intravesikale Schrotkugel bei einer Katze – Sonographische Differenzierungsmöglichkeit zu Blasengrieß und -steinen. Kleintierprax. 34, 243–249

Zanotti, S., P. Kaplan, D. Garlick, C. Lamb (1989): Endocarditis Associated with a Urinary Bladder Foreign Body in a Dog. J. Am. Anim. Hosp. Assoc. 25, 557–561

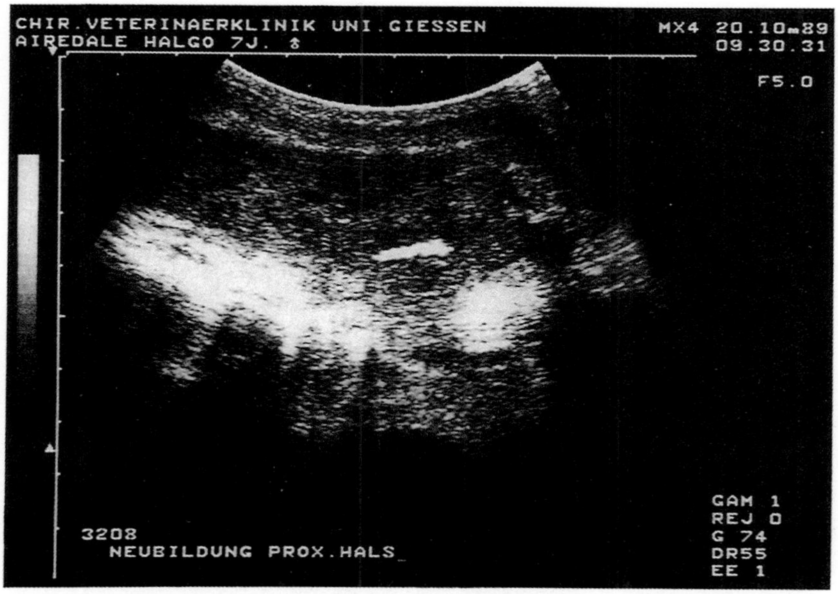

Fig. 128 Cuerpo extraño (trozo de madera) en la musculatura del cuello.

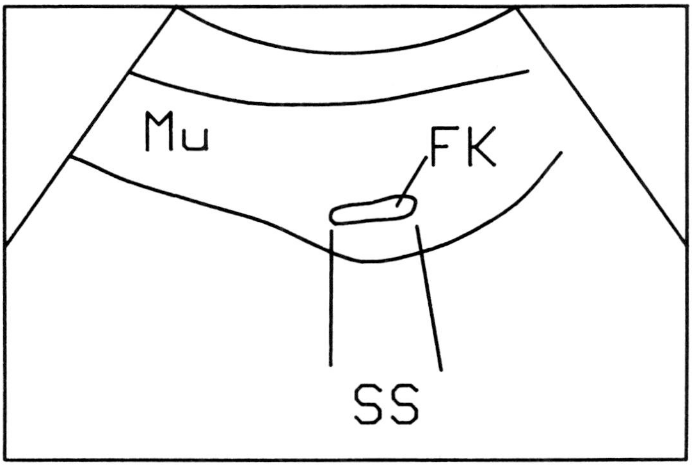

FK = cuerpo extraño (madera), Mu = músculo relativamente alterado, SS = sombra acústica

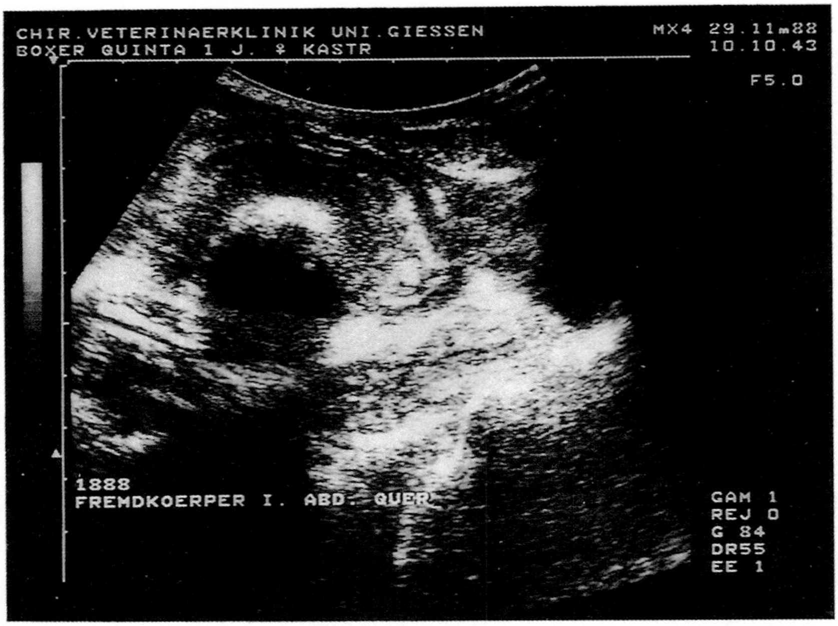

Fig. 129 Cuerpo extraño (gasa) en abdomen.

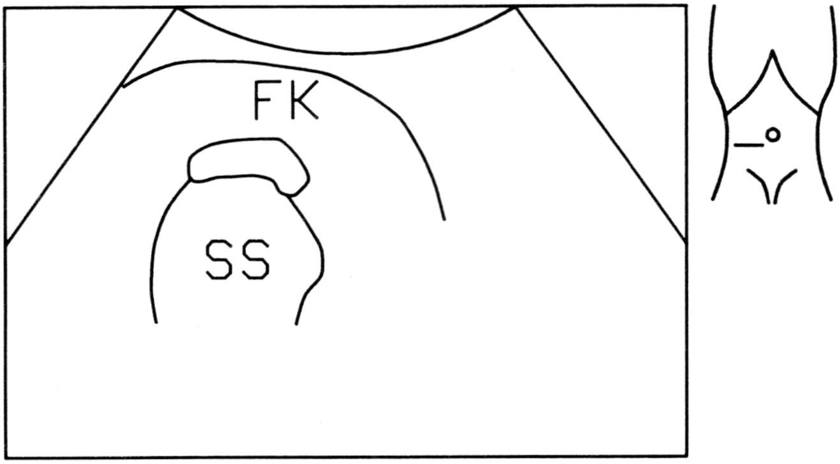

FK = cuerpo extraño con tejido reaccional, SS = sombra acústica

Fístulas, flemones

Con ayuda de la ecografía se puede seguir visualmente el recorrido de una fístula. De esta forma, es posible identificar un cuerpo extraño, valorar la dirección y la extensión de la fístula (prequirúrgico), determinar la profundidad de las lesiones, y la existencia o no de abscesos.

Las fístulas se observan como formaciones de hipoecogenicidad variable. Si existe un acúmulo de pus en su interior son casi anecogénicas, aunque a partir de un diámetro determinado es posible observar ecos internos. En casos antiguos en los que se ha formado tejido conjuntivo, las áreas de fibrosis serán hiperecogénicas, y aparecen en el interior de la fístula, o rodeandola. Puede ser difícil diferenciar este tejido de cuerpos extraños. Los vasos normales resaltan mucho sobre el tejido fistulizado. Sus paredes son lisas y rectilíneas, y se observan como un lámina doble. En algunos casos se detecta su pulsación.

Los puntos de perforación, o las zonas en las que se acumula aire, no son visibles ecográficamente por defecto de acoplamiento del transductor o por reflexión total de los ultrasonidos. Sin embargo, en algunos casos se puede llegar a intuir su localización con ayuda de una sonda metálica.

Cuando se realizan manipulaciones a nivel de la fístula (drenajes, sondajes, etc.), la capa interna de las paredes y los drenajes aparecerán hiperecogénicos.

Los *flemones* se observan ecográficamente como áreas hipoecogénicas a nivel del tejido afectado. Las zonas alteradas se distinguen bien de las sanas. La ecografía es capaz de definir el contorno de flemones que no pueden ser delimitados por palpación. Los *abscesos* también pueden ser identificados para que, en caso necesario, sean intervenidos quirúrgicamente en el momento apropiado. Podemos citar como ejemplos: flemones que afectan a todo el muslo con abscesos intermusculares, flemones de la pared abdominal como consecuencia de un absceso inguinal por arma de fuego o por otras causas de perforación, en casos de mastitis, etc. (Fig. 130).

En algunos casos, en los que inicialmente parece que una intervención quirúrgica es impracticable, la ecografía puede indicar la necesidad de realizarla.

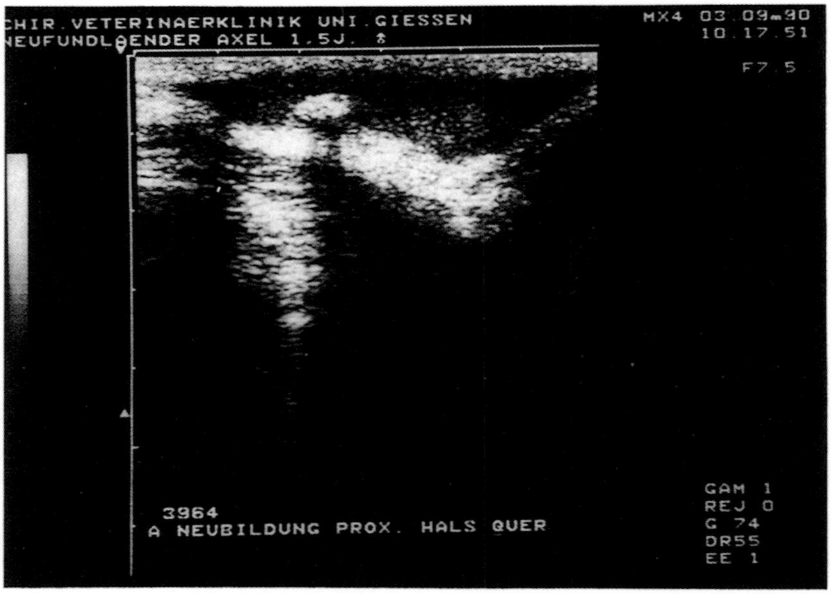

Fig. 130 Absceso por cuerpo extraño (espiga) a nivel proximal del cuello.

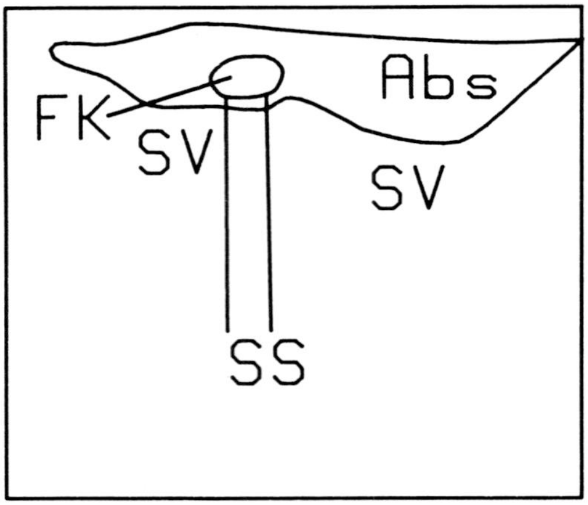

Abs = absceso, FK = cuerpo extraño (espiga), SS = sombra acústica, SV = refuerzo posterior

Punción bajo control ecográfico

Realizar una punción bajo control ecográfico requiere un amplio conocimiento de la anatomía ecográfica normal. Un ecografista con poca experiencia puede llegar a provocar la muerte del animal (por ej., por hemorragias, o por infecciones al perforar el sistema gastrointestinal). Por otra parte, si la biopsia no se toma del lugar adecuado o la muestra no presenta la calidad suficiente, los resultados histológicos o citológicos serán erróneos, incompletos o no valorables. Las muestras citológicas obtenidas por punción con aguja fina requieren una experiencia y un trabajo conjunto de ecografistas y anatomopatólogos. Resulta obvio que en la interpretación definitiva de cada caso se deben tener en cuenta también los datos clínicos y laboratoriales del paciente.

Con experiencia, la ecografía ofrece la posibilidad de tomar muestras de lesiones focales incluso de pocos milímetros de diámetro. Además, permite evitar estructuras tales como la vesícula biliar, los vasos de gran calibre (dentro y fuera de los órganos), y el sistema gastrointestinal.

Métodos de punción

Existen tres métodos fundamentales de punción:

- punción libre
- punción guiada por ecografía con un transductor especial
- punción guiada por ecografía con una guía especial (Fig. 131)

En la *punción libre*, la aguja es independiente del transductor. Según la profundidad y la ecogenicidad del tejido puede ser difícil localizar la punta de la aguja en la imagen. Este método es útil cuando se quiere tomar una muestra de estructuras quísticas de gran tamaño, en las que no importa una variación en la situación de la aguja de varios centímetros (por ej., quistes periprostáticos, ascitis, hemoperitoneo, hidrotórax).

Los *transductores de punción* apenas se utilizan en medicina veterinaria debido a su elevado coste y a que la mayoría presentan una frecuencia de 3,5 MHz.

La toma de muestras con ayuda de una *guía de punción* es el método más utilizado (Fig. 131). Se trata de un dispositivo metálico adaptable al transductor que presenta un cilindro con una inclinación en un ángulo determinado por donde se introduce la aguja de biopsia. Estos cilindros presentan diámetros variables para permitir el paso de agujas de distinto grosor. La finalidad de la inclinación del cilindro es que la aguja se observe en todo momento en la imagen ecográfica. El eco producido por la punta de la aguja siempre se refleja hacia el transductor. El precio de las guías de punción oscila entre 400 y 4.500 marcos alemanes, y son adaptables a cualquier tipo de transductor. Generalmente se utilizan sondas de 5 y de 7,5 MHz.

Cuando las punciones las realizan dos personas, mientras una manipula el transductor y el ecógrafo, la otra guía la aguja de punción (*punción asistida*), ya que son necesarias las dos manos para tomar la muestra.

La punción también se puede llevar a cabo por una sola persona, para lo que son necesarios equipos de punción del tipo Biopty® o Biopty Cut®, o equipos automáticos (por ej., Autovac®, Bauer-Temno®) (Fig. 131) (*punción individual*). El mecanismo de disparo se encuentra en el mango de la aguja de biopsia. Una mano del ecografista guía el transductor, y la otra la aguja de punción. El método automático se puede realizar de forma asistida o individual, según las preferencias. La aguja se introduce hasta el órgano que se desea biopsiar. Al disparar la aguja, ésta se desplaza (según el equipo) de 1-3 cm dentro del tejido y recoge una muestra. A continuación se retira la aguja y la muestra se introduce en un medio adecuado y, una vez fijada, pasa a histología sin necesidad de otro tipo de manipulación.

Las ventajas de las agujas de biopsia automáticas son, por una parte, que el procedimiento lo puede realizar una sola persona, y por otra parte, la rapidez y eficacia del corte. De esta forma se consiguen muestras de alta calidad, incluso a partir de tejidos duros o reblandecidos (por ej., focos fibróticos, carcinomas prostáticos o tejidos necróticos). Precisamente en estos casos, las biopsias manuales suelen ser poco efectivas.

La desventaja del método automático es su elevado coste y la limitación en la profundidad del corte.

En resumen se puede decir, que estos sistemas de punción ofrecen una gran ayuda al ecografista experimentado, pero son instrumentos peligrosos en manos de inexpertos, aún más que otros métodos de punción.

Agujas de punción

Las agujas específicas para realizar punciones bajo control ecográfico presentan en la punta un tipo determinado de material con el fin de que produzcan mayor reflexión de ultrasonidos.

Los tipos de agujas más utilizados son:

- Agujas finas Chiba (diámetro externo < 1mm)
- Agujas de corte (diámetro alrededor de 1 mm)
- Agujas Tru-Cut (diámetro > 1 mm)

Cada vez se utilizan agujas más finas debido a su menor tasa de complicaciones y de efectos secundarios. Además, la reflexión producida por la punta de estas agujas es similar, al estar modificadas para uso ecográfico.

Indicaciones

Toma de muestras para histología, citología y bacteriología (con antibiograma) en casos de lesiones focales o difusas. También se utiliza como medida terapéutica (aspiración, instilación). Los tejidos que con mayor frecuencia son sometidos a una punción son el hígado, el riñón, la próstata y las neoplasias.

Preparación del paciente

En pequeños animales, la punción de hígado, bazo y próstata requiere como mínimo una sedación y, en ocasiones, una anestesia local. Sin embargo, es preferible realizarla bajo anestesia general de corta duración. La punción del riñón solamente se realiza bajo anestesia para evitar cualquier movimiento del paciente que pueda provocar una hemorragia. Antes de realizar una biopsia se deben determinar los tiempos de coagulación y el número de trombocitos.

Posición y acoplamiento

Para realizar una punción de hígado o próstata, el animal se coloca de forma estable en decúbito supino. Si el hígado se sitúa profundamente en el arco costal, se puede utilizar un acceso lateral izquierdo con el animal tumbado sobre el lado derecho. La punción renal se lleva a cabo en decúbito supino con una ligera inclinación hacia el lado contralateral. El riñón derecho es más difícil de biopsiar que el izquierdo debido a su situación más craneal, y a que con frecuencia se interponen asas intestinales.

Después de desinfectar la piel se puede utilizar gel estéril o alcohol como *medio de contacto*. Para desinfectar el transductor es necesario consultar las instrucciones de cada casa comercial, o utilizar una bolsa de protección estéril.

Técnica de punción

Se puede evitar lacerar la cápsula de un órgano introduciendo la aguja muy rápidamente durante una pausa respiratoria. La dirección de la punción la determina la guía de biopsia, ya que la mínima desviación lateral hace que la aguja desaparezca de la imagen ecográfica.

La *punción de la próstata* se realiza colocando el transductor en situación paraprepucial. A veces es necesaria una ligera inclinación craneal de la sonda. La dirección de la punción es de craneoventral a caudodorsal. Los quistes periprostáticos de origen prostático se puncionan en la zona más profunda (con el animal en decúbito supino), generalmente cerca de la entrada de la pelvis (Figs. 132, 133).

La *punción del riñón* se realiza, siempre que sea posible, a nivel del polo caudal del riñón izquierdo. El acoplamiento debe ser ventrolateral y la dirección de la aguja de caudoventral a craneodorsal. Es importante no atravesar la pelvis renal y las zonas internas de la médula, para evitar hemorragias y salida de orina. También se debe evitar el hilio renal.

En la *punción de hígado* se coloca el transductor en la zona paramedial izquierda. La dirección de la punción es de caudoventral a craneodorsal. Se deben evitar los vasos de gran calibre y la vesícula biliar. Cuanto más agudo sea el ángulo de introducción de la aguja, menor será el peligro de desgarro capsular.

Complicaciones

La utilización de agujas de pequeño calibre ha reducido enormemente el riesgo de hemorragias importantes. Utilizando este tipo de agujas, incluso la punción de vasos grandes, de la vesícula biliar o del sistema gastrointestinal, apenas tiene otra consecuencia que pequeñas reacciones focales. En estudios experimentales se ha observado, que la tendencia a sangrar es muy superior en un abdomen abierto, que en procedimientos percutáneos (Otto, 1984). Si se introduce la aguja sin precaución, se puede desgarrar la cápsula de un órgano con la consiguiente hemorragia de consideración. El *pneumotórax* es una rara complicación de la punción hepática. La diseminación de gérmenes (por punción de focos infecciosos) o de células tumorales es poco frecuente cuando se utilizan agujas finas (Otto, 1984). En el hombre se ha descrito la formación de fístulas arteriovenosas como consecuencia de una biopsia (Otto, 1984).

Bibliografía

Flückinger, M. (1988): Ultraschallgeführte Organbiopsie von Leber, Niere und Prostata. DVG-Tagungsbericht Mannheim, 32–34

Hager, D. A., T. G. Nyland, P. Fisher (1985): Ultrasound-Guided Biopsy Of The Canine Liver, Kidney, And Prostate. Vet. Radiol. 26, 82–88

Hoppe, F. E., D. A. Hager, P. W. Poulos, S. Ekman, P. G. Lindgren (1986): A Comparison Of Manual And Automatic Ultrasound-Guided Biopsy Techniques. Vet. Radiol. 27, 99–101

Otto, R., W. H. Weihe, H. R. Burger (1984): Zur Beurteilung des Risikos der ultraschallgezielten Feinnadelpunktion – Experimentelle Untersuchungen am Hund. Dtsch. tierärztl. Wschr. 91, 178–182

Yamamoto, K., N. Ishiyama, Y. Yamaga, T. Hayashi, K. Kagota (1991): Ultrasound-Guided Techniques for Biopsy of the Kidney of the Medium-Sized Dog. J. Vet. Med. Sci. 53, 345–346

Bibliografía (general)

Barr, F. (1990): Diagnostic Ultrasound in the Dog and Cat. Blackwell Scientific Publications, Oxford

Bilger, R. (1989): Klinische abdominale Ultraschalldiagnostik. Fischer Verlag, Stuttgart, New York

Braun, B., R. Günther, W. B. Schwerk (Hrsg.) (1983): Ultraschalldiagnostik, Lehrbuch und Atlas. Verlag Ecomed, München, Landsberg, Zürich

Feeney, D. A., T. F. Fletcher, R. M. Hardy (1991): Atlas of correlative imaging anatomy of the normal dog. Ultrasound and Computed Tomography. Saunders Company, Philadelphia

Herring, D. S. (Hrsg.) (1985): The Veterinary Clinics of North America, Small Animal Practice Diagnostic Ultrasound. Vol. 15, Nr. 6. Saunders Company, Philadelphia

Kremer, H., W. Dobrinski (1988): Sonographische Diagnostik. 3. Aufl. Urban und Schwarzenberg, München, Wien, Baltimore

Krestel, E. (1980): Bildgebende Systeme für die medizinische Diagnostik: Grundlagen, Technik, Bildgüte. Siemens Aktiengesellschaft Verlag, Berlin – München

Lutz, H. (1989): Ultraschallfibel Innere Medizin. 2. Aufl. Springer Verlag, Berlin, Heidelberg

Meckler, U. (1989): Ultraschall des Abdomens. Deutscher Ärzte-Verlag, Köln

Roca Martinez, F. J., P. Linhart (1982): Sonographie des Abdomens. Schattauer Verlag, Stuttgart, New York

Rettenmaier, G., K. Seitz (Hrsg.) (1990): Sonographische Differentialdiagnostik Band 1. VCH Verlagsgesellschaft, Weinheim

Taverne, M. A. M., A. H. Willemse (1989): Diagnostic Ultrasound and Animal Reproduction. Kluwer Academic Publishers, Dordrecht, Boston, London

Weill, F. S. (1982): Ultraschalldiagnostik in der Gastroenterologie. Springer Verlag, Berlin, Heidelberg, New York

Weiss, H., A. Weiss (1983): Ultraschall-Atlas, Internistische Ultraschalldiagnostik mit schnellen B-Bild-Geräten. Edition Medizin, Weinheim, Deerfield Beach, Basel

Weiss, H., A. Weiss (1990): Ultraschall-Atlas II. VCH Verlagsgesellschaft, Weinheim

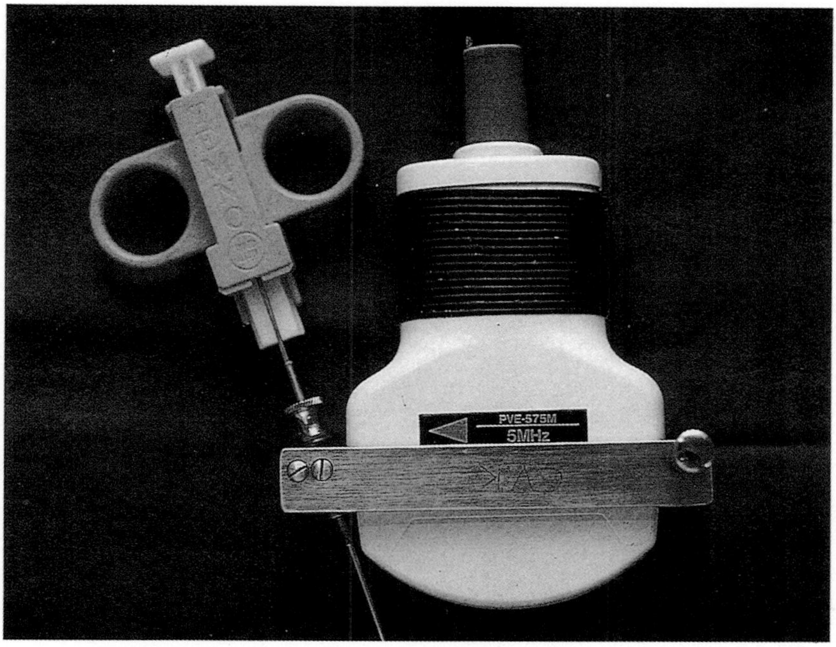

Fig. 131 Transductor con guía de punción y pistola de biopsia automática.

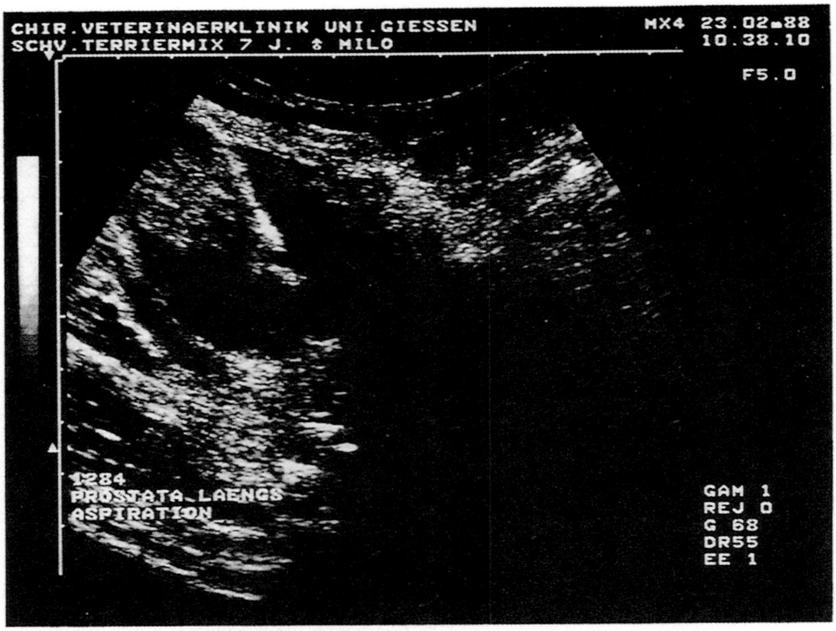

Fig. 132 Punción de un absceso prostático.

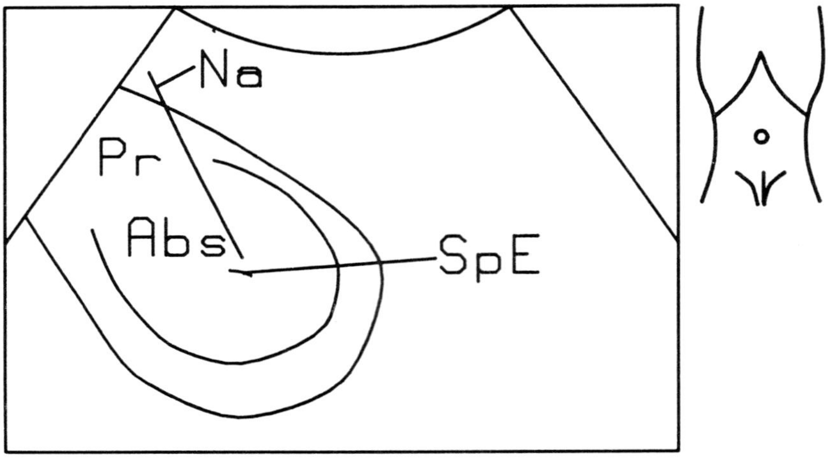

Abs = absceso, Na = aguja de punción, Pr = próstata, SpE = eco producido por la punta de la aguja

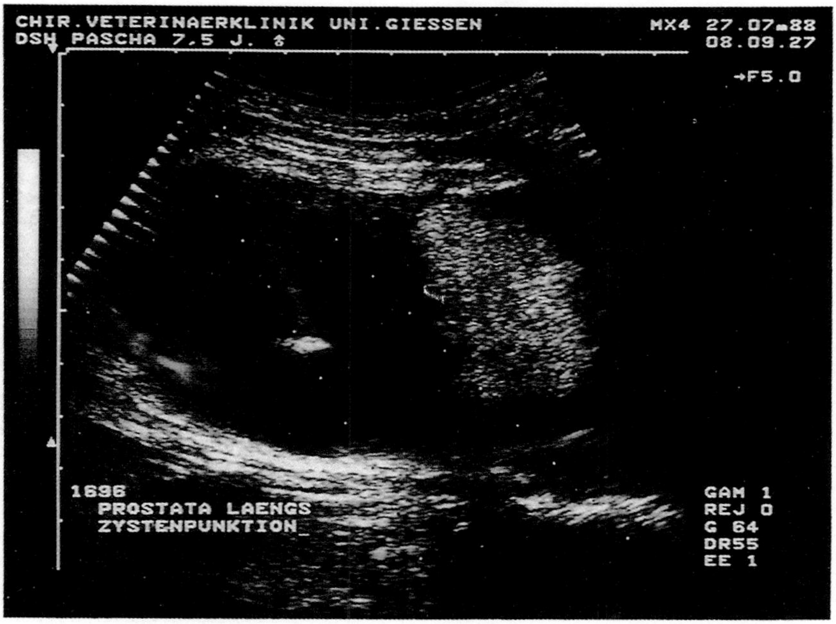

Fig. 133 Punción de un quiste periprostático.

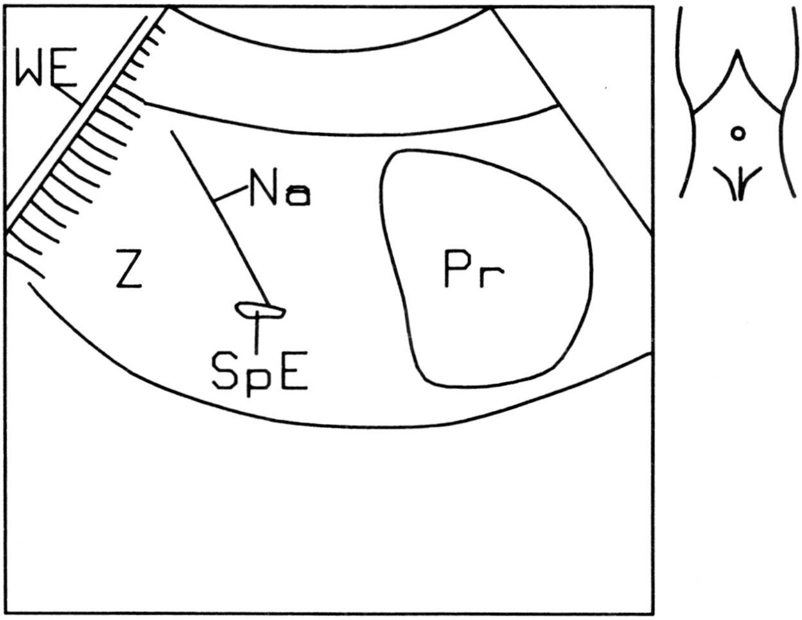

Na = aguja de punción, Pr = próstata rodeada del quiste, SpE = eco producido por la punta de la aguja, WE = reverberación (por defecto de acoplamiento), Z = quiste periprostático de origen prostático

Índice alfabético